高等院校计算机科学与技术专业“十三五”规划教材

计算机图形学实用技术

主编　夔　莹　谢文昊

西安电子科技大学出版社

内 容 简 介

本书比较全面地介绍了计算机图形学的基本知识，以及现有的成熟技术，并提供了相关编程实例。全书共9章，主要内容包括两个方面：一是计算机图形学的基本内容，涉及基本图形生成与多边形填充、字符生成、二维裁剪、二维变换、三维变换、典型曲线曲面、真实感图形基础、计算机动画技术等；二是计算机图形处理软件和实际操作技术，详尽给出了算法理论在交互式图形开发中的实现技术。在介绍计算机图形学的实用技术时，本书介绍了有关图像层次、通道、色彩调整等功能和操作方法，并结合产品设计理论详尽设计了应用范例，有助于提高读者的计算机辅助造型设计能力和使用Photoshop进行图形图像处理的能力。

本书内容全面翔实，概念简明清晰，实例丰富实用，适合作为高等院校计算机相关专业的本科生教材和工程技术人员的参考用书，也可作为图形图像爱好者的自学用书，还可作为相关课程设计的参考教材。

图书在版编目(CIP)数据

计算机图形学实用技术/爨莹，谢文昊主编. —西安：西安电子科技大学出版社，2017.12
ISBN 978-7-5606-4744-9

Ⅰ.①计… Ⅱ.①爨… ②谢… Ⅲ.①计算机图形学
Ⅳ.①TP391.411

中国版本图书馆CIP数据核字(2017)第277641号

策　　划　马乐惠
责任编辑　李清妍　阎　彬
出版发行　西安电子科技大学出版社(西安市太白南路2号)
电　　话　(029)88242885　88201467　　邮　　编　710071
网　　址　www.xduph.com　　电子邮箱　xdupfxb001@163.com
经　　销　新华书店
印刷单位　陕西利达印务有限责任公司
版　　次　2017年12月第1版　2017年12月第1次印刷
开　　本　787毫米×1092毫米　1/16　印张　15.5
字　　数　365千字
印　　数　1～3000册
定　　价　35.00元
ISBN 978-7-5606-4744-9/TP

XDUP　5036001-1

前言

随着计算机应用的普及和深入，越来越多的计算机专业人员和广大非计算机专业应用人员，从计算机图形图像的实用角度来研究和开发计算机图形生成技术及软件。由于计算机图形能在人与计算机之间建立起直观形象及高效率的对话手段，所以计算机图形学随着计算机的发展和应用已渗透到各个领域。

目前，几乎所有的高校都开设了“计算机图形学”这门课程。该课程主要是研究用计算机及图形设备输入、表示、修改、变换和输出图形的原理、算法和系统。也就是说，它主要研究如何在计算机中表示图形，以及利用计算机进行图形的计算、处理和显示的相关原理与算法。

本书是编者在多年教学实践的基础上，结合国内外有关教材，针对高等院校本科教学而编写的，其主要内容包括两个方面：一是计算机图形学的基本内容，涉及基本图形生成与多边形填充、字符生成、二维裁剪、二维变换、三维变换、典型曲线曲面、真实感图形基础、计算机动画技术等基本内容；二是计算机图形处理软件和实际操作技术。书中还详尽给出了文中算法理论在 Visual C＋＋交互式图形开发中的实现技术。在介绍计算机图形学的实用技术时，本书介绍了有关图像层次、通道、色彩调整等功能和操作方法，最后结合计算机图形设计系统在产品设计等方面的应用范例，阐述了如何提高计算机辅助造型设计方面的能力。

本书在遵循本学科科学性与系统性、基础性与实践性并重的前提下，由浅入深、循序渐进，特别加之以大量具有代表性的实例，由此达到将理论和实践相结合的目的。

本书分为 9 章，分别如下：

第 1 章　计算机图形学基础，简单介绍了计算机图形学的基本概念、应用和发展动态。

第 2 章　图形与图像技术基础，主要介绍了图形系统的组成和基本功能、图形学基本术语及图形用户界面。

第 3 章　交互式 Visual C＋＋图形基础编程，主要介绍了图形编程基础、Visual C＋＋软件设计方法、绘图模式设置以及 OpenGL 图形标准。

第 4 章　计算机基本图形生成，主要介绍了直线段、圆和椭圆的生成；区域填充；二维图像裁剪；线宽与线型的处理等基本图形生成技术。

第 5 章　图形变换，主要介绍了二维基本几何变换、复合变换、三维几何变换、三维平行投影变换以及三维透视投影变换。

第6～8章　主要介绍了自由曲线和曲面造型技术、真实感造型技术以及动画技术。

第9章　图像处理软件Photoshop，简单介绍了图像处理软件Photoshop的功能和使用。

本书由西安石油大学爨莹、谢文昊担任主编。第1章、第2章、第3章、第6章、第7章、第8章、第9章由爨莹编写；第4章、第5章由谢文昊编写；全书由爨莹统稿。西安石油大学计算机学院研究生史瑶捷、任飞龙完成了书中程序的调试工作。

本书在编写过程中，得到了西安电子科技大学出版社的大力支持和帮助，在此表示诚挚的感谢。

由于作者水平有限，书中难免存在不妥之处，恳请读者不吝指正。

编　者

2017年10月

目 录

第 1 章　计算机图形学基础

1.1　计算机图形学的研究内容

计算机图形学(Computer Graphics，CG)是研究如何用数字计算机表示、生成、处理和显示图形的一门学科。其核心技术是如何建立所处理对象的模型并生成该对象的图形。计算机图形学主要研究内容大体上可以概括为如下几个方面。

(1) 几何模型构造技术(Geometric Modelling)。例如各种不同类型几何模型二维或三维的构造方法及性能分析、曲线与曲面的表示与处理、专门或通用模型构造系统的研究，等等。

(2) 图形生成技术(Image Synthesis)。例如各种不同类型几何模型二维或三维线/面消隐、光照模型、明暗处理、纹理、阴影、灰度与色彩等各种真实感图形的显示技术。

(3) 图形操作与处理方法(Picture Manipulation)。例如图形的裁剪、平移、旋转、放大/缩小、对称、错切、投影等各种变换操作方法及其软件或硬件实现技术。

(4) 图形信息的存储、检索与交换技术。例如图形信息的各种内外表示方法、组织形式、存取技术、图形数据库的管理、图形信息的通信等。

(5) 人机交互及用户的接口技术。例如新型定位设备、选择设备的研究，各种交互技术，如构造技术、命令技术、选择技术、响应技术等的研究，以及用户模型、命名语言、反馈方法等用户接口技术的研究。

(6) 动画技术。研究实现高速动画的各种软、硬件方法，开发工具，动画语言等。

(7) 图形输出设备与输出技术。例如各种图形显示器(图形卡、图形终端、图形工作站等)逻辑结构的研究，实现高速图形功能的专用芯片的开发，图形硬拷贝设备(特别是彩色拷贝设备)的研究等。

(8) 图形标准与图形软件包的研究开发。例如制定一系列国际图形标准，使之满足多方面图形应用软件开发工作的需要，并使图形应用软件摆脱对硬件设备的依赖性，允许在不同系统之间方便地进行移植。

(9) 山、水、花、草、烟、云等自然景物的模拟生成算法。

(10) 科学计算可视化和三维数据场的可视化，将科学计算中大量难以理解的数据通过计算机图形显示出来，从而加深人们对科学过程的理解。例如有限元分析的结果，应力场、磁场的分布，各种复杂的运动学和动力学问题的图形仿真等。

总之，计算机图形学的研究内容十分丰富。虽然许多研究工作已经进行了多年，并取得了不少成果，但随着计算机技术的进步和图形显示技术应用领域的不断扩大和深入，计算机图形学的研究、开发与应用还将得到进一步的发展。

1.2 计算机图形学与图像处理

计算机图形学的基本含义是使用计算机通过算法和程序在显示设备上构造出图形，即图形是人们通过计算机设计和构造出来的，它可以是现实世界中已经存在的物体图形，也可以是完全虚拟的物体图形。因此，计算机图形学是真实物体或者虚构物体的图形综合技术，其实质就是输入的信息是数据，经过计算机图形系统处理后，输出的结果便是图形，如图 1－1 所示。

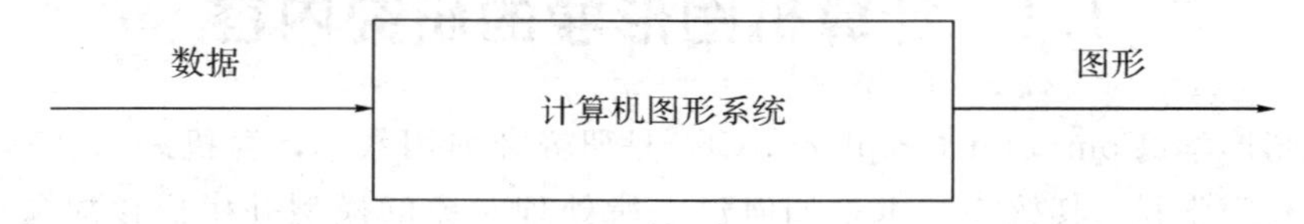

图 1－1　计算机图形学

与此相反，图像处理的景物或者图像的分析技术，就是将客观世界中原来存在的物体影像处理成新的数字化图像的相关技术，它所研究的是计算机图形学的逆过程，包括图像的恢复、图像压缩、图像变换、图像分割、图像增强、模式识别、景物分析、计算机视觉等，并研究如何从图像中提取二维或者三维物体的模型。计算机图像处理系统的输入信息是图像，经处理后的输出仍然是图像，如图 1－2 所示。

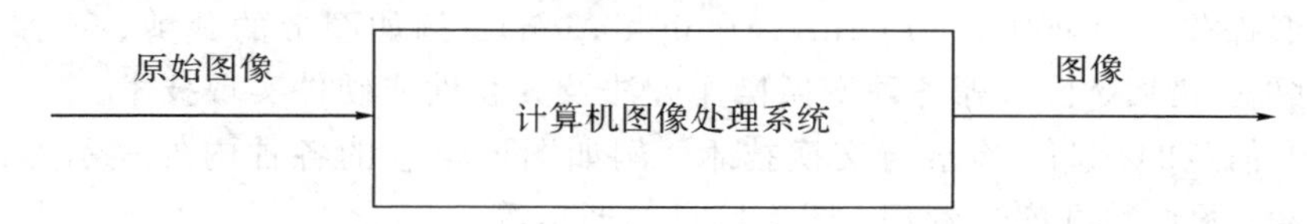

图 1－2　计算机图像处理

从表面上看，计算机图形与计算机图像都与图相关，容易使人混淆，但实际上它们有着本质的不同，主要表现在以下几个方面：

(1) 计算机图形是矢量型的，而计算机图像是点阵型的，或者说是由像素组成的。

(2) 计算机图形系统是从数据到图形的处理过程，而计算机图像处理系统则是从图像到图像的处理过程。

(3) 计算机图形与计算机图像有一定的联系，经过处理可以相互转换，如用着色算法对计算机图形着色(Render)后即生成一幅计算机图像，反之对一幅计算机图像进行矢量化即可得到该图像中的一些轮廓图形。

随着人们对图形概念认识的深入，图形图像处理技术也逐步出现分化。目前，与图形图像处理相关的学科有计算机图形学、数字图像处理(Digital Image Processing)和计算机视觉(Computer Vision)，这些相关学科间的关系如图 1－3 所示。计算机图形学试图将参数形式的数据描述转换成逼真的图像。数据图像处理则着重强调在图像之间进行变换，它旨在对图像进行各种加工以改善图像的视觉效果，如对图像进行增强、锐化、平滑、分割，以及为存储和传输进行编码压缩等。计算机视觉是用计算机来模拟生物外形或宏观视觉功能的科学和技术，它模拟人对客观事物识别过程，是从图像到特征数据、对象的描述表达处理过程。

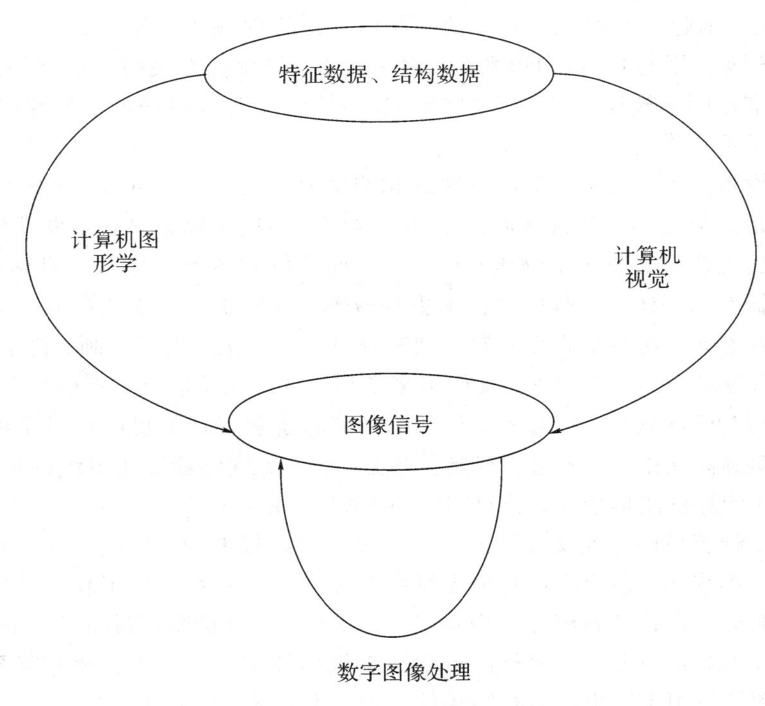

图 1－3　计算机图形学与图像处理

1.3　计算机图形学的发展

计算机图形学的应用可追溯到 20 世纪 50 年代初，麻省理工学院(MIT)旋风 1 号(Whirlwind1)计算机的附件——图形显示器的诞生。它用一个类似于示波器所用的阴极管(CRT)来显示一些简单图形。当时的计算机多用电子管组成，用机器语言编程，主要应用于科学计算，其配置的各种图形输出设备也仅具有图形输出功能。

1962 年，美国麻省理工学院林肯实验室的伊凡·萨瑟兰德(Ivan E. Sutherland)发表了一篇题为“图板：一个人机通信的图形系统”的博士论文，其中首次使用了“计算机图形”这个术语。此论文指出，交互式计算机图形学是一个可行的、有用的研究领域，从而确立了计算机图形学作为一个崭新的学科分支的独立地位。

1964 年，孔斯(S. Coons)提出了孔斯曲面，就是一种用小块曲面片组合表示自由曲面，使曲面片边界上达到任意高阶连续的理论方法。此方法受到了工业界和学术界的极大重视。法国雷诺公司的贝塞尔(P. Bezier)也提出了 Bezier 曲线和曲面，因此，孔斯和贝赛尔被称为计算机辅助几何设计的奠基人。

20 世纪 70 年代是计算机图形学发展过程中一个重要的历史时刻，计算机图形技术的应用进入了实用化阶段，交互式图形系统在许多国家得到应用；许多新的、更加完备的图形系统不断被研制出来。除了在军事上和工业上应用之外，计算机图形学还进入了教育、科研以及事务管理等领域。

作为计算机图形学中关键的设备——图形显示器，也随着计算机技术的发展不断完善。光栅显示器的产生，使得在 20 世纪 60 年代就已萌芽的光栅图形学算法迅速发展起来，区域填充、裁剪、消隐等基本图形概念及其相应算法纷纷诞生，图形学进入了第一个兴盛时期，并开始出现实用的 CAD 图形系统。因为通用、与设备无关的图形软件的发展，图形软件功能的标准化问题被提了出来。这些标准的制定，对计算机图形学的推广、应用、资源信息共享起到了重要作用。

由于图形设备昂贵、功能简单以及缺乏相应的软件支持，直到 20 世纪 80 年代，计算机图形学还只是一个较小的学科领域。自 20 世纪 80 年代中期以来，超大规模集成电路的发展为图形学的飞速发展奠定了物质基础。个人计算机和图形工作站也得到迅猛发展，主机和图形显示器融为一体，光栅扫描技术更加成熟。计算机运算能力的提高，图形处理速度的加快，使得图形学在各个研究方向得到充分发展，广泛应用于动画、科学计算可视化、CAD/CAM、影视娱乐等各个领域，其应用深度和广度得到了前所未有的发展。

进入 20 世纪 90 年代后，计算机图形学的功能除了随着计算机图形设备的发展而提高外，其自身也朝着标准化、集成化和智能化的方向发展。国际标准化组织(ISO)发布了一系列图形标准，如计算机图形接口标准(CGI)、图形核心系统(GKS)、程序员层次交互式图形系统(PHIGS)、计算机图形元文件标准(CGM)等。这些标准为开发图形支持软件提供了具体的规范和统一的术语，使得在此标准支撑的软件基础上开发的应用软件具有良好的可移植性，并使得图形学从软件到硬件逐步实现了标准化，对今后图形设备的研制有指导意义。

在此后的十几年时间里，计算机图形学与多媒体技术、人工智能及专家系统技术相结合，使得许多图形应用系统出现了智能化的特点，使用起来更方便、高效。另一方面，计算机图形学与科学计算可视化、虚拟现实技术相结合，使得计算机图形学在真实性和实时性方面有了飞速发展。

我国开展计算机图形技术的研究和应用始于 20 世纪 60 年代。近年来，随着计算机及互联网技术的迅速发展，计算机图形学的理论和技术也得到迅速发展，并取得可喜的成果。在硬件方面，我国陆续研制出多种系列和型号的绘图机、数字化仪和图形显示器，其技术指标居国际先进水平，已批量进入市场。与计算机图形学有关的软件开发和应用也迅速发展起来。

1.4 计算机图形学的应用领域

随着计算机图形学的不断发展，其应用范围也日趋广泛。目前计算机图形学的主要应用领域如下。

1. 计算机辅助设计与制造(CAD/CAM)

CAD/CAM 是计算机图形学最广泛、最重要的应用领域。它使工程设计的方法发生了巨大的改变，即利用交互式计算机图形生成技术进行土建工程、机械结构和产品的设计正在迅速取代绘图板加丁字尺的传统手工设计方法，担负起繁重的日常出图任务以及总体方案的优化和细节设计工作。事实上，一个复杂的大规模或者超大规模集成电路板图根本不可能通过手工设计和绘制，而应用计算机图形学系统不仅能设计和画图，还可以在较短的时间内完成并将结果直接送至后续工艺进行加工处理。

2. 计算机辅助教学(CAI)

在 CAI 领域中，图形是一个重要的表达手段，它可以使教学过程形象、直观、生动，较

大程度地激发学生的学习兴趣，极大地提高了教学效果。随着微机的不断普及，计算机辅助教学系统已深入到家庭。

3. 计算机动画

传统的动画片都是手工绘制的。由于动画放映一秒钟需要 24 幅画面，故手工绘制的工作量相当大。而通过计算机制作动画，只需生成几幅被称作“关键帧”的画面，然后由计算机对两幅关键帧进行插值生成若干“中间帧”，连续播放时两个关键帧被有机地结合起来。这样可以大大节省时间，提高动画制作的效率。图 1-4 所示为动画片《大圣归来》的剧照。

图 1-4　动画片《大圣归来》的剧照

动画不仅可以广泛应用于电影、电视、电脑游戏等娱乐领域，而且可以模拟各种试验，如汽车碰撞时的化学反应、地震破坏等，既节省开支，又安全可靠。

4. 管理和办公自动化

计算机图形学在管理和办公自动化领域中应用较多的是对各种图形的绘制，如统计数据的二维和三维图形、饼图、折线图、直分图等，还可绘制工作进程图、生产调度图、库存图等。所绘图形均以简单形式呈现出数据的模型和趋势，加快了决策的制定和执行。

5. 国土信息和自然资源显示与绘制

国土信息和自然资源系统将过去分散的表册、照片、图纸等资料整理成统一的数据库，记录全国的大地和重力测量数据、高山和平原地形、河流和湖泊水系、道路桥梁、城镇乡村、农田林地植被、国界和地区界以及地名等。利用这些存储的信息不仅可以绘制平面地图，而且可以生成三维地形地貌图，为高层次的国土整治预测和决策、综合治理和资源开发研究提供科学依据。

6. 科学计算可视化

在信息时代，大量数据需要处理。科学计算可视化是利用计算机图形学方法将科学计算的中间或最后结果以及通过测量得到的数据以图形形式直观地表示出来。科学计算可视化广泛应用于气象、地震、天体物理、分子生物学、医学等诸多领域。

7. 计算机游戏

计算机游戏目前已经成为促进计算机图形学研究特别是图形硬件发展的一大动力源泉。计算机图形学为计算机游戏开发提供了技术支持，如三维引擎的创建等。而建模和渲染这两大图形学主要问题在游戏开发中的地位也十分重要。

8. 虚拟现实

虚拟现实技术的应用非常广泛，可以应用于军事、医学、教育和娱乐等领域。虚拟现实即：让体验者带上具有立体感觉的眼镜、头盔或数据手套(如图 1-5 所示)，通过视觉、听觉、嗅觉、触觉以及形体或手势等整体融进计算机所创造的虚拟气氛中，从而有身临其境的体验。例如走进分子结构的微观世界里猎奇，在新设计的建筑大厦图形里漫游等。虚拟现实技术也成为近年计算机图形学的研究热点之一。

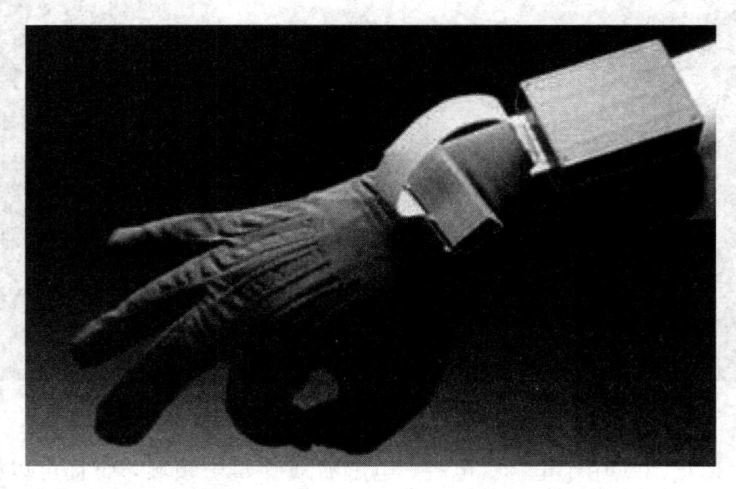

图 1-5　数据手套

习　　题

一、选择题

1. 图像处理是景物或者图像的分析技术，它并不研究(　　)。

   A. 图像增强　　B. 模式识别
   C. 虚拟现实环境的生成　　D. 计算机视觉

2. 计算机图形学的研究内容有(　　)。(可多选)

   A. 基本图形元素的生成算法　　B. 几何模型构造技术
   C. 图形标准的研究开发　　D. 科学计算可视化
   E. 图像压缩算法

3. 计算机图形学的应用包括(　　)。(可多选)

   A. 计算机辅助教学　　B. 计算机辅助设计与制作
   C. 国土信息和自然资源的图形显示　　D. 计算机动画

二、简答题

1. 计算机图形学与图像处理有何联系？有何区别？
2. 简述计算机图形学的研究内容。
3. 简述计算机图形学的发展过程。
4. 简述你所理解的计算机图形学的应用领域。
5. 你使用过哪些商业化图形软件？请分析对比它们的功能和优、缺点。

第2章　图形与图像技术基础

2.1　图形系统

计算机图形系统与一般的计算机系统一样，包括硬件系统和软件系统。硬件系统由主机和图形输入/输出设备组成；软件系统由系统软件和应用软件组成。

2.1.1　图形系统的基本功能

一个计算机图形系统至少应该具有五个方面的基本功能：计算、存储、对话、输入和输出。

1. 计算功能

图形系统应该能够实现设计过程中所需的计算、交换、分析等功能。例如：像素点、直线、曲线、平面、曲面的生成与求交，坐标的几何变换，光、色模型的建立和计算等。

2. 存储功能

在图形系统的存储器中存放着各种形体的集合数据，以及形体之间的连接关系和各种属性信息，并且可以对有关数据和信息进行实时检索、增加、删除、修改等操作。

3. 对话功能

图形系统应该能够通过图形显示器和其他人机交互设备进行人机通信，利用定位、选择、拾取等设备获得各种参数，同时按照用户指示接收各种命令以及对图形进行修改，还应该能够观察设计结果并对用户的错误操作给予必要的提示和跟踪。

4. 输入功能

图形系统应该能够将所设计或者绘制图形的定位数据、几何参数以及各种命令与约束条件输入到系统中去。

5. 输出功能

图形系统应该能够在显示屏幕上显示出设计过程当前的状态，以及经过增加、删除、修改后的结果。当需要较长期保存各种信息时，应该能够通过绘画仪、打印机等设备实现硬拷贝输出，以便长期保存。由于对输出的结果有精度、形式、时间等要求，输出设备应是多种多样的。

上述五种功能是一个图形系统应具备的基本功能，至于每一种功能包含哪些子功能，则要视系统的不同组成和配置而异。

2.1.2　图形系统的组成

如前所述，计算机图形系统由计算机硬件系统和软件系统两部分组成。

硬件系统包括计算机主机、图形显示器、鼠标和键盘等基本交互工具，图形输入板、绘图仪、打印机、数字化仪等图形输入/输出设备，以及磁带、磁盘等存储设备。软件系统包括操作系统、高级语言、图形软件和应用软件。严格说来，使用系统的人也是这个系统的组成部分。一个非交互式计算机图形系统只是通常的计算机系统外加图形设备；而一个交互式计算机图形系统则是人与计算机系统及图形设备协调运行的系统，整个系统运行时，人始终处于主导地位，如图 2－1 所示。

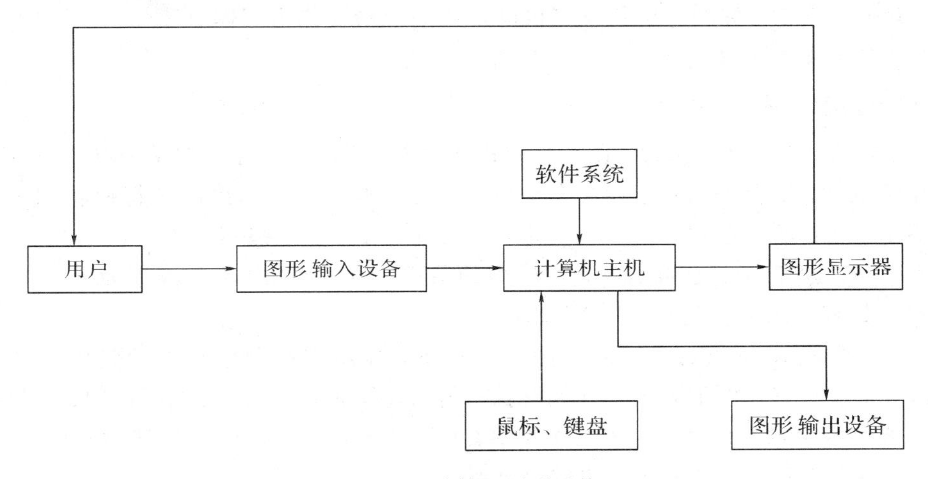

图 2－1　计算机图形系统

2.2　计算机图形系统的基本术语

下面介绍几个计算机图形系统的基本术语。

1. 光点(Point)

光点是电子枪向荧光屏发射电子束产生的亮点，也称为像素光点。目前常见 CRT 的光点直径有 Φ 0.31 mm、Φ 0.28 mm、Φ 0.21 mm 三种，光点越小显示器的精度就越高。

2. 像素(Pixel)

像素是计算机软件可控的、显示屏幕上的最小可视单位，也称像素点。在使用 RGB 三枪色彩 CRT 的显示系统中，屏幕上的一个像素由一个红点、一个绿点和一个蓝点——三元点复合而成。

3. 图形分辨率(Resolution)

图形系统具有的实际屏幕图形精度称为图形分辨率。实际屏幕上每一列具有的像素数为垂直分辨率，每一行具有的像素数为水平分辨率，垂直分辨率和水平分辨率的乘积则为图形分辨率。例如，如果屏幕的每行有 640 个像素，每列有 480 个像素，则它的水平分辨率为 640 像素，垂直分辨率为 480 像素，总的图形分辨率为 640×480 像素。图形分辨率受到屏幕分辨率、显示分辨率和存储分辨率三者的限制。

(1) 屏幕分辨率。CRT 自身具有的最高图形精度即为屏幕分辨率。屏幕分辨率用单位面积(或长度)中屏幕图形具有的最多水平光点数和垂直光点数表示，也可以用屏幕自身最多能产生的横向和竖向光点数表示。屏幕分辨率与光点的大小、屏幕尺寸和荧光涂层的质量有关。例如，对于光点直径为 Φ 0.31 mm 的彩色 CRT，屏幕分辨率约为 80 dpi，即每英寸(1 英寸≈2.54 厘米)约为 80 个点，如果屏幕尺寸为 12 英寸，则屏幕分辨率也可以表示为 640×480 光点。

(2) 显示分辨率。图形适配器提供的所控制图形的精度称为显示分辨率。显示分辨率用行和列具有的像素数乘积表示。

(3) 存储分辨率。帧缓冲区能够提供的最高图形精度称为存储分辨率，帧缓冲区越大，能存储的像素数据就越多，允许的图形分辨率也就越高。

4. 屏幕显示方式

(1) 文本方式(Text Mode)。在文本方式下，显示缓冲器中存放的是字符的 ASCII 码和字符的显示属性，屏幕上只能显示字符，不能显示图形。屏幕输出的字符形状和大小由点阵字模决定，字符的显示位置由行列决定，字符的大小、方向都不能改变。文本方式下，屏幕分辨率是指一屏能显示字符的列数和行数的乘积。例如，当屏幕分辨率为 80×25 时，说明该显示器具有显示 25 行、80 列字符的能力。

(2) 图形方式(Graphics Mode)。图形方式下，显示缓冲器中存放的是屏幕像素的属性。计算机系统只有在图形方式下才能够执行各种图形的输入/输出和图形操作功能。图形方式下也能显示字符，此时字符可以作为图案(点阵字模)或图形(矢量字)处理，其位置由图形坐标决定，字符的大小和方向都是可变的。

5. 图形模式

图形方式下具体的图形显示方式称为图形模式。不同的图形模式包含不同的显示分辨率、同时能够显示的色彩数目和页面个数等。

6. 颜色调色板(Palette)

图形能够使用的一组颜色称为一个颜色调色板。改变调色板，就会改变全部颜色的定义，图形的颜色也会随之变化。

7. 视频缓冲区(Video Buffer)

视频缓冲区也称帧缓冲区或视频随机存储器(VRAM)，它是存放显示数据(图形数据或文本数据)的 RAM 区。

2.2.1 图形与图像

图形和图像是两个不同的概念。图形指可以用数学方程式描述的平面或立体透视图。图像指通过实际拍摄或卫星遥感获得，或印刷、绘制得到的画面。随着计算机图形与图像技术的发展，人们对图形和图像概念的认识有了一些变化。

从计算机显示的角度来看，可将通过计算机处理、生成、显示及输出的图形或图像统称为图形。从计算机处理技术与过程的角度来看，图形与图像在表示、生成过程等方面有

区别。图形用矢量表示，可以存储为矢量文件。图像用点阵表示，可以存储为点阵文件。

矢量文件是存储生成图形所需要的坐标、形状及颜色等几何属性数据的集合，这些数据反映了图形中有关对象间的内在联系。点阵文件是存储图像中各像素点颜色属性值等数据的集合，这些数据反映了图像的外在表现。通过识别与处理，点阵表示的图像可以在一定程度上转换为矢量表示的图形。

2.2.2　矢量图与点阵图

1. 矢量图

矢量图指用数学方程式描述出的图形。画矢量图时，需要用到大量的数学方程式，然后由轮廓线经过填充而得到。矢量图处理技术的关键是如何使用数学及算法描述图形，并将其在光栅图形显示器上显示出来。

矢量图占用的存储空间比较小，编辑处理的方法比较简单。对矢量图的处理主要根据图形的几何特征等进行。例如，移动或旋转图形时，可通过几何变换改变其在坐标系中的坐标值来实现；放大或缩小图形时，通过几何变换获得的图形在形状上不会发生变形。

矢量图以数学方程式的形式保存，而不是以光栅点阵的形式保存，因此，矢量图的清晰度与分辨率无关。用户将矢量图缩放到任意尺寸，或以任意分辨率在输出设备上打印出来，都不会遗漏细节或影响清晰度。

由于矢量图输出设备少，输出时通常将矢量图转换成点阵图表示，以便在常见的光栅图形显示器或各种打印机上输出。

2. 点阵图

点阵图(又称为位图)是由许多像素点组成的画面。每个像素被分配一个特定的位置和颜色值。用户对点阵图进行处理时，编辑的是像素而不是对象或者形状。

点阵图可以利用数字相机、数字摄像机或扫描仪等设备获得，也可以利用图形或动画软件生成。

点阵图不是通过数学方程式创建和保存的，而是根据图像的尺寸和分辨率创建和保存的。最常用的创建点阵图方法是对照片进行扫描，也可以在诸如 Windows 的“画图”等应用程序中用颜色填充网格单元来创建点阵图。

点阵图与分辨率有关，即包含固定数量的像素。如果在屏幕上以较大的倍数放大显示，或以过低的分辨率打印，则点阵图会出现锯齿边缘，且会遗漏细节。在表现阴影和色彩(如在照片或美术作品中)的细微变化方面，点阵图的效果最佳。

一般来说，点阵图几乎每一处都存在细微的差别，无法用矢量图方法创建。

由于表示形式的特点，点阵图适合由激光打印机与喷墨打印机等设备输出。点阵图通常需要大量的存储空间，例如，一幅复杂的色彩扫描图像可能需要几兆字节甚至几十兆字节的存储空间。与矢量图相比，点阵图的编辑处理要困难一些。

3. 矢量图和点阵图的区别

矢量图由线条的集合体创建，可节省存储空间；点阵图由排列成图样的单个像素组成。这两种格式中，点阵图易于产生更加微妙的阴影和底纹，但需要更多的内存和更长的处理时间；矢量图可以提供比较鲜明的线条，且需要较少的资源。

放大点阵图时会增加像素，使线条和形状显得参差不齐。如果从较远的位置观看，则点阵图的颜色和形状是连续的。缩小点阵图的尺寸时会减少像素，使整个图像变小，从而引起原图变形。

矢量图的每个对象都是一个自成一体的实体，在维持原有清晰度和弯曲度情况的同时，多次移动或改变属性不会影响其他对象，也不影响显示效果。矢量图的绘制与分辨率无关，它可以按最高分辨率在显示器上显示和在打印机上输出，特别适用于绘制图形和三维建模。

2.2.3 图像的分类

图像有以下两种不同的分类方法：

(1) 按图像的光源分布是连续的还是离散的，可划分为连续色调图像和数字图像。

(2) 按数字图像的处理对象和处理方式不同，可划分为矢量图像和位图图像。

计算机只能处理二进制数字信息，计算机中的信息都以数字的形式存储，这些信息可以是程序文件、数据文件、视频、音频、图形、图像等。因此，图形和图像在计算机中以二进制数字信息的形式存放，用来表示图形、图像的二进制数据文件统称为数字图像文件，即数字图像。例如，Photoshop 的处理对象是位图图像，因而它是一种数字图像处理软件。

2.2.4 分辨率

分辨率是指单位区域内包含的像素数目。无论图像在屏幕上显示或在打印机上输出，分辨率对于图像的最终效果都是十分重要的。常用的分辨率有图像分辨率、显示分辨率、输出分辨率和位分辨率四种。分辨率的单位有两种，即像素/英寸(pixel/inch)和像素/厘米(pixel/cm)，前一个单位较为通用，简写为 ppi。

1. 像素尺寸

像素尺寸是指点阵图图像高度和宽度的像素数目。屏幕上图像的显示尺寸由图像的像素尺寸、显示器的大小和设置确定，图像的文件大小与其像素尺寸成正比。

制作网上显示的图像时(如在不同显示器上显示网页)，像素尺寸尤其重要。例如，若图像需要在 13 英寸显示器上显示，则图像大小可能要限制为最大 640×480 像素。

2. 图像分辨率

图像分辨率是指图像中每单位长度包含的像素数目，用图像的横向像素乘以纵向像素表示，常以像素/英寸(ppi)为单位。例如，横向有 800 个像素、纵向有 640 个像素的一幅图像，其分辨率是 800×640。分辨率会影响图像的质量和清晰度。图像分辨率越高，图像质量越好，图像就越清晰。但是，过高的分辨率会使图像文件过大，对设备要求也越高。

图像的尺寸由宽(Width)、高(Height)和分辨率(Resolution)这 3 个值确定。例如，宽和高都为 10 英寸、分辨率为 72 ppi 的图像，在屏幕上显示时要占用 720×720 像素。

高分辨率的图像比相同尺寸的低分辨率图像包含较多像素，因而像素点较小。例如，72 ppi 分辨率的 1×1 英寸图像，包含 5184 个像素(72×72)；而分辨率为 300 ppi 的 1×1 英寸图像，包含 90 000 个像素。

确定图像的分辨率时，应考虑图像的最终发布媒介。若制作的图像是用于网上显示，则图像分辨率只需要满足典型显示器的分辨率(72 ppi 或 96 ppi)即可。用太低的分辨率打印图像，将导致图像像素化——输出较大、显示粗糙。用太高的分辨率(像素点比输出设备能够产生的还要小)将增加文件大小，并降低图像的打印速度，而且设备不能以高分辨率打印图像。

注意：图像文件的大小(以 KB 和 MB 为单位)还与图像的颜色模式有关。不同的色彩模式存储一个像素所用的空间不同。

3. 显示器分辨率(屏幕分辨率)

显示器分辨率即显示器上每单位长度显示的像素数，通常以点/英寸(dpi)为度量单位。显示器分辨率取决于显示大小和其像素设置。常用的显示器分辨率有：1024×768(水平方向上分布了 1024 个像素，垂直方向上分布了 768 个像素)、800×600、640×480 等。

在 Photoshop 中，图像像素被直接转换成显示器像素，因此，当图像分辨率高于显示器分辨率时，图像在屏幕上的显示比实际的图像尺寸大。例如，在 72 ppi 分辨率的显示器上显示 1×1 英寸、144 ppi 的图像时，将会显示在屏幕上的 2×2 英寸区域内。由于显示器只能显示 72 ppi，因此需要 2 英寸的面积才能显示组成图像一个边的 144 像素。一般标准 VGA 显示卡的分辨率是 640×480，即宽 640 像素，高 480 像素；较高级的显示卡通常可以支持 800×640 或 1024×768 点以上。

总之，图像在屏幕上显示的大小取决于以下因素组合：图像的像素尺寸、显示器尺寸、显示器分辨率设置。协调好这些因素之间的联系，才能正确地显示图片的各种效果。

4. 打印机分辨率

打印机分辨率是图像中每单位打印长度显示的点数。高分辨率图像比相同打印尺寸的低分辨率图像包含更多的点数，因而打印点较小。打印时，较低分辨率的图像能重现更详细和更精细的转变。但是，以较低分辨率扫描或创建的图像，增加分辨率只能将原始点数扩展为更多数量的像素，而几乎不提高图像的质量。

打印机的分辨率通常以 ppi(每英寸中包含的点数)表示。目前市场上的 24 针针式打印机的分辨率大多为 180 ppi，喷墨或激光打印机的分辨率可达 300 ppi、600 ppi，甚至高达 1400 ppi。如果要打印高分辨率的图像，则必须使用特殊的打印纸张。

5. 扫描仪分辨率

扫描仪分辨率指扫描仪的解析极限，表示的方法和打印机分辨率类似，一般以 ppi 表示。

一般台式扫描仪的分辨率可以分为以下两种规格：

(1) 光学分辨率，指扫描仪硬件真正扫描到的分辨率。目前市场上的产品可以达到800～2000 ppi。

(2) 输出分辨率，是通过软件强化及插补点后产生的分辨率，大约为光学分辨率的 3～4 倍。

虽然分辨率越高，图像的质量越高，但需要的系统开销也就越大，即分辨率越高，图像文件越大，占用内存和磁盘的空间也越多。

6. 位分辨率

位分辨率又称为位深，用来衡量每个像素所保存的颜色信息的位元数。例如，一个 24

位的 RGB 图像，表示其各原色 R、G、B 均使用 8 位，三色之和为 24 位。在 RGB 图像中，每一个像素均记录 R、G、B 三原色值。因此，每一个像素所保存的位数均为 24 位。

2.2.5 图像的存储格式

图像文件格式指用计算机表示、存储图像的方法，可以有矢量格式与位图格式。图像文件格式的形成与图像的存储方式、存储技术等有关，一般可通过文件的扩展名来区分各种格式的图像文件，如.JPG、.TIFF 等。

矢量格式的图像以数学表达式形式表示所绘图中定义的各种线条及其方向等图像信息，也可以包括位图信息，一般用在图形设计软件(如 CorelDRAW 等)，或位图追踪应用程序(如 Corel OCR - TRACE 等)中。位图是由一组点(像素)组成的图像，可由图像软件(如 Photoshop 等)创建，或用扫描仪将印刷品、照片上的图像扫描进计算机中生成，也可以用数码相机等设备拍摄而成。

不同的文件格式具有不同的特点和用途，选择输出图像文件格式时，应注意考虑图像的应用目的和图像文件格式对图像数据类型的要求。

本节将介绍几种常用的图像文件格式及其特点。

1. BMP 格式

BMP 格式(*.BMP)是 Microsoft 和 IBM 公司共同开发的位图文件格式，支持 1 位、4 位、8 位和 24 位颜色。BMP 为 OS/2、MS DOS、Windows 和 Windows NT 所支持，目前应用较广泛。BMP 格式支持 RGB、索引颜色、灰度和位图颜色模式。彩色图像存储为 BMP 格式时，每一个像素占用的位数可以是 1、4、6、32 位，对应的颜色数也随之从黑白到真彩色。灰度图像在 BMP 文件中以索引图像格式存储。

对于使用 Windows 格式的 4 位和 8 位图像，可以采用 RLE(Run Length Encoding，行程长度编码)压缩。RLE 压缩方案的特点是无损压缩，既节约磁盘空间又不牺牲图像数据。但是，当用户打开用该种压缩方式压缩的文件时，将花费较多的时间。某些兼容性不好的应用程序可能会打不开这类文件。

2. PSD 和 PDD 格式

PSD/PDD 格式(*.PSD、*.PDD)是 Photoshop 专用的文件格式。PSD/PDD 格式支持 Photoshop 中所用的图像类型，能够保存图像数据的每个细小的部分，包括层、附加的掩模通道以及其他少数内容，而这些内容转存为其他格式时将会丢失。由于这两种格式是 Photoshop 支持的格式，因而 Photoshop 能比其他格式更快地打开和存储这两种格式文件。

用 PSD 和 PDD 文件格式存储时，图像没有经过压缩，当图层较多时，将会占用很大的硬盘空间(尽管已采用压缩技术)。由于不会造成数据流失，编辑过程中最好选择 PSD 和 PDD 格式存盘，编辑完成后，再转换成其他占用磁盘空间较小、存储质量较好的文件格式。

3. JPEG 格式

JPEG(Joint Photographic Experts Group，联合图片专家组)为 C - Cube Microsystems 公司开发，是一种有损压缩图像格式，支持 24 位颜色。JPEG 格式(*.JPG)是一种较大压缩的文件格式，其压缩率是目前图像格式中最高的(可以在保存文件时使用)，可为连续色调的图像(如照片)提供最好的效果。JPEG 格式可以用较少的磁盘空间存储质量较好的图像，已为大多数软件所支持。使用该格式后，图像显示会稍微有些变化，但打印效果还是可以的。由于 JPEG 格式在压缩时存在一定程度的失真，制作印刷品时最好不要选择该格式。

4. TIFF 格式

TIFF(Tag Image File Format，标记图像文件格式)是 Aldus 公司开发的位图文件格式，支持 24 位颜色，广泛应用于各平台与应用程序之间。TIFF 格式(*.TIFF)是一种灵活的位图图像格式，几乎所有的扫描仪和多数图像软件都支持这一格式。该格式有非压缩和压缩方式之分，与 EPS、BMP 等格式相比，其图像信息最紧凑。TIFF 文件的结构比其他格式大而且复杂，因此文件相对较大。

5. TGA 格式

TGA 格式(*.TGA)是 Tutevision 公司开发的位图文件格式，支持 32 位颜色，最初是为在 TVGA 显示器下运行图像软件而规定的，目前广泛应用于绘画、图形和图像应用程序、静态视频编辑等方面，占用磁盘空间较大。MS DOS、Windows、UNIX 和 Atari 等平台及许多应用程序均支持该格式。

TGA 格式支持带一个 Alpha 通道的 32 位 RGB 文件和不带 Alpha 通道的索引颜色、灰度模式的 16 位和 24 位 RGB 文件；TGA 格式不支持位图图像的存储。将 RGB 图像存储为这种格式时，可以选择颜色深度。

6. PCX 格式

PCX 格式(*.PCX)是用于 Windows 中画图程序的位图文件格式，支持 24 位颜色，在扫描仪、页面设计程序包和各种绘画程序中早已成为标准的格式。由于该格式比较简单，特别适合保存索引和线画稿模式图像，缺点是只有一个颜色通道。

7. GIF 格式

GIF 格式为图形交换格式，是由 CompuServer 公司开发的一种 LZW 压缩格式。该文件格式占用磁盘空间较少，仅支持 8 位，应用于高对比度的图像，不能用于存储真彩色的图像文件。在 WWW 和其他网上服务的 HTML(超文本标记语言)文档中，GIF 文件格式普遍应用于显示索引色彩图形和图像。

GIF 格式多用于 Web 站点。并且 DOS、Windows、Mac 及 UNIX 等平台均支持该文件格式。

2.3　图形用户界面

图形用户界面(Graphical User Interface，GUI)是使用图形技术为计算机图形系统或面向对象系统提供的友好工作环境，以指导用户正确使用系统工作及进行应用程序设计，提高工作效率和应用水平。

2.3.1　图形用户界面设计的相关理论

本节讨论以下面向对象的图形用户界面设计相关理论，主要包括基本设计目标、基本原则和设计策略等，以便指导图形用户界面的设计。

1. 基本设计目标

图形用户界面的基本设计目标是面向用户、指导用户和提高工作效率。图形用户界面首先应是面向用户的。面向用户是指在图形用户界面的设计时要站在用户的角度考虑问题，精心组织和安排图形用户界面中的窗口、文字、色彩、图形和各种交互构件，使用户通过该界面提供的信息能容易理解、掌握和记住系统的各种功能，并能使用户对系统产生浓厚的兴趣。

图形用户界面要为用户提供各种帮助和指导，使用户能正确地对计算机系统进行操作。首先，图形用户界面要以离线和在线帮助两种方式为用户提供简单的程序使用方法、系统安装方法和系统功能特点等说明性的图形或文字，使用户无需查找有关资料、记忆或学习一些东西就可以直接上机操作。

另外，在应用软件的运行过程中，图形用户界面应通过完整而简明的输出信息和输入提示，使用户知道系统正在处理的工作及下一步该怎样操作，应如何输入数据内容和数据格式，不至于在面对输入要求时束手无策或因输入数据的格式不符合要求而导致操作失败。

图形用户界面的最终目标是提高系统工作效率。图形用户界面应具有丰富多彩与形色生动的表现形式，以提高用户的工作兴趣和注意力；图形用户界面提出的任务应具有简洁明确的特点，需要选择输入少、使用户容易理解任务的内容，方便操作，不易出错。为了达到此目标，需要进行以下工作。

1）预测用户操作

在设计图形用户界面时要预测用户行为或进行输入数据统计，把最可能的行为放在列表选择项的前面或作为默认值，以减少用户查找、输入或击键次数。

2）分析可能出错的地方

在设计图形用户界面时应对潜在的问题和错误有所估计，在可能或容易出现问题的地方要向用户提出警告，以避免问题的出现和错误的产生。系统要有较大的容错和纠错能力，如果出现较大输入错误，而系统不能识错和纠错时，则可以通过错误陷阱跳过，但不能出现因非法输入导致程序中断的情况。

3）认真组织功能菜单

图形用户界面应简明提示，简化任务，提供批量操作功能，以使用户清楚当前任务并能方便地提出操作要求。图形用户界面达到这项要求需要做到以下 3 点。

（1）向用户提供功能选单或操作选择项目时，应按其性能和逻辑联系分层给出，并且对问题的表达要有序，不能混乱，使用户感到繁而不乱。

（2）使用的图形符号或语言文字应具有充分的表达能力，使用户一目了然，能正确理解它们的含义。

（3）把系统中相关的操作连接为一体，以减少提问或减少选择次数，减轻用户负担。

4）了解用户需求

图形用户界面应能提供用户想要的工作环境，给用户以鼓励，使用户自己能掌握系统操作方法。图形用户界面的形式要有一定的灵活性，让用户对界面有一定的控制权，能够

根据自己的意愿修改界面的图形、颜色或位置及输出信息的内容和方法。

2. 基本原则

图形用户界面设计的基本原则是简明性、一致性和完整性。

简明性是指图形界面应简单明了，突出系统要表达的主要信息。在屏幕界面设计时应注意使屏幕布局整齐，使文字简洁和图形简单，并使要表达的主要信息特别醒目。

图形用户界面的一致性是指同一个计算机系统中的界面风格应始终一致，包括屏幕底纹色彩、同类信息的显示位置、信息排列顺序和输入数据方式等内容应前后一致，而不能有跨度较大的变化，否则系统就变得不易掌握而且容易出现操作的习惯性错误。图形用户界面的一致性还表现在界面中的人机交互构件应采用流行的外观形式和设计方式，使本系统与当前计算机软件潮流融为一体。

图形用户界面的完整性是要把系统要求提示的信息尽可能地表达清楚、完整，使不了解系统内部情况，甚至不懂计算机的用户也能看懂并理解其意义，并根据界面提示和帮助进行工作。图形用户界面的完整性和简明性有时是相互矛盾的，若将两者综合考虑就要求图形用户界面用尽可能少的文字、尽可能简单的图形完整地表达必需的信息。

3. 设计策略

图形用户界面设计的策略是使界面具有存异性、先进性、创新性和实验性。

图形用户界面的存异性是指图形用户界面不能原封不动地照搬其他系统的形式，如果需要引用，则切记要与其他系统存有差异。每个应用系统都有自己的特点，在设计图形用户界面时应突出表现自己的特性，做到别具一格、与众不同。

图形用户界面的先进性是指图形用户界面应采用当前最先进的屏幕界面设计技术和最流行的界面形式技术，因为用户界面的落后会使人感到系统的设计水平低、功能差。

图形用户界面的创新性是指图形用户界面要通过精心设计产生。所谓精心设计，就是要创造和改进，并通过创造和改进，得出新颖的图形用户界面。

图形用户界面的实验性是指图形用户界面设计过程中必须以实验作为重要环节，其实际效果只凭想象是得不出的，必须通过实际实验才能观察出来。

2.3.2　图形用户界面的特征

图形用户界面的主要特征是采用面向对象技术进行图形界面设计，面向对象的精髓包括数据多级抽象、对象封装、继承性和多态性等技术。除此之外，图形界面还应有以下特征。

1. 图形用户界面必须在图形模式下工作

图形用户界面中需要色彩、动画、图形和表格，过去的文本模式已不能满足图形用户界面的要求，它必须在图形模式下才能正常地工作。图形用户界面要求更高级的计算机硬件和软件环境支撑，它需要较大的屏幕缓冲区和内存、较大的计算机硬盘和先进的 CPU、能支持较高的屏幕分辨率和色彩分辨率的计算机系统，否则图形用户界面将不能正常工作。因此，在进行图形用户界面设计时，除了选择好机器外，还要把系统工作方式定义为最高的图形模式，以满足色彩丰富、图形精细、多窗口和多页面的图形界面设计要求。

2. 图形用户界面使用图标、色彩和字体表达信息及其属性

图形用户界面的系统有一个共同特性，它们都使用统一而形象的小图标表示不同类型的文件、程序、工具或功能，这些图标不仅表达简洁而且操作方便。图形用户界面的系统不是盲目地乱用色彩，它利用色彩表示信息属性，信息属性不同使用的颜色也不同。对于正文，图形用户界面通过字体、字形和字号辅助表达正文内容，使用户加深对屏幕文字内容的理解。图形用户界面还使用条形选单、下拉式选单或弹出式选单表达系统提供的各种功能，以便让用户选择功能和控制程序运行。

3. 图形用户界面使用统一的屏幕对话构件与用户对话

图形用户界面使用统一的、流行的屏幕对话构件实现人机交互功能。常见的屏幕对话构件是按钮、单选框、复选框、数字框和编辑框等，用户利用这些构件设置工作参数、输入数据和确定选项。由于这些屏幕构件是流行和统一的，用户对它们的使用方法都比较熟悉，不需要经过再学习就可以直接操作。为了便于界面设计，许多面向对象系统中都提供了屏幕格式设计工具，其工具中包括了用户可能用到的各种屏幕构件，屏幕构件的作用和设计方法是图形用户界面设计的主要内容。

4. 图形用户界面也使用数据库方法管理

由于图形用户界面是按面向对象方法组织和设计的，面向对象的程序设计方法和图形设计方法对图形用户界面的设计也是适合的，因而面向对象图形用户界面也需要对象库和方法库存储、管理和控制屏幕界面。图形用户界面使用数据库方法管理后，不仅有利于界面的设计，还便于界面的修改和调用。

2.3.3 图形用户界面的设计技术

1. 图形用户界面设计的基本技术——屏幕布局方法

屏幕布局是图形用户界面设计的基本技术，屏幕布局是否合理对界面影响最大。屏幕布局的基本原则有条理、平衡、简洁和美观。

1）屏幕区域划分与习惯用法

按图 2-2 所示屏幕区域划分方法可以把屏幕的有效区域划分为上部、下部、左部、右部和中部五个子区域，每个子区域有各自不同的作用和显示内容。

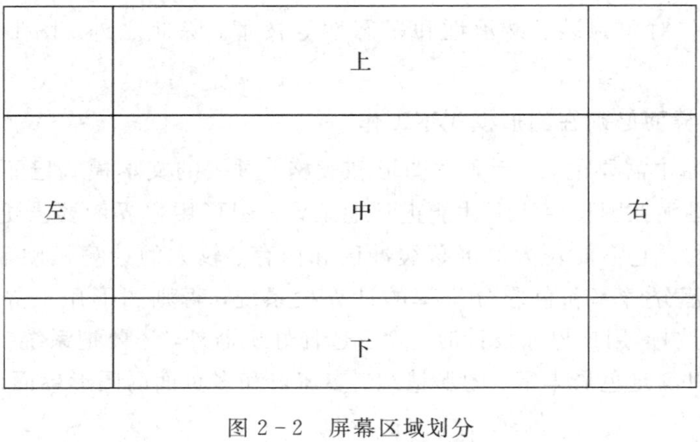

	上	
左	中	右
	下	

图 2-2　屏幕区域划分

屏幕设计的习惯布局是在屏幕上部区域显示标题和日期，具体是在屏幕左上部显示标题而在右上部显示日期。屏幕的中部区域是屏幕的主要区域，它是显示信息的正文区，而在屏幕底部往往以比较醒目的方式显示系统工作状态或错误信息。

2）屏幕设计应注意的五个问题

屏幕设计应注意如下五个问题：

(1) 遵循人们读信息的习惯设计屏幕。由于人们读信息的习惯顺序是从上向下，从左到右。屏幕设计时信息位置也应遵循从上向下，从左到右的顺序，而且要把重要信息安排在前面显示。图 2－3 中，图 2－3(a)由于每行输出的条目不一样故显得很混乱；图 2－3(b)为整齐的输出屏幕；图 2－3(c)中由于输入、输出区之间留有不等的空间，使两者脱节而显得混乱；图 2－3(d)为整齐的输入屏幕。

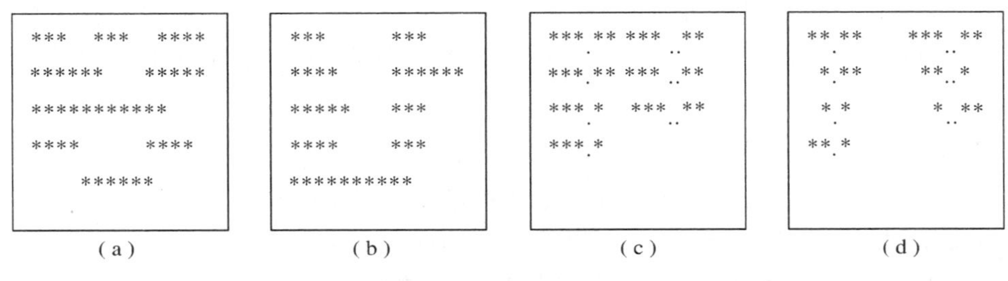

图 2－3　屏幕布局实例

(2) 考虑到信息现实位置对用户的情绪影响。信息置于屏幕中心，能给人以"稳定"的感觉；而信息位置如果偏离屏幕中心，能使人产生"动"或"紧张"感，偏离屏幕中心越远，产生的紧张感就越强。图形用户界面应充分考虑并利用其特点，使用户把工作做得更好。例如，对于应用系统在进行查询数据、打印报表或其他处理时需要提示的"等待"信息应置于屏幕中心位置，以消除用户的着急情绪；反之，如将"出错报警"信息放在屏幕边沿区域显示能促使用户及时对报警信息做出反应。

(3) 屏幕上应留有充分的空白。如果屏幕上安排的信息较多，屏幕空白少于 25%，系统执行效果就会受到影响。为了改善屏幕信息拥挤状况，可以采用表格或简单的装饰图案的方法产生"空白"效果，它比用隔行显示或局部显示直接产生空白更生动，能产生更好的执行效果。

(4) 屏幕布局应整齐、平衡。屏幕布局情况直接影响用户的工作情绪，如果屏幕布局混乱和不平衡，也会使用户思维不清楚，心情烦躁。

图 2－3 所示是屏幕布局的几个实例：输出信息时，要像图 2－3(b)那样整体上每行信息条数应一致，如果每行输出信息条数有多有少，屏幕就会显得很乱，图 2－3(a)就是输出屏幕较乱的一个例子；在输入信息时，屏幕界面设计者可能会考虑到一些字符对齐习惯而忽视界面整齐要素，像图 2－3(c)那样，屏幕上虽然输入和输出信息都是左对齐，但由于中间空格数量不等，使得屏幕内容不紧凑而显得混乱，如果像图 2－3(d)那样处理，打破字符左对齐和数字右对齐的常规，使提示字符右对齐，屏幕效果会更好些。在屏幕多栏目设计时，要特别注意布局平衡问题。像图 2－4(a)的栏目设计就显得不太规矩，设计中应按图 2－4(b)所示那样使栏目布局平衡。

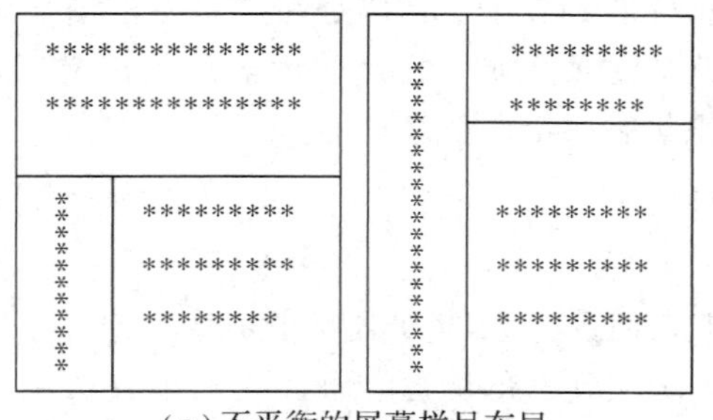

(a) 不平衡的屏幕栏目布局

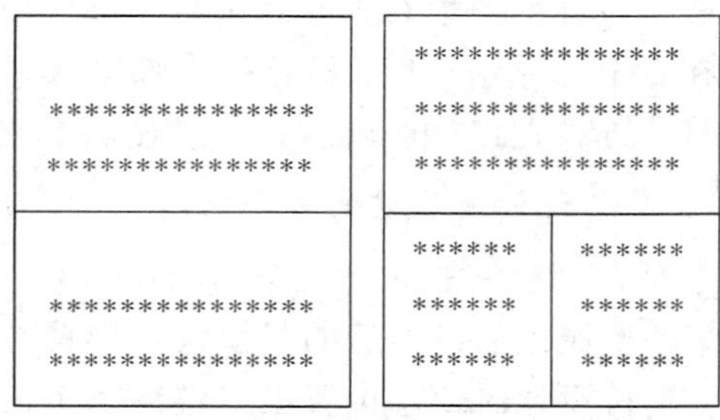

(b) 平衡的屏幕栏目布局

图 2-4　有关屏幕栏目平衡的图示

(5) 屏幕布局应恒定。屏幕布局应恒定是指在同一个系统中，屏幕布局、底色或图案风格应一致。屏幕恒定包括屏幕布局恒定、显示方式恒定、输入方式恒定和需要用户输入的字符或代码恒定。屏幕恒定能使用户对系统产生可信赖感，因而，能够很快掌握并熟悉操作方法。

3) 多屏幕、多栏目和多窗口的使用技术

在屏幕设计时还应当注意使用多屏幕、多栏目和多窗口技术。

当需要显示的信息内容较多时，可以使用滚动屏幕和多屏幕两种处理方法。但如果信息过多，例如对于很宽、很长(相当于几个屏幕的长和宽)的表格，最好使用多屏幕的处理方式，因为使用滚动屏幕会给人跳动的感觉，而使用多屏幕及多页处理则给人以阶段进展的感觉。

在屏幕布局安排时，要对信息进行分类组织，并对各类信息分栏目或分表格进行表达，这样不仅可以提高信息的条理性，还可以增加屏幕空白，提高屏幕的可读性。

和多屏幕、多栏目技术相比，多窗口具有更强的屏幕分割能力，对于表达相对独立的多种信息，使用多窗口是最佳的表现形式。由于窗口具有水平和垂直滚动功能，使用窗口还能给人以连续变化的感觉。窗口有多种类型，主要有弹出式窗口、重叠式窗口和拼接式窗口。尽管在一个屏幕上可以同时打开多个窗口，但在窗口设计时应注意突出当前窗口，并允许用户能控制各个窗口，即使用控制键激活窗口、移动窗口和离开窗口。

由于不好的屏幕布局会对系统造成极大的影响，许多系统软件在屏幕设计时都有“屏幕布局方案”供设计者选择。例如 PowerPoint 提供的屏幕布局方案，看得出方案中屏幕的美观、稳定和平衡是屏幕设计的中心问题。

2. 图形用户界面设计的重要工具——闪烁和色彩技术

闪烁是一种动态效果，它具有引起注意、烘托气氛和美化界面的作用。色彩能美化屏幕界面、表示信息属性和传递信息。闪烁和色彩是面向对象图形用户界面设计的重要工具。

1) 闪烁技术

屏幕中的图形、背景、文字、边框等对象按一定规律快速重复变化的现象称为屏幕闪烁。图形用户界面中的屏幕闪烁会使信息产生动感，常见的屏幕闪烁有如下几种形式：

(1) 礼花绽放型。礼花绽放型可以在正文信息的段落中加入一些零散的花样，这些花样的规则变化会产生闪烁效果。

(2) 七彩霓虹型。七彩霓虹型通过正文边框装饰图案的变色、变形和移动产生闪烁效果。

(3) 背景闪烁型。背景闪烁型通过重复调用正文的背景色和前景色(字体的颜色)来产生闪烁效果。

(4) 亦真亦幻型。亦真亦幻型通过正文在清晰和模糊之间变化来产生闪烁效果。

2) 闪烁技术的应用场合

(1) 需要引起用户注意的信息最好用闪烁形式表示。例如过程控制系统中的错误信息，如果使用醒目的背景闪烁表示，就能及时被发现并促使立即对错误进行处理。再如网页的标题，如果使用七彩霓虹型闪烁表示就会显得格外突出，能引起网友的注意和兴趣。还有，使用 Word 写文章时，由于插入点是闪烁的，使用户一眼就可以找到输出位置。

(2) 需要表现欢快热烈的地方可以使用闪烁形式表达。例如，表现祝福、庆贺和庆祝等信息时使用礼花绽放型闪烁能增加喜庆、热闹的气氛。

(3) 需要传递动态信息时应当使用闪烁形式表现。例如，计算机内部进行复杂的计算、查询或接收大批数据时需要用户等待较长时间，如果能在屏幕上使用亦真亦幻型闪烁方式显示信息，就能告诉用户计算机正在工作，不至于被误认为死机。

(4) 在需要动画的用户界面可以使用闪烁技术处理。使用闪烁虽能达到醒目和动态效果，但由于闪烁过于刺激，使人看不清楚屏幕，所以应避免在大范围区域用过于激烈的方式闪烁。在需要闪烁的地方，要采取相应的补偿措施克服由于闪烁产生的问题。例如通过加大、加重闪烁区域的字体突出信息内容，采用部分闪烁或边缘闪烁以减小闪烁区域等。

3) 色彩在用户界面中的作用

在图形用户界面中，色彩担当着重要的角色，色彩能帮助用户顺利地工作，感染用户愉快地工作，色彩还能提醒用户避免工作事故。色彩的主要功能及应用体现在以下几方面：

(1) 色彩最突出的作用是能够美化用户界面。如果屏幕色彩丰富且搭配协调，能使人赏心悦目，使用户从喜欢屏幕形式开始到最后接受整个系统。

(2) 色彩的独特作用是能表达图像信息。在图形用户界面中不仅需要文字信息，也需要图像信息，而图像信息是通过色彩表示的。在多数情况下，文字信息起主导作用，但有时候，图像或色彩在信息表达中起主角作用，而文字却是配角。使用图像或色彩信息不仅比文字信息更形象、更生动，还更具有表达能力。在许多情况下图像信息是不能用文字完全取代的，例如，人的肖像、产品外形、艺术作品、商标等必须使用图像表示。

(3) 色彩的直观作用是突出表现信息。由于在屏幕界面中使用高亮色、反差大的颜色或特殊色彩时会特别醒目，所以使用这些色彩技术能突出表现信息。例如，用高亮色表示错误或警告信息，能引起用户注意；高亮色光带能标识当前选择的菜单项；用高亮色能把弹出菜单从背景中区分出来。

(4) 色彩的隐含作用是传达信息和区别信息类别。在图形用户界面中使用色彩传递信息的例子很多，例如在查询信息时，用不同于前景色的其他颜色标识某信息就容易被找到。在屏幕界面中使用色彩区别信息属性或类别的例子更常见，例如，表示文字信息时用不同颜色表示信息的题目和正文；在输入/输出界面中用不同颜色表示输入和输出的信息；在电网图中用不同颜色表示电压、电流或电功率数据；在图形系统中用不同的颜色区分图形元。

4) 图形用户界面中色彩的性质

在利用色彩进行图形用户界面设计时，应遵循一定的规则和技术，否则会弄巧成拙，达不到设计的效果。图形用户界面的色彩有以下性质，使用时应注意。

（1）屏幕颜色的色性。由于屏幕颜色具有冷色和暖色两种色性，它们对用户有不同的情绪感染力。冷色能使人更冷静、不着急、有条不紊地工作；暖色可使人更热情奔放地、快速地完成工作。鉴于屏幕颜色的色性，图形用户界面设计时应注意以下三点：

① 同系统屏幕颜色的基本色性应一致，色性跨度不能很大。

② 系统的基本色性应与用户工作时间相关，用户集中精力在短期就可以完成工作的系统应使用暖色性，需要长期工作的系统，例如计算机事物处理系统、文字编辑系统等，采用冷色屏幕有利于工作。

③ 根据信息内容和实时性决定使用颜色的色性。在屏幕界面中需要提醒用户重视或立即处理的信息应使用暖色，需要细心观察和耐心等待的信息应使用冷色。

（2）屏幕颜色的互补性。由于计算机屏幕采用红、绿、蓝三种颜色显示器工作，它的元色是红、绿、蓝色，它的混合色（二级色，两种元色的合成色）是黄、品红和青色，而红、绿、蓝三色合成为白色。颜色轮盘上相对应的两种色为互补色关系，如红与青、蓝与黄、绿与品红均为互补色。由于互补色具有较强烈的对比性，且急于吸引对方变成白色，在使用互补色作为字符的背景时会使得字符看不清楚，所以在屏幕设计中应尽可能避免使用。而颜色轮盘中的相邻色在一起比较柔和，一般屏幕的前景与背景间应使用比较柔和的相邻色。

（3）屏幕颜色的适宜性。屏幕颜色的适宜性是指屏幕颜色的设置应合理并适宜所表达信息的要求。要使屏幕颜色具有适宜性，要求界面做到以下几点：

① 屏幕的颜色应简洁，在一个屏幕中不要使用过多的颜色和图案，图案和颜色过多都会显得很乱。

② 屏幕中的颜色不能过于夸张和鲜亮，否则会喧宾夺主，影响用户阅读文字信息。

③ 屏幕色彩应突出信息，使用颜色要与信息的内容相关。例如，屏幕中的主要信息要用突出的亮色表示，背景要用暗色表示，而对于一般信息要用较亮色表示。

习　　题

1. 什么是图像的分辨率？计算一幅有1024×768个像素且大小为4×3英寸的图形的分辨率。

2. 一个交互式计算机图像系统必须具有哪些功能？其结构如何？

3. 简述图像的分类方法。

4. 试列举出你所知道的图形输入与输出设备。

5. 何为数字图像？矢量图像与点阵图图像有什么区别？

6. 在图形用户界面设计前需要做哪些前期工作？

7. 图形用户界面的特征是什么？

8. 图形用户界面的设计目标和基本要求是什么？

9. 试叙述屏幕布局的基本原则和应注意的问题。

10. 试叙述屏幕上色彩的功能和注意事项。

11. 试叙述图形用户界面中色彩的性质。

第 3 章　交互式 Visual C＋＋图形基础编程

3.1　Visual C＋＋软件设计方法

本小节主要介绍 Visual C＋＋软件设计方法并以 Visual C＋＋6.0 版本为实例介绍此交互式软件(当前该软件已有中文版本)。在正确安装 Visual C＋＋6.0 后，单击 Windows 桌面任务栏上的“开始”按钮，从中启动“Visual C＋＋6.0”软件；或单击桌面“Visual C＋＋6.0”快捷方式，启动该软件。

3.1.1　开发环境和开发工具概述

Visual C＋＋6.0 开发环境 Developer Studio 是由运行在 Windows 环境下的一套集成工具组成的，包含输入程序源代码的文本编辑器(Text Editor)、设计用户界面(如菜单、对话框、图标等)的资源编辑器(Resources Editor)、跟踪源文件和建立项目配置的项目管理器(Project Build Facilities)、建立并运行程序的优化编译器(Optimizing Compiler)和增量连接器(Incremental Linker)以及检查程序错误的集成调试器(Integrated Debugger)等。

Visual C＋＋6.0 提供具有强大功能的向导工具 AppWizard 和 ClassWizard 来简化 Win32 图形程序的开发。AppWizard 向导用于帮助用户生成各种不同类型应用程序的基本框架，生成完整的从开始文件出发的基于 MFC 类库的源文件和资源文件。在创建应用程序的基本框架后，使用 ClassWizard 来创建新类、定义消息处理函数、重载虚拟函数和从对话框的控件中获取数据并验证数据的合法性。

Visual C＋＋6.0 的 Developer Studio 为标准的 Windows 界面，由标题栏、菜单栏、工具栏、工作区窗口、源代码编辑窗口、输出窗口和状态栏组成，如图 3－1 所示。

屏幕的最上端是标题栏，标题栏用于显示应用程序名和所打开的文件名。标题栏左端为控制菜单框，用于控制窗口的大小和位置。标题栏右端有 3 个控制按钮，分别为最小化按钮、还原按钮和关闭按钮，这些按钮用于快速设置窗口大小。

标题栏的下面是菜单栏和工具栏。菜单栏由多个菜单组成，包含着 Visual C＋＋6.0 的绝大部分功能，是日常工作不可缺少的主要工具之一。工具栏由某些操作按钮组成，分别对应某些菜单选项或命令的功能，可直接用鼠标单击这些按钮来完成指定的功能。工具栏按钮大大简化了用户的操作过程，并使操作过程可视化，不再是抽象的命令行序列。Visual C＋＋6.0 包含十几种工具栏，用户可以根据需要随时让其出现或隐藏起来。默认时，屏幕工具栏区域显示有两个工具栏，即 Standard 工具栏和 Build 工具栏。

工具栏的下面是两个窗口，一个是工作区窗口，另一个是源代码编辑窗口。工作区窗口的下面是输出窗口，用于显示项目建立过程中所产生的错误信息。屏幕最底端是状态栏，显示当前操作或所选命令的提示信息。

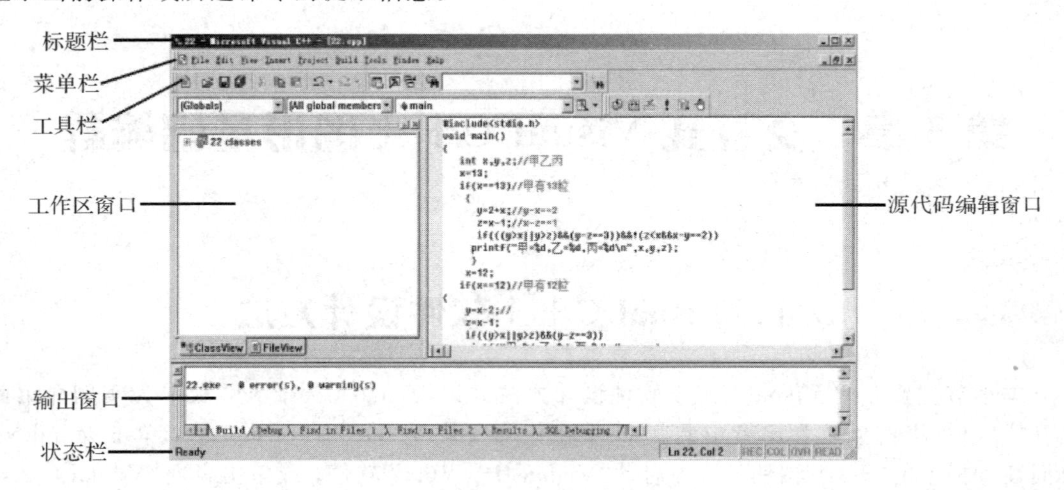

图 3-1　Visual C++6.0 操作界面

Visual C++6.0 提供有很多种不同用途的菜单命令，多数菜单是读者已十分熟悉的标准 Windows 菜单。下面主要对 File 菜单与文件类型作简要介绍。

File 菜单下的各个命令都与 Visual C++6.0 所建立的文件类型有关。用 Visual C++6.0 开发应用程序主要涉及三大类型的文件：文件(File)、项目(Projects)和工作区(Workspaces)。在 Visual C++6.0 中，通常意义下开发一个 Windows 应用程序是指生成一个项目，该项目包含一组相关文件，如各种头文件(.h)、实现文件(.cpp)、资源文件(.rc)、图标文件(.ico)、位图文件(.bmp)等，而该项目必须在一个工作区打开。所以当第一次建立一个应用程序时，应选择新建一个项目，此时 Visual C++会自动建立一个工作区，并把新建的项目在该工作区中打开；以后要对该项目进行修改、补充、增加等工作时，只需要打开对应的工作区即可。

选择 File→New 命令，将弹出 New 对话框。New 对话框有 4 个选项卡：Files 选项卡、Projects 选项卡、Workspace 选项卡和 Other Documents 选项卡。Files 选项卡在列表框中列出了 C/C++头文件、C++源文件、位图文件、光标文件、图标文件和文本文件等；Projects 选项卡在列表框中列出了许多项目类型，一般选用 MFC AppWizard(.exe)，以便开发一个可执行的 32 位图形程序；Workspace 选项卡和 Other Documents 选项卡一般很少用到。

Developer Studio 以项目工作区(Project workspace)的方式来组织文件、项目和项目配置，通过项目工作区窗口可以查看和访问项目中的所有元素。首次创建项目工作区时，将分别创建一个项目工作区目录、项目工作区文件、项目文件和工作区选项文件。项目工作区文件用于描述工作区及其内容，扩展名为.dsw。项目文件用于记录项目中各种文件的名字和位置，扩展名为.dsp。工作区选项文件用于存储项目工作区设置，扩展名为.opt。

创建或者打开项目工作区时，Developer Studio 将在项目工作区窗口中显示与项目有关的信息。项目工作区窗口主要由 3 个面板构成，即 FileView、ResourceView 和 ClassView，分别用于显示项目中定义的 C++类、资源文件和包含在项目工作区中的文件。每个面板用于指定项目工作区中所有项目的不同视图。每个面板至少有一个顶层文件，顶层文件夹由组成项目视图的元素组成。通过扩展文件夹可以显示视图的详细信息。视图中每个文件夹可以包含其他文件夹或各种元素(如子项目、文件、资源、类和标题等)。

3.1.2　实用 AppWizard 生成一个图形应用重要程序的框架

AppWizard(程序生成向导)可为使用 MFC 的典型 C＋＋ Windows 应用程序建立开发项目，它提供了一系列对话框及多种选项，用户可以根据不同的选项生成自己所需的具有各种特征的应用程序框架。具体步骤如下：

步骤 1：

选择 File→New 命令，在 New 对话框中选择 Projects 选项卡，选择 MFC AppWizard(.exe)。在 Location 文件框中，可直接输入目录名称，或者单击"..."按钮选择已有的目录。在 Project name 文本框中输入项目名称，如 Draw，此时 OK 按钮变亮，单击后弹出 MFC AppWizard - Step1 对话框，如图 3 - 2 所示。

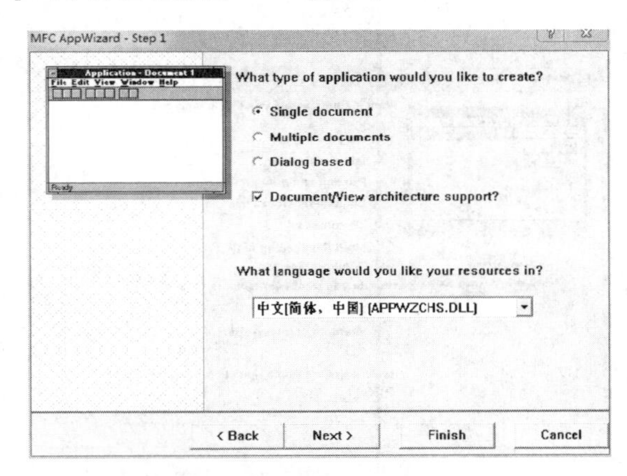

图 3 - 2　应用程序结构选项

(1) What type of application would you like to create? 项：

Single document、Multiple documents 和 Dialog based 3 个单选按钮分别代表应用程序的单文档类型、多文档类型和基于对话框的应用程序类型。单文档应用程序一次只能打开一个文档，其窗口边框和视图统一由一个从 CFrameWnd 类派生的 CMainFrame 类对象来管理；多文档应用程序则一次可以打开多个文档，其窗口主边框和子边框分别由两个类来管理，从 MDICFrameWnd 类派生的 CMainFrame 类对象管理主边框，从 CMDIChildWnd 类派生的 CChildFrame 类对象管理子边框和视图；而基于对话框的应用程序既没有边框类和视图类，也没有文档类，取而代之的是一个对话框类。

Document/View architecture support? 复选框用于确定应用程序是否支持文档/视图结构。文档/视图结构是 MFC 应用程序的重要特征，是 AppWizard 的默认选择。文档对象负责数据的保存，视图对象负责数据的显示并管理与用户的交互。文档通过成员函数 GetFirstViewPosition()和 GetNextView()来获得指向多个视图的指针，视图则通过成员函数 GetDocument()来获得指向文档的指针。如果不选中该复选框，则应用程序框架不支持文档/视图结构，也不生成文档类。

(2) What language would you like your resources in? 项：

本项询问用户生成何种语言界面的应用程序，下拉列表框中可选择的语言有：英语、德语、西班牙语、法语、意大利语、中文。

选中 Single documents 单选按钮和"中文[简体，中国]"选项，单击 Next 按钮，进入下一步骤。

步骤 2：

该步骤用于决定应用程序是否需要数据库支持。一般图形程序不需要数据库支持，因此选中默认值 None 选项即可。

步骤 3：

该步骤用于决定应用程序是否需要复合文档支持。一般图形程序需要服务器型的复合文档支持，因此选择 Full Sever 选项即可。

步骤 4：

选择 None 单选按钮，并单击 Next 按钮，出现 MFC AppWizard - Step 4 of 6 对话框，如图 3-3 所示。

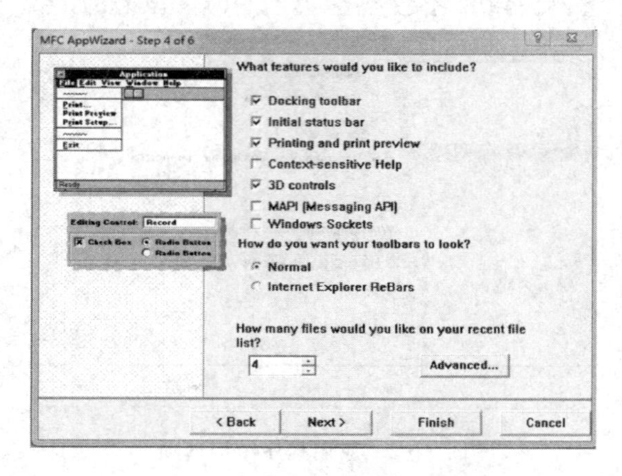

图 3-3　应用程序特征选项

(1) What features would you like to include? 项。

本项用于确定应用程序具有何种特征。7 个复选框代表 7 个特征，具体如下：

◆ Docking toolbar：选中该复选框，应用程序将增加一个工具栏。工具栏包括创建新文档、打开和保存文档文件、剪切、复制、粘贴、打印文本、显示 About 对话框以及进入 Help 模式等按钮。选择该复选框还将增加显示或隐藏工具栏的菜单命令。在默认情况下有工具栏。

◆ Initial status bar：选中该复选框，应用程序将增加一个状态栏。状态栏包含自动显示键盘的大写锁定(CAPS LOCK)、数字锁定(NUM LOCK)和滚动锁定(SCROLL LOCK)的指示符，显示菜单命令和工具栏按钮帮助字符串的信息行。激活该设置，将添加显示或隐藏状态栏的菜单命令。在默认情况中，程序有状态栏。

◆ Printing and print preview：如果用户希望 AppWizard 通过调整 MFC 类库 CView 类中的成员函数来生成处理打印、打印设置和打印预览命令的代码，则选中该复选框。AppWizard会把这些命令添加到程序的菜单中。默认时，程序支持打印。

◆ Context-sensitive Help：如果用户希望 AppWizard 生成支持上下文相关帮助的帮助

文件，则选中该复选框。该项要求有帮助编译器，如果用户没有帮助编译器，则可以通过重新运行安装程序来安装。

◆ 3D controls：如果用户希望应用程序的界面具有三维效果，则选中该复选框。默认时，应用程序支持三维效果。

◆ MAPI[Messaging API]和 Windows Sockets：图形程序一般不需要选中这两个复选框。

（2）How do you want your toolbars to look？项。

若上一选项选中了 Docking toolbar 复选框，则本项询问用户采用何种样式的工具栏。

◆ Normal：普通的样式。

◆ Internet Explorer ReBars：IE4 的样式。

（3）How many files would your like on your recent file list？项。

本项询问用户在最近使用的文件列表中包含的文件数目，默认是 4。

另一个命令按钮 Advanced 用于设置文件类型名称（文件扩展名）和主窗口标题。

步骤 5：

在该步骤中采用默认设置。

步骤 6：

单击 Next 按钮，出现 MFC AppWizard－Step 6 of 6 对话框，如图 3－4 所示。

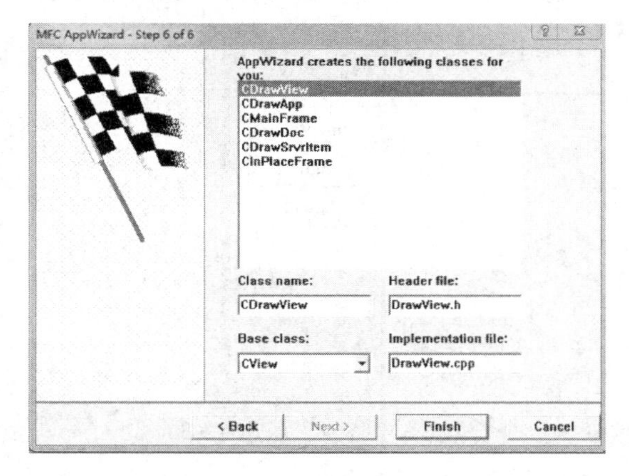

图 3－4　显示要创建的类、头文件和实现文件

对话框中的默认设置确定了类的名称及其所在文件的名称。用户可以改变CDrawApp、CmainFrame 和 CDrawDoc 的文件名称，但不可以改变它们的基类；可以改变 CDrawView 的基类及其所在文件的名称。在 Visual C＋＋6.0 中，AppWizard 允许选用 MFC 类库中的其他视图类作为应用程序视图类的基类。比如，可以选用 CScrollView 类作为基类，这样生成的视图类将支持滚动功能。

在对话框中，单击 Finish 按钮，AppWizard 显示将要创建的文件清单。

3.1.3　实用资源编辑器生成图形用户界面

资源作为一种界面成分，可以从中获取信息并在其中执行某种动作。Visual C＋＋.Net可以处理的资源有加速键（Accelerator）、位图（Bitmap）、光标（Cursor）、对话框

(Dialog Box)、图标(Icon)、菜单(Menu)、串表(String Table)、工具栏(Toolbar)和版本信息(Version Information)等。

Developer Studio 可提供功能强大且易于使用的资源编辑器，用于创建和修改应用程序的资源。使用资源编辑器可以创建新的资源，修改、复制已有的资源以及删除不再需要的资源。例如，用加速键编辑器处理加速表、用图形编辑器处理图形资源(工具栏、位图、光标和图标等)、用对话编辑器处理对话框、用菜单编辑器处理菜单等。

创建或者打开资源时，系统将自动打开应用的编辑器。编辑器打开后，单击鼠标右键，将弹出快捷菜单，其中列有与当前资源有关的命令。

1. 创建的资源

选择 Insert→Resource 命令，弹出 Insert Resource 对话框，如图 3－5 所示。如果要创建新的资源，则从 Resource type 列表框中选择资源类型，然后点击 New 按钮。新创建的资源将加入到当前资源文件中。

2. 查看和修改资源

可以使用项目工作区窗口的 ResourceView 面板来查看和修改资源，如图 3－6 所示。首次打开 ResourceView 面板时，系统将自动压缩每个资源分类，可单击"＋"标记来扩展每一分类。可以使用菜单命令来复制、移动、粘贴或者删除资源，也可以通过双击打开相应的编辑器来修改资源，还可以用资源属性对话框来修改资源的语言属性或条件属性。

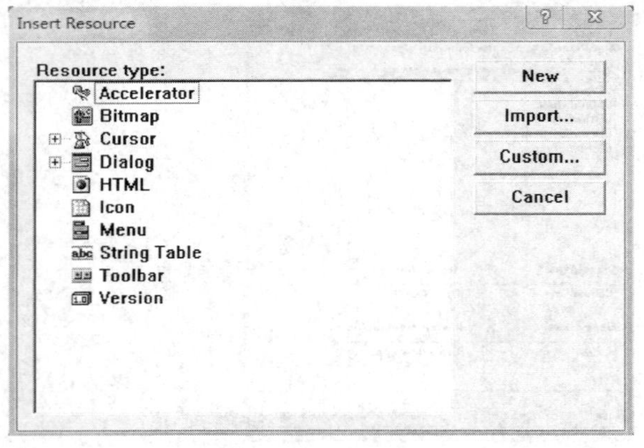

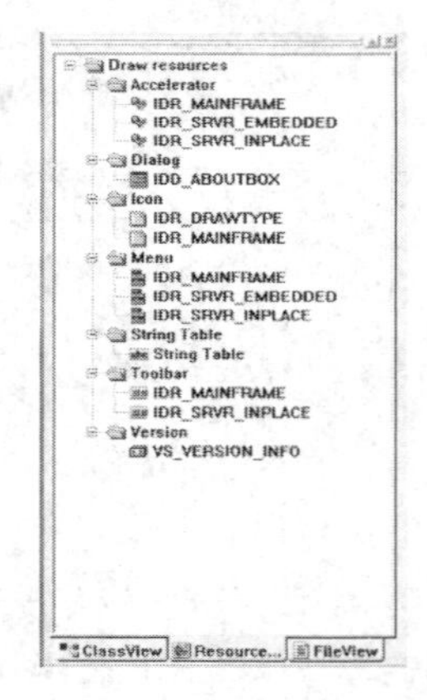

图 3－5　Insert Resource 对话框　　　　图 3－6　ResourceView 面板

3. 导入位图、光标和图标

Visual C＋＋6.0 可以将单独的位图、光标或图标文件导入资源文件中，方法为：

(1) 在 Resource View 面板中单击鼠标右键，从快捷菜单中选择 Import 命令，弹出 Import Resource 对话框。

(2) 在对话框选择要导入的.BMP(位图)、.ICO(图标)或.CUR(光标)文件。

(3) 选择后单击 Import 按钮即可将文件添加到当前资源文件中。

此外，还可以使用快捷菜单中的 Export 命令将位图、光标或图标从资源文件导出到单独的文件中。

4. 资源模板

除了创建资源文件外，还可以创建资源模板。资源模板创建后，就可以在资源模板的

基础上创建新的资源。例如，要创建多个含有 Help 按钮和公司徽标的对话框，则可以先创建含有 Help 按钮和公司徽标的对话框模板，然后基于对话框模板创建新的对话框，这些对话框都含有 Help 按钮和公司徽标。

资源模板的创建方法与资源文件的创建方法基本相同，不同处在于它必须使用 File 菜单中的 Save As 命令将资源模板保存在 Devstudio\ShareIDE\Template 文件夹中。

5. 资源符号

资源符号由映射到整数值上的文本串组成，用于在源代码或资源编辑器中引用资源或对象。在创建新的资源或对象时，系统自动为其提供默认符号名(如 IDD_ABOUTBOX)和符号值。默认时，符号名和符号值自动保存在系统生成的资源文件 resource.h 中。

可以使用资源属性对话框来改变资源的符号名或符号值，方法为：

(1) 在 ResourceView 面板中选择要处理的资源。

(2) 选择 View→Properties 命令或按 Alt+Enter 键，弹出相应的资源属性对话框，如图 3-7 所示。

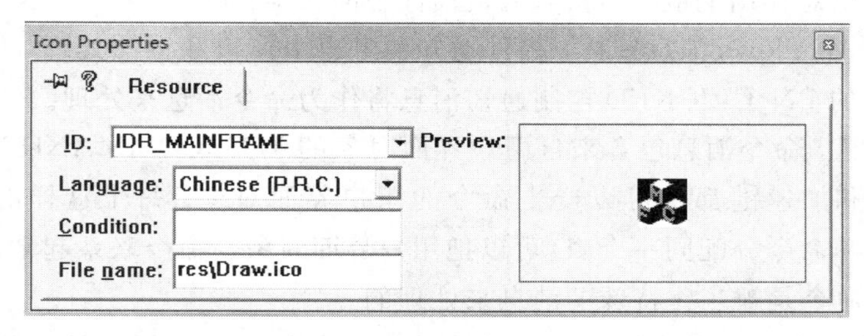

图 3-7　资源属性对话框

(3) 在 ID 文本框中输入新的符号或符号值，或从已有的符号列表中选择一种符号。如果输入新的符号名，则系统会自动为其赋值。也可以在文本编辑器中直接修改 resource.h 文件来改变与多个资源有关的符号。

符号名通常用带有描述性的前缀来表示所代表的资源或对象类型。例如，加速键或菜单前缀为“IDR_”，对话框前缀为“IDD_”，光标前缀为“IDC_”，图标前缀为“IDI_”，位图前缀为“IDB_”，菜单项的前缀为“IDM_”，命令前缀为“ID_”，控件前缀为“IDC_”，串表前缀为“IDS_”，消息框中的串前缀为“IDP_”。

符号值通常有一定的限制。例如，资源(如加速键、位图、光标、对话框、图标、菜单、串表及版本信息)的符号值范围为十进制的 0～32767，而资源构件(如对话框控件或串表中的串)的符号值范围为 0～65534 或－32767～32767。

使用资源符号浏览器(通过选择 View→Resource Includes 命令来启动)可以简化资源符号的管理，可以快速浏览已有资源符号的定义，创建、更改和删除资源符号，快速切换到某个资源对应的编辑器中。

3.1.4 利用消息映射和消息处理交互式绘图

所有 Windows 应用程序都是由消息驱动的，当用户单击鼠标或改变窗口大小时，都将给适当的窗口发送消息。每个消息都对应于某个特定的事件。图形软件通过处理鼠标和键盘等 Windows 消息，实现交互式绘图。

1. 消息的种类

消息主要是指由用户操作并向应用程序发出的信息，也包括操作系统内部产生的消息。例如，点击鼠标左键，Windows 将产生 WM_LBUTTONDOWN 消息，而释放鼠标左键将产生 WM_LBUTTONUP 消息，按下键盘上的字母键，将产生 WM_CHAR 消息。

在 VC 中，消息主要有三种类型，即 Windows 消息、控件通知和命令消息。

(1) Windows 消息。除了 WM_COMMAND 外，所有以 WM_ 为前缀的消息都是 Windows消息。Windows 消息由窗口和视图处理。这类消息通常含有用于确定如何对消息进行处理的一些参数。

(2) 控件通知。控件通知包含从控件和其他窗口传送给父窗口的 WM_COMMAND 通知消息。例如，当用户改变编辑控件中的文本时，编辑控件将发送给父窗口(如对话框)一条含有 EN_CHANGE 控件通知码的 WM_COMMAND 消息。窗口的消息处理函数将以适当的方式对通知消息作出响应，如获取编辑控件中的文本。

像其他标准 Windows 消息一样，控件通知消息也由窗口和视图处理。但是，用户单击按钮控件时发出的 BN_CLICKED 控制通知消息将作为命令消息来处理。

(3) 命令消息。命令消息包含来自用户界面对象的 WM_COMMAND 通知消息。菜单项、工具栏按钮和加速键都是可以产生命令的用户界面对象。每个这样的对象都有一个 ID，通过给对象和命令分配同一个 ID 可以把用户界面对象与命令联系起来。正如在“消息”中所说的那样，命令是被当作特殊的消息来处理的。

通常，命令 ID 是以其所表示的用户界面对象的功能来命令的。例如，Edit 菜单中Copy 命令就可以用 ID_EDIT_COPY 来命令。MFC 类库预定义了某些命令 ID(如 ID_EDIT_PASTE、ID_FILE_OPEN 等)，而其他命令 ID 需则要编程人员自己定义。所有预定义命令 ID 的列表可参见 afxres.h 文件。

命令消息的处理与其他消息的处理不同，命令消息可以被更广泛的对象(如文档、文档模板、应用程序对象、窗口和视图等)处理。Windows 把命令发送给多个候选对象，称为命令目标，通常其中的一个对象有针对该命令的处理函数。处理函数处理命令的方法与处理 Windows 消息的方法是一样的，但调用机制不一样。

2. 消息处理

在 MFC 中，每个专门的处理函数单独处理每个消息，编写消息处理函数是编写框架应用程序的主要任务。可以使用 ClassWizard 创建消息处理函数，然后从 ClassWizard 直接跳到源文件消息处理函数的定义部分，并从中编写消息处理函数的代码。

(1) Windows 消息和控件通知的处理函数。Windows 消息和控件通知都是由派生于 CWnd 的窗口类对象处理的。它们包括 CFrameWnd、CMDIFrameWnd、CMDIChildWnd、CView、CDialog 以及从这些类派生的用户自定义的类。这样的类对象封装了 Windows 窗口的句柄 HWND。

Windows 消息和控件通知都有默认的处理函数，这些函数在 CWnd 类中进行了预定义。MFC 类库以消息名为基础形成这些处理函数的名称，这些名称都以前缀 On 开始。有的处理函数不带参数，有的则有几个参数，有的还有除了 void 以外的返回值类型。CWnd 中消息处理函数的说明都有 afx_msg 前缀。关键字 afx_msg 用于把处理函数与其他 CWnd 成员函数区分开来。例如，消息 WM_PAINT 的处理函数在 CWnd 中被声明成：

```
afx_msg void OnPaint( );
```

常见的 Windows 消息有鼠标消息（如 WM_LBUTTONDOWN 消息）、键盘字符消息（WM_CHAR 消息）、键盘按键消息（WM_KEYDOWN）、窗口重画消息（WM_PAINT 消息）、水平和垂直滚动消息（WM_HSCROLL 消息和 WM_VSCROLL 消息）以及系统时钟消息（WM_TIMER 消息）等。

（2）命令消息的处理函数。由于用户界面对象是由用户定义的，每个应用程序的用户界面对象千差万别，所以来自用户界面对象的命令消息没有默认的处理函数。如果某条命令直接影响某个特定的对象，则应让该对象来处理这条命令。例如，File 菜单中的 Open 命令与应用程序有关，所以，Open 命令的处理函数是应用程序类的一个成员函数。

把命令消息映射成处理函数时，ClassWizard 以命令 ID 来命名处理函数，可以接受、修改或替换推荐使用的名称。例如，Edit 菜单中的 Cut 命令，其命令 ID 被预定义成 ID_EDIT_CUT，处理函数被命名为

```
afx_msg void OnEditCut( );
```

命令消息的处理函数没有参数，也不返回值。

3. 消息映射

可以接受消息和命令的所有框架类都有自己的消息映射。框架利用消息映射把消息和命令与它们的处理函数链接起来。从 CCmdTarget 类派生的任何类都可以有消息映射。虽然名为“消息映射”，但消息映射既可以处理消息，也可以处理命令，包括在“消息种类”中列出的三种消息种类。

用 MFC AppWizard 创建应用程序框架时，AppWizard 为创建的每个命令目标类（包括派生的应用程序对象、文档、视图和边框窗口等）编写一个消息映射。每个命令目标类的消息映射存放在应用的.cpp 文件中。可以在 AppWizard 创建基本消息映射的基础上，使用 ClassWizard 为每个类将处理的消息和命令添加一些条目。例如，对于应用程序，MFC AppWizard 创建的基本消息映射为

```
BEGIN_MESSAGE_MAP(CDrawApp, CWinApp)
    //{{AFX_MSG_MAP(CDrawApp)
    ON_COMMAND(ID_APP_ABOUT, OnAppAbout)
      // ClassWizard 将在此处添加和删除消息映射宏
    //}}AFX_MSG_MAP
    //基于标准文件的文档命令（新建和打开）
    ON_COMMAND(ID_FILE_NEW, CWinApp::OnFileNew)
    ON_COMMAND(ID_FILE_OPEN, CWinApp::OnFileOpen)
    //标准的打印设置命令
    ON_COMMAND(ID_FILE_PRINT_SETUP, CWinApp::OnFilePrintSetup)
END_MESSAGE_MAP()
```

每个命令目标类的消息映射都由一组预定义的宏组成，称为映射宏。其中，宏 BEGIN_MESSAGE_MAP 和 END_MESSAGE_MAP 用于将消息映射括起来，其他宏(如 ON_COMMAND)则包含有消息映射的内容。宏的格式依消息类型而定，如本例中的 ON_COMMAND 宏为处理命令消息的宏。宏内部的两个参数即为消息和消息处理函数。表 3-1列出了 MFC 预定义的消息映射宏。

表 3-1　消息映射的预定义映射宏

消息类型	宏格式	参数
标准 Windows 消息	ON_WM_XXXX	无参数
命令消息	ON_COMMAND	命令 ID，处理函数名
用户界面更新命令消息	ON_UPDATE_COMMAND_UI	命令 ID，处理函数名
控件通知消息	ON_CONTROL	控件 ID，处理函数名
用户自定义消息	ON_MESSAGE	自定义消息 ID，处理函数名
已注册用户自定义消息	ON_REGISTERED_MESSAGE	自定义消息 ID，处理函数名
命令 ID 范围	ON_COMMAND_RANGE	连续范围内命令 ID 的开始和结束
更新命令 ID 范围	ON_UPDATE_COMMAND_UI_RANGE	连续范围内命令 ID 的开始和结束
控件 ID 的范围	ON_CONTROL_RANGE	控件通知码和连续范围内命令 ID 的开始和结束

应注意的是，消息映射宏后面不能带有分号。此外，消息映射还包括以下形式的注释：

```
//{{AFX_MSG_MAP(CDrawApp)
//}}AFX_MSG_MAP
```

4. 利用消息处理函数实现交互式绘图

交互式绘图是指应用输入设备与交换技术进行可视的、动态的图形绘制。交互技术包括定位技术、橡皮条技术、拖动技术、菜单技术、定值技术、拾取技术和捕捉技术。这些交互技术都是依赖输入设备而实现的。

3.2　图形编程基础

Windows 图形编程主要是利用图形设备接口(GDI)中的相关函数实现的。通过确认设备环境(DC)的“状态”，以确定图形的颜色、尺寸等属性。为了使用 GDI 和 DC 来绘图，必须完成以下工作：

(1) 确定 GDI 绘图对象，如画笔、画刷和字体等。

(2) 确定绘制时缩放尺寸的映射模式。

(3) 确定其他细节，如文本的对齐参数、多边形的填充状态等。

3.2.1　图形设备接口

图形设备接口（Graphics Device Interface，GDI），表示的是一个抽象的接口。换句话说，就是相当于一个关于图形显示的函数库。通过该接口可以实现对图形的颜色、线条等属性的控制。程序可以通过调用这些 GDI 函数和硬件打交道，从而实现设备无关性。也就是说，对于 Windows 编程不允许直接访问显示硬件，必须通过和特定窗口相关联的“设备环境”与显示硬件进行通信。因此，各种 GDI 函数会自动参考被称为“设备环境”的数据结构进行绘制工作。

3.2.2　设备环境

设备环境（Device Context，DC）又称设备上下文，也称设备描述表，实际上就是一个关于如何绘制图形的方法的集合。它不仅可以绘制各种图形，还可以确定在应用窗口中绘制图形的方式，即确定绘图模式和映射模式。用户在绘图之前，必须获取绘图窗口区域的一个 DC。接着才能进行 GDI 函数的调用，执行适合 DC 的命令。获取 DC 时，用户不必关心大多数的属性，因为 Windows 初始化了一套完整的属性和对象集合，用户可以使用它们渲染显示。同时，为了创建自己应用程序特定显示，还可以更改这些属性和对象。为了便于理解，请看下面的例子：Windows 缺省的 DC 包括了一个黑色画笔，任何所绘制的线条都是黑色的。如果用户想绘制其他颜色的线条，就必须用另一种所需颜色的画笔代替缺省画笔。新颜色的画笔可在程序中建立并写入设备描述表。在 Windows 编程术语中，给 DC 提供新对象的操作被称为将绘图对象选取到 DC 中。另外，应该注意的是，Windows 的设备环境是 GDI 的关键元素，它代表了不同的物理设备，分为显示器型、打印机型、内存型和信息型 4 种类型。每种类型的设备环境都有各自的特定用途，详见表 3－2。

表 3－2　设备环境的类型和用途

设备环境	用　途
显示器型	支持视频显示器上的绘图操作
打印机型	支持打印机和绘图仪上的绘图操作
内存型	支持位图上的绘图操作
信息型	支持设备数据的访问

3.2.3　设备环境类

MFC（Microsoft 基本类库）4.21 版本中包含了一些设备环境类，其中 CDC 类包含了绘图所需的全部成员函数（包括部分虚函数），并且除了 CMetaFileDC 类之外，所有的派生类只有构造函数和析构函数的定义有所不同。在 MFC 中，提出这些派生类的目的是为了在不同的显示设备上进行显示。

1）CDC 类中常用的成员函数

表 3-3 所示为 CDC 类中一些常用的成员函数。

表 3-3　CDC 类中常用的成员函数

函　数	说　明
Arc()	绘制椭圆弧
BitBlt()	把位图从一个 DC 拷贝到另一个 DC
Draw3dRect()	绘制三维矩形
DrawDragRect()	绘制用鼠标拖拽的矩形
DrawEdge()	绘制矩形的边缘
DrawIcon()	绘制图表
Ellipse()	绘制椭圆
FillRect()	用给定画刷的颜色填充矩形
FillRgn	用给定画刷的颜色填充区域
FillSolidRed()	用给定颜色填充矩形
FloodFill()	用当前画刷的颜色填充区域
FrameRect()	绘制矩形边界
FrameRgn()	绘制区域边界
GetBkColor()	获取背景颜色
GetCurrentBitmap()	获取所选位图的指针
GetCurrentBrush()	获得所选位图画刷的指针
GetCurrentFont()	获得所选字体的指针
GetCurrentPalette()	获得所选调色板的指针
GetCurrentPen()	获得所选画笔的指针
GetCurrentPosition()	获取画笔的当前位置
GetDeviceCaps()	获取显示设备能力的信息
GetMapMode()	获取当前设置映射模式
GetPixel()	获取给定像素的 RGB 颜色值

续表一

函　数	说　明
GetPolyFillMode()	获取多边形填充模式
GetTextColor()	获取文本颜色
GetTextExtent()	获取文本的宽度和长度
GetTextMetrics()	获取当前字体的信息
GetWindow()	获取 DC 窗口的指针
GrayString()	绘制灰色文本
LineTo()	绘制线条
MoveTo()	设置当前画笔的位置
Pie()	绘制饼块
Polygon()	绘制多边形
Polyline()	绘制一组线条
RealizePalette()	将逻辑调色板映射到系统调色板
Retangle()	绘制矩形
RoundRect()	绘制圆角矩形
SelectObject()	选取 GDI 绘图对象
SelectPalette()	选取逻辑调色板
SelectStockObject()	选取库存(预定义)图形对象
SetBkColor()	设置背景颜色
SetMapMode()	设置映射模式
SetPixel()	把像素设定为颜色
SetTextColor()	设置文本颜色
StretchBlt()	把位图从一个 DC 拷贝到另一个 DC，并根据需要扩展或压缩位图
TextOut()	绘制文本串

若用户(或应用程序框架)需要构造派生的设备环境类对象，则可以将 CDC 指针传给诸如 OnDraw 之类的函数。而对于用其他的设备进行显示来说(如打印机或内存缓冲区)，则可以直接构造一个基类 CDC 的对象。

2) CDC 类的派生类的功能及其之间的区别

CDC 各派生类各有特点，并可以完成不同的功能，表 3-4 介绍了各派生类的主要功能。

表 3-4　CDC 各派生类的主要功能

派生类名称	说　明
CClientDC	这是一个设备描述表，提供对窗口客户区域的图形访问。在窗口中画图时可使用此类 DC，但对 WM_PAINT Windows 消息除外
CMetaFileDC	这个设备描述表代表 Windows 元文件，它包含一系列命令已重新产生图形，想要创建独立于设备的文件时可使用此类 DC，用户可以回放这种文件来创建图像
CPaintDC	这是创建响应 WM_PAINT Windows 消息的设备描述表，应用程序可以使用此 DC 更新 Windows 显示，通常在 MFC 应用程序 OnPaint()函数中使用
CWindowDC	可以提供在整个窗口(包括客户区和非客户区)中画图的设备描述表

那么，这几种派生的 DC 类之间到底有什么区别呢？下面我们就通过比较，具体地介绍这几种 DC 类之间的差别。

· CWindowDC 类与 CPanitDC 和 CClientDC 类的区别

CWindowDC 类与 CPanitDC 和 CClientDC 类的区别有两个方面：

(1) 用 CPanitDC 和 CClientDC 类的对象绘制图形时，绘制区只能是客户区，不能是非客户区，而 CWindowDC 可以在非客户区进行图形绘制。那么，什么是客户区和非客户区呢？图 3-8 中的一个例子回答了这个问题。CWindowDC 一般在框架窗口类(CMainFrame)中引用，在视图窗口中引用 CWindowDC 类时，由于视图类只能管理客户区，所以不能在非客户区进行绘制。

(2) 在 CWindowDC 绘图类下，坐标系是建立在整个屏幕上的，在像素坐标方式下，坐标原点在屏幕的左上角；在 CPaintDC 和 CClinetDC 绘图类下，坐标系是建立在客户区上的，在像素坐标方式下，坐标原点在客户区的左上角。

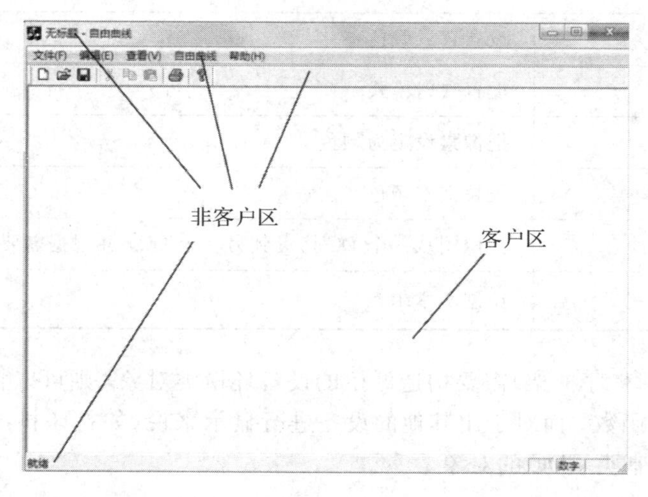

图 3-8　客户区和非客户区

· CPaintDC 类与 CClientDC 类的区别

CPaintDC 类与 CClientDC 类都是在窗口的客户区内绘制图形，但两者在绘制机制上有着本质的区别。CPaintDC 类应用在 OnPaint 函数中，以响应 Windows 在 WM_PAINT 的消息，而 CClientDC 类应用在非响应消息 WM_PAINT 的情况下。CPaintDC 类响应 WM_PAINT消息，自动完成绘制，这对维护图形的完整性有着重要的作用。例如在一个窗口中，已经绘制了 n 条直线，这个窗口的完整性可能会被破坏(如被对话框覆盖)，当破坏完整性的程序结束时，即覆盖取消，这个窗口就会接受到一个 WM_PAINT 消息，得到此消息后，激活消息处理函数(如 OnPaint)进行窗口绘制。CPaintDC 类对象就负担着此时的绘制工作。如果想在屏幕上再绘制一条直线(如果用鼠标实时绘制，则在第二次点击鼠标左键时完成绘制)，就要用到 CClientDC 类，这个类可以实时地将图形绘制在屏幕上。如果用 CPaintDC 完成同样的工作，则只能发出指令让包含要绘制这条直线的屏幕部分重画，把这条直线绘制到屏幕上。当然，这个重画区域的其他图形元素同时也会被重画。

3) CDC 类的具体应用

显示器设备环境是最常用的设备环境。通过对函数 CWnd::GetDC()、CWnd::GetDCEx()或 CWnd::BeginPaint()的调用，应用程序就可以检取指定窗口的工作区的显示器设备环境的句柄，可以在后续的 GDI 函数中使用该显示器设备环境在窗口工作区中画图。当完成绘图操作之后，应用程序应该调用 CWnd::ReleaseDC()和 CWnd::EndPaint()函数来释放设备环境。

对于打印机设备环境，应用程序是通过调用 CWnd::CreateDC()函数来创建的。当使用完毕后，应该调用 CWnd::DeleteDC()函数来删除它。内存设备环境是通过调用 CWnd::CreateCompatibleDC()函数来创建的，它将创建一个与指定设备有兼容颜色格式的位图，内存设备环境也常被称为兼容设备环境。

3.2.4　GDI 对象

GDI 是一个与各种图形操作有关的函数集。在 Windows 应用程序中绘制或编辑图形时可以调用这些函数。因为，在 Windows 屏幕上看到的任何东西都是图形，所以在应用窗口中每次进行显示和编辑操作时，都必须调用特定的 GDI 函数。

Windows 的 GDI 对象类型是通过 MFC 库中的类来表示的，其中 CGdiObject 类正是所有 GDI 对象的抽象基类，其派生类包括 CBitmap 类、CBrush 类、CFont 类、CPen 类、CRgn 类和 CPalette 类。这些派生类对于绘制图形和图像来说都是非常重要的，编程者经常要使用这些类来创建绘图工具，而很少使用基类 CGdiObject。

对于用户来说根本不需要使用 CGdiObject 类的对象，然而，用户必须使用其派生类的对象。通常，我们可以使用 SelectObject 函数将 GDI 对象选进设备环境。

提示：使用该函数将绘图对象选进设备环境，当使用结束时，必须将设备环境恢复成先前的绘图对象，也就是说，事先应将先前的绘图对象加以保存，具体应用参见下面的 OnDraw函数：

```
void CMyView::OnDraw(CDC * pDC)
{......
    //构造一支画笔
    CPen NewPen(PS_SOLID, 1, RGB(0, 0, 0));
    //选进设备环境中的绘图对象保存起来
```

```
        CPen * pOldPen=pDC->SelectObject(&NewPen);
        //进行绘制工作
        //对先前的绘图对象进行恢复
        pDC->SelectObject(pOldPen);
        ...... }
```

3.2.5 DC与GDI设备之间的关系

设备环境和图形设备接口是实现计算机绘图的两个重要的组成部分，设备环境主要定义了绘图的状态和方式，而图形设备接口则主要定义了采用的绘图工具。

3.3 在视图内绘图

前几节已经介绍了有关计算机绘图的一些基本理论知识，下面我们来讨论一个比较实际的问题——如何使用VC++在应用框架的视图内绘图。

3.3.1 OnDraw成员函数

在视图内绘图常使用OnDraw函数。该函数是CView类中的一个虚函数，每次需要重新绘制时，应用程序框架都会自动调用OnDraw函数。当用户改变了窗口尺寸，或者当窗口恢复了先前被遮盖的部分，或者当应用程序改变了窗口数据时，应用程序框架都会自动调用OnDraw函数。

提示：如果程序中某个函数修改了数据，为了把更改后的数据形象地体现在视图中，则它必须通过调用视图类所继承的Invalidate（或者InvalidateRect）成员函数来通知Windows进行重新绘图窗口。调用Invalidate或InvalidateRect函数后会触发对OnDraw函数的调用。

下面的OnDraw函数是由AppWizard直接生成的：

```
void CMyView::OnDraw(CDC * pDC)
{
    CMyDoc * pDoc=GetDocument();
    ASSERT_VALID(pDoc); //检查该指针是否为空
    //TODO::add draw code for native data here;
    //下面可以加入绘图代码
}
```

3.3.2 Windows设备环境

在MFC库中，设备环境是通过C++的CDC类对象来表示的，该对象被作为参数（以指针的形式）传递给OnDraw函数。有了这个设备环境指针，人们就可以直接调用CDC类中的成员函数来完成各种各样的绘制工作了。比如将绘图函数加入OnDraw函数。下面就是一段加入绘图函数的OnDraw函数：

```
void CMyView::OnDraw(CDC * pDC)
```

```
{……
    //在视图内的设备坐标(10，10)位置输出文本
    pDC->TextOut(10，10，"这是我的第一个应用程序!")；
    //将参数值为 NULL_BRUSH 的库存 GDI 对象先进设备环境
    pDC->SelectStockObject(NULL_BRUSH)；
    //绘制矩形角点坐标分别为(10，30)和(200，200)
    pDC->Rectangle(10，30，200，200)；
……    }
```

该段代码在应用程序的窗口中输出了"这是我的第一个应用程序!"文本，并绘制一个矩形框。

3.3.3　常见绘图

(1) 绘制直线。绘制直线可以只用到两个有关 CDC 类的成员函数：

```
CPoint MoveTo( int x，int y )；          //移动当前位置到 x 和 y 指定的点
CPoint MoveTo( POINT point )；          //移动当前位置到 point 指定的点
//该函数返回前一个位置坐标 x 和 y 的值。该位置值被看作为一个 CPoint 对象
BOOL LineTo( int x，int y )；           //从当前点向 x 和 y 指定的点画线
BOOL LineTo( POINT point )；            //从当前点向 point 指定的点画线
```

画线功能就是通过这两个函数来完成的。两个函数配合使用，可以完成任何绘制直线和折线的操作。下面的代码演示了如何使用两个函数进行直线的绘制：

```
void CMyView::OnDraw(CDC * pDC)
{......
    //获取屏幕矩形客户区域，并赋给 re
    CRect rc；
    GetClineRect(&rc)；
    //绘制两条直线段，以便将屏幕矩形客户区域分成 4 份
    pDC->MoveTo(0，rc.bottom/2)；
    pDC->LineTo(rc.right，rc.bottom/2)；
    pDC->MoveTo(rc.right/2，0)；
    pDC->LineTo(rc.right/2，rc.bottom)；
    ......}
```

(2) 绘制矩形。绘制矩形的方法很简单，主要是调用 CDC 类的成员函数 Rectangle，函数声明如下：

BOOL Rectangle(int x1，int y1，int x2，int y2)；

BOOL Rectangle(LPCRECT lpRect)；

参数 x1 和 y1，x2 和 y2 分别代表所要绘制的矩形的左上角顶点坐标值和右下角顶点坐标值。参数 lpRect 则指定了所要绘制的矩形区域。

(3) 绘制椭圆及圆。绘制椭圆及圆的成员函数为 Ellipse，函数声明如下：

BOOL Ellipse(int x1，int y1，int x2，int y2)；

BOOL Ellipse(LPCRECT lpRect)；

参数 x1 和 y1 指定了所绘制椭圆的边界矩形的左上角顶点坐标值，参数 x2 和 y2 指定

了所绘制椭圆的边界矩形的右下角顶点坐标值。参数 lpRect 直接指定了所绘制椭圆的边界矩形区域，如图 3-9 所示。

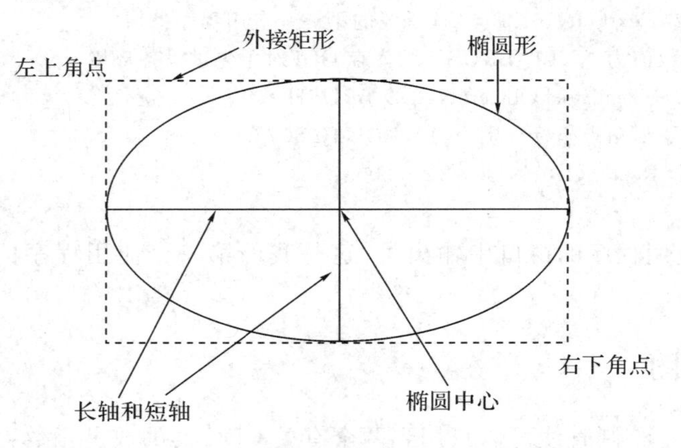

图 3-9　椭圆形

将如下代码添加到 OnDraw 函数中，便可以实现分别以指定的圆心绘制椭圆和圆的功能：

```
//将屏幕中左上的矩形区域的中心设置为原点
    //该原点也是所绘椭圆的圆心
pDC->SetViewportOrg(rc.right/4, rc.bottom/4);
//绘制椭圆；注意：长轴为 200，短轴为 100
pDC->Ellipse(-100, -50, 100, 50);
//将屏幕中右上的矩形区域的中心设置为原点
//同时，该原点也是所绘圆形的圆心
pDC->SetViewportOrg(rc.right * 3/4, rc.bottom/4);
//绘制圆；注：半径为 100
pDC->Ellipse(-100, -100, 100, 100);
```

绘制圆时可借用椭圆成员函数 Ellipse，圆是椭圆的一种特殊情形，即椭圆边界矩形为一个正方形。

(4) 绘制折线。绘制折线可以使用 PolyLine()函数和 PolyLineTo()函数，多边形可以说是由首尾相连的封闭折线所围成的图形。绘制多边形可以使用函数 Polygon()，其声明如下：

```
BOOL Polygon( LPPOINT lpPoints, int nCount );
```

参数 lpPoints 指向一个存放多边形顶点的矩阵。参数 nCount 记录多边形顶点个数。

下面介绍的代码使用 PolyLine()函数和 PolyBezier()函数，以给定的控制顶点绘制贝塞尔曲线以及其控制多边形：

```
//将屏幕右下的矩形区域的中心设置为原点
pDC->SetViewportOrg(rc.right * 3/4, rc.bottom * 3/4);
//给定控制顶点
CPoint pt[7];
pt[0].x =-150 ; pt[0].y = 0   ;
pt[1].x =-100 ; pt[1].y =-75 ;
pt[2].x =-50  ; pt[2].y =-75 ;
pt[3].x = 0   ; pt[3].y = 0   ;
```

```
pt[4].x = 50   ; pt[4].y = 75   ;
pt[5].x = 100  ; pt[5].y = 75   ;
pt[6].x = 150  ; pt[6].y = 0    ;
//绘制控制多边形
pDC->Polyline(pt, 7);
//使用现成的 CDC 类的成员函数，绘制三次 Bezier 曲线
pDC->PolyBezier(pt, 7);
```

将以上代码添加到 OnDraw 函数中，编译并运行工程，运行结果如图 3－10 所示。

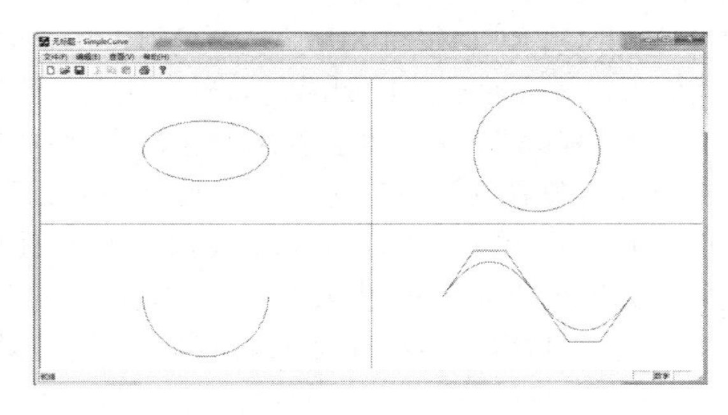

图 3－10　绘制简单曲线

3.4　映射模式

Windows 映射模式就是在 Windows 方式下的屏幕的坐标方式。一个实际的物理屏幕由像素组成，正如通常所说的 640×480、800×600、1024×768 等分辨率指的就是物理屏幕的实际宽度和高度的像素数目。

3.4.1　Windows 映射模式简介

Windows 提供了几种映射模式，或称为坐标系，可以通过它们来和设备坐标相联系(当前映射模式下的坐标称为逻辑坐标)。表 3－5 中详细介绍了 Windows 的 8 种映射模式。

表 3－5　Windows 的 8 种映射模式

映射模式	映射识别码	逻辑单位	X 轴正向	Y 轴正向
MM_TEXT	1	pixels	右	下
MM_LOMETRIC	2	0.1 mm	右	上
MM_HIMETRIC	3	0.01 mm	右	上
MM_LONGLISH	4	0.01 in	右	上
MM_HIENGLISH	5	0.001 in	右	上
MM_TWIPS	6	1/1440 in	右	上
MM_ISOTROPIC	7	可变(x 等于 y)	可变的	可变的
MM_ANISOTROPIC	8	可变(x 不等于 y)	可变的	可变的

MM_TEXT 映射模式允许应用程序利用设备像素工作，因此用它来表示设备坐标系再适合不过了。屏幕(窗口)的原点约定在左上点，而 X 和 Y 方向向右下方增长。

MM_LOMETRIC、MM_HIMETRIC、MM_LONGLISH、MM_HIENGLISH、MM_TWIPS 被称为"固定比例"映射模式。所有固定比例的映射模式的 x 值向右是递增的，y 值向下是递减的(即笛卡尔坐标系)。它们之间的区别就在于设备坐标到逻辑坐标转换的实际比例因子不同。值得注意的是，映射模式 MM_TWIPS 常用于打印机，一个"twip"单位相当于 1/20 磅(磅是一种度量单位，在 Windows 中 1 磅等于 1/72 英寸)。

另外两种映射模式 MM_ISOTROPIC 和 MM_ANISOTROPIC 被称为"可变比例"映射模式。在这些模式下，我们可以改变它们的比例因子和坐标原点。借助于这两种映射模式，当用户改变了窗口尺寸时，绘制的图形大小也会发生相应的变化；同时，如果改变某个轴的方向，那么所绘制的图形也会随着该轴的变化而发生改变，并且我们还可以定义任意的比例因子。在 MM_ISOTROPIC 模式下，X 方向与 Y 方向上的比例因子总是相等的(即纵横比值为 1∶1)，而在 MM_ANISOTROPIC 模式下，X 方向与 Y 方向上的比例因子可以不相等(即纵横比例任意)，因此通过这一特点，我们可以很容易地将圆拉伸成椭圆。

3.4.2 如何设置映射模式

映射模式的设置比较容易，在 VC＋＋中调用 CDC 类中的成员函数 SetMapMode 即可完成。该函数的声明如下：

```
virtual int SetMapMode(int nMapMode);
```

其中，nMapMode 就是 3.4.1 小节介绍的 8 种映射模式，返回值是先前的映射模式。

3.5 OpenGL 图形标准

开发图形库(Open Graphics Library，OpenGL)是图形硬件的一个软件接口，它实现了各种二维和三维的高级图形处理技术，是实现逼真的三维效果与建立交互式三维景观的强大工具，本节将介绍 OpenGL 的图形标准。

3.5.1 OpenGL 简介

OpenGL 是近几年发展起来的一个性能卓越的三维图形标准，它是在 SGL 等多家世界闻名的计算机公司的倡导下，以 SGI 的 GL 三维图形库为基础制定的、可以独立于窗口操作系统和硬件环境的、开放式的三维图形标准。其目的是将用户从具体的硬件系统和操作系统中解放出来，使他们不必理解这些系统的结构和指令系统，只需按规定的格式书写应用程序即可编写在任何支持该语言的硬件平台上执行的程序。

OpenGL 实际上是一个开放式的、与硬件无关的图形软件包，它独立于窗口系统和操作系统，以它为基础开发的应用程序，可以运行在当前各种流行的操作系统之上，如 Windows、UNIX、Linux、MacOS、OS/2 等，并且能够方便地在各种平台间移植。OpenGL 应用程序几乎可以在任何操作系统下运行(只需使目标系统的 OpenGL 库重新编译即可)。从个人计算机到工作站和超级计算机，都能实现高性能的三维图形功能。由于 OpenGL 具有

高度可重用性和灵活性，它已经成为高性能图形和交互式视景处理的工业标准。

OpenGL 是一个专业的、功能强大且调用方便的底层三维图形函数库，可用于开发交互式二维和三维图形应用程序。从真实感图形显示、三维动画、CAD 到可视化仿真，都可以用 OpenGL 开发出高质量、高性能的图形应用程序。

OpenGL 是一个图形与硬件的接口，它由几百个函数组成，仅核心图形函数就有一百多个。OpenGL 不要求开发人员把三维模型数据写成固定的数据格式，也不要求开发人员编写矩阵变换、外部设备访问等函数，从而简化了三维图形程序的编写。

值得一提的是，虽然微软有自己的三维编程开发工具 DirectX，但它也提供 OpenGL 图形标准，因此，OpenGL 在 CAD、虚拟现实、科学可视化、娱乐动画等领域得到了广泛应用，尤其适合医学成像、地理信息、石油勘探、气象模型等应用。

3.5.2　OpenGL 的主要特点和功能

由于微软在 Windows 中包含了 OpenGL，所以 OpenGL 可以与 Visual C＋＋紧密结合，简单快捷地实现有关图形算法，并保证算法的正确性和可靠性。OpenGL 作为一个性能优越的图形应用程序设计接口(API)，它主要具有以下 9 种功能。

(1) 模型绘制。OpenGL 能够绘制点、线和多边形。应用这些基本形体，可以构造出几乎所有的三维模型。此外，OpenGL 还提供了包括球、锥、多面体、茶壶以及复杂曲线和曲面(例如 Bezier、Nurbs 等曲线或曲面)在内的复杂三维形体的绘制函数。

(2) 模型观察。在建立三维景物模型后，可利用 OpenGL 描述如何观察所建立的三维模型。这需要建立一个系列的变换，包括坐标变换、投影变换和视窗变换等。通过坐标变换可以使观察者观察到与视点位置相适应的三维模型景观。投影变换决定了观察三维模型的方式，不同的投影变换得到的三维模型的景色也不同。最后，视窗变换对模型的景象进行裁剪和缩放，决定整个三维模型在屏幕上的图像。

(3) 颜色模式。OpenGL 提供了 RGBA 模式和颜色索引两种物体着色模式。在 RGBA 模式中，颜色直接由 RGB 值来指定；在颜色索引模式中，颜色由颜色表中的一个颜色索引值来指定。此外，三维物体在着色时还可以选择平面着色和光滑着色两种着色方式。

(4) 光照应用。用 OpenGL 绘制的三维模型必须加上光照才能与客观物体更加相似，物体色彩的表现是光照条件与物体材质属性相互作用的结果。OpenGL 提供了管理辐射光(Emitted Light)、环境光(Ambient Light)、漫反射光(Diffuse Light)和镜面光(Specular Light)，以及指定模型表面的反射特性，即材质属性的方法。

(5) 图像效果增强。OpenGL 提供了一系列的增强三维景观图像效果的函数，这些函数包括反走样、混合和雾化。反走样用于改善图像中线段图形的锯齿而使其更平滑。混合用于处理模型的半透明效果。雾化使得影像从视点到远处逐渐褪色，更接近于真实。

(6) 位图和图像处理。OpenGL 提供了一系列专门对位图和图像进行操作的函数。位图和图像数据均采用像素矩阵来表示。

(7) 纹理映射。三维景物通常因缺少景物的具体细节而显得不够真实。为了更加逼真地表现三维景物，OpenGL 提供了纹理映射功能。它所提供的一系列纹理映射函数可以十分方便地把真实图像贴到景物的多边形上，从而绘制逼真的三维景物。

(8) 实时动画。OpenGL 采用双缓存技术(Double Buffer)，并为其提供了一系列的函数。

(9) 交互技术。OpenGL 提供了方便的三维图形人机交互接口 ，用户通过输入设备可选择和修改三维景观中的物体。

3.5.3 OpenGL 开发库的基本组成

Windows 下的 OpenGL 由如下三部分文件组成：

(1) 函数的说明文件：gl. h、glu. h、glut. h、glaux. h。

(2) 静态链接库文件：glu32. lib、glut32. lib、glaux. lib 和 opengl32. lib。

(3) 动态链接库文件：Glu. dll、glu32. dll、glut. dll、glut32. dll 和 opengl32. dll。

OpenGL 的库函数采用 C 语言风格，它们分别属于以下不同的库：

(1) OpenGL 核心库。此库包括有 115 个用于常规的、核心的图形处理函数，函数名的前缀为 gl。

(2) OpenGL 实用库。此库包含有 43 个可实现一些较为复杂的操作(如坐标变换、纹理映射、绘制椭球、茶壶等简单多边形)的函数，函数名的前缀为 glu。

(3) OpenGL 辅助库。此库包含有 31 个用于窗口管理、输入/输出处理及绘制一些简单三维物体的函数，函数名的前缀为 aux。OpenGL 辅助库不能在所有的 OpenGL 平台上运行。

(4) OpenGL 工具库。此库包含 30 多个基于窗口的工具函数(如多窗口绘制、空消息和定时器以及一些绘制较复杂物体)，函数名的前缀为 glut。

(5) Windows 专用库。此库包含有 16 个用于连接 OpenGL 和 Windows 的函数，函数名前缀为 wgl。Windows 专用库只能用于 Windows 环境中。

(6) Win32 API 函数库。此库包含有 6 个用于处理像素存储格式和实现双缓存技术的函数，函数名无专用前缀。Win32 API 函数库只能用于 Windows 环境中。

3.5.4 在 Visual C++中使用 OpenGL 库函数的方法

在 Visual C++ 6.0 中使用这些库函数编写之前，需要对 OpenGL 的编辑环境进行如下设置。

(1) C:\Program Files\Microsoft Visual Studio\VC98\include\GL 文件夹内必须有的 OpenGL 编程所需的头文件为 glut. h，glext. h，wglext. h，gl. h，glu. h，glau. h 等，其中 glext. h，wglext. h 为 OpenGL 的扩展功能。

(2) C:\Program Files\Microsoft Visual Studio\VC98\include 文件夹内必须有的 OpenGL 编程所需的头文件为 glTexFont. h 等。

(3) C:\Program Files\Microsoft Visual Studio\VC98\include\Mui(需新建)文件夹内必须有的 OpenGL 编程所需的头文件为 mui. h 等。

(4) C:\Program Files\Microsoft Visual Studio\VC98\Lib 文件夹内必须有的 OpenGL 编程所需的静态函数库为 opengl32. lib、glut. lib、glut32. lib、glaux. lib、mui32. lib、glTexFont. lib等。

(5) C:\windows\system32 文件夹内必须有的 OpenGL 编程所需的动态链接库文件为

opengl32. dll，glut. dll，glut32. dll，glu32. dll 等。

（6）在 Visual C＋＋ 6.0 的工程文件链接库中设置 opengl32. lib，glu32. lib，glaux. lib，mui32. lib，glTexFont. lib 等库文件。

经过以上设置后，VC＋＋ 6.0 才能正确地把用户编写的 OpneGL 源程序编译为 Windows操作系统上可运行的执行程序。

习　　题

1. 什么是 MFC 类库？MFC 类库的实质是什么？如何理解和发挥 MFC 类库的作用？
2. 什么是消息映射？在 VC 中如何进行消息映射？
3. 什么是文档/视图结构？文档/视图结构的优点是什么？
4. 实现文件存储一般需要使用哪些类型的类？主要编程步骤及代码有哪些？
5. 总结添加一个自定义对话框的基本步骤。
6. 仿照 AutoCAD 软件的二维绘图功能，为本章的二维图形程序增加更多的绘图功能。

第4章 计算机基本图形生成

4.1 直线段的生成

二维图形的基本元素包括点、直线、圆、椭圆、多边形域和字符串等。曲线或其他复杂图形可以由直线段和弧来拟合，因此直线和弧的生成算法是计算机基本图形生成的基础。

在数字设备上绘制直线，即在有限个像素组成的矩阵中，确定最佳逼近于该直线的一组像素，然后用当前的书写方式，按照扫描线顺序对像素进行操作。在绘制直线时，为了提高直线绘制质量，要做到：① 直线要直；② 直线的端点要准确，保证直线的无定向性，即从点 A 到点 B 和从点 B 到点 A 所画直线应该是重合的；③ 直线的色泽和亮度要均匀，即要求绘制的像素点的密度保持均匀；④ 画线的速度要尽可能地快。

直线的生成算法有很多种，比如：正负法、驻点比较法、数值微分法、中点 Bresenham 法以及改进的中点 Bresenham 算法等。本章着重介绍后三种。

4.1.1 数值微分法

数值微分法(Digital Differential Analyzer，DDA)是直线生成算法中最简单的一种，根据斜率的偏移程度，决定是以 x 为步进方向还是以 y 为步进方向。然后在相应的步进方向上，步进变量每次增加一个像素，另一个相关坐标变量则增加 k 或 $1/k$。当斜率 $|k|\leqslant 1$ 时，让 x 增长值为 1，y 的增长值为 k 。当斜率 $|k|\geqslant 1$ 时，让 y 增长值为 1，x 的增长值为 $1/k$。这样做的目的是让每次变化的值不能大于 1，由此可以让像素点更加整齐。

设点 $P_0(x_0, y_0)$ 和点 $P_1(x_1, y_1)$ 为直线的两个端点，则直线的微分方程为

$$\frac{\mathrm{d}y}{\mathrm{d}x}=\frac{\Delta y}{\Delta x}=\frac{y_1-y_0}{x_1-x_0}=k \tag{4-1}$$

由于直线的一阶导数是连续的，Δy 与 Δx 的比值为 k，因此可以用当前位置 (x_i, y_i) 来表示点 (x_{i+1}, y_{i+1})，即有下列表达式：

$$\begin{cases} x_{i+1}=x_i+\varepsilon\cdot\Delta x \\ y_{i+1}=y_i+\varepsilon\cdot\Delta y \end{cases} \quad i=0, 1, 2, \cdots, n-1 \tag{4-2}$$

其中，ε 为任意小的正数。这样，选择点 $P_0(x_0, y_0)$ 为初始点，然后不断地绘制出下一点，从而在精度无限高的情况下可以绘制出无误差的直线。但是在实际生活中，设备的精度总是有限的，因此常取 $\varepsilon=\frac{1}{\max(|\Delta x|, |\Delta y|)}$。这时，$\varepsilon\cdot\Delta x$ 或者 $\varepsilon\cdot\Delta y$ 将变成单位步长，使该算法在最大移动方向上(即最大位移方向上)，每次总是走一步。这又可分为如下两种情况考虑：

(1) 当 $\max(|\Delta x|, |\Delta y|)=|\Delta x|$ 时，此时 $|k|=\left|\frac{\Delta y}{\Delta x}\right|\leqslant 1$，$x$ 的增长值 $\varepsilon\cdot\Delta x=\frac{1}{|\Delta x|}\cdot\Delta x=\pm 1$，$y$ 的增长值 $\varepsilon\cdot\Delta y=\frac{1}{|\Delta x|}\cdot\Delta y=\pm k$，有

$$\begin{cases} x_{i+1}=x_i+\varepsilon\cdot\Delta x=x_i+\frac{1}{|\Delta x|}\cdot\Delta x=x_i\pm 1 \\ y_{i+1}=y_i+\varepsilon\cdot\Delta y=y_i+\frac{1}{|\Delta x|}\cdot\Delta y=y_i\pm k \end{cases} \tag{4-3}$$

(2) 当 $\max(|\Delta x|, |\Delta y|)=|\Delta y|$ 时，此时 $|k|=\left|\frac{\Delta y}{\Delta x}\right|\geqslant 1$，$x$ 的增长值 $\varepsilon\cdot\Delta x=\frac{1}{|\Delta y|}\cdot\Delta x=\pm\frac{1}{k}$，$y$ 的增长值 $\varepsilon\cdot\Delta y=\frac{1}{|\Delta y|}\cdot\Delta y=\pm 1$，有

$$\begin{cases} x_{i+1}=x_i+\varepsilon\cdot\Delta x=x_i+\frac{1}{|\Delta y|}\cdot\Delta x=x_i\pm\frac{1}{k} \\ y_{i+1}=y_i+\varepsilon\cdot\Delta y=y_i+\frac{1}{|\Delta y|}\cdot\Delta y=y_i\pm 1 \end{cases} \tag{4-4}$$

数值微分算法的本质是用数值方法解微分方程，通过同时对 x 和 y 各增加一个小增量，计算下一步的 x，y 值。在一个迭代算法中，如果每一步的 x，y 值都是用前一步的值加上一个增量得到的，那么这种算法就称为增量算法。所以 DDA 算法是增量算法，其算法实现见图 4-1。需要注意的是，由于光栅化过程中不可能绘制半个像素点，因此对求出的 x_{i+1} 和 y_{i+1} 的值需要进行四舍五入，即加 0.5 再取整，则有

$$\text{round}(x_{i+1})=(\text{int})(x_{i+1}+0.5),\ \text{round}(y_{i+1})=(\text{int})(y_{i+1}+0.5)$$

该算法直观、易实现，但是它要求程序中的 y 与 k 必须用浮点数表示，并且由于光栅化过程中不可能绘制半个像素点，因此每一步运算都必须对 x 和 y 的值进行舍入取整，不利于硬件实现。

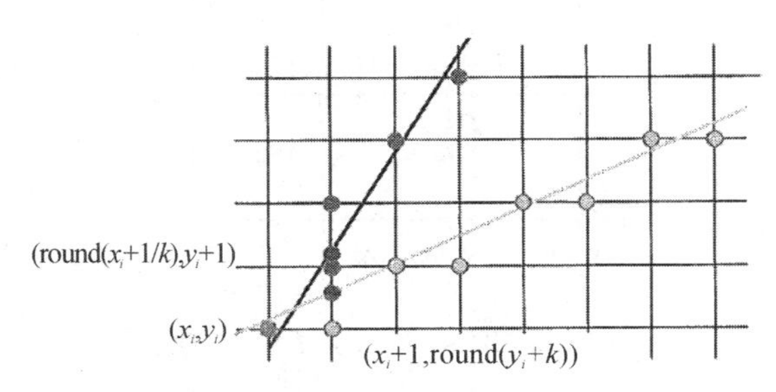

图 4-1 DDA 算法生成直线段

数值微分法程序代码如下：

```
void DDALine(int x0, int y0, int x1, int y1, int color)
{  int dx, dy, epsl, k;
   float x, y, xIncre, yIncre;
   dx=x1-x0;   dy=y1-y0;
   x=x0;    y=y0;
   if(abs(dx)>abs(dy))   epsl=abs(dx);
   else epsl=abs(dy);
   xIncre=(float)dx/(float)epsl;
```

```
    yIncre=(float)dy/(float)epsl;
    for(k=0; k<=epsl; k++){ putpixel(int(x+0.5), (int)(y+0.5));
                            x+=xIncre;
                            y+=yIncre; }
    }
```

4.1.2 中点 Bresenham 算法

DDA 算法的缺点是对 y 取整要花时间，而且由于斜率是一个分数变量，所以 y 和 k 必须是实型。为了提高效率，引入了一种新的算法——Bresenham 算法。该算法通过判断当前点右上和右方两像素的中点相对于理想直线的位置来判断下一点的位置，从而得到整条直线。

Bresenham 算法的基本原理是，每次在最大位移方向上走一步，而另一个方向是走步还是不走步取决于误差项的判别。

如图 4-2 所示，假设 $0\leqslant k\leqslant 1$，由于 x 是最大位移方向，所以每次在 x 方向上加 1，y 方向上或加 1 或加 0。设当前点是 $P(x_i, y_i)$，则下一个点在 $P_u(x_i+1, y_i+1)$ 与 $P_d(x_i+1, y_i)$ 中选一个。点 P_u 和点 P_d 的中点记为点 $M(x_i+1, y_i+1/2)$。设理想直线与垂直线 $x=x_i+1$ 的交点为点 Q。如果点 M 在点 Q 的下方，很显然点 $P_u(x_i+1, y_i+1)$ 离直线近，此时，取点 $P_u(x_i+1, y_i+1)$ 为下一个像素点；反之，如果点 M 在点 Q 的上方，则取点 $P_d(x_i+1, y_i)$ 为下一个像素点。

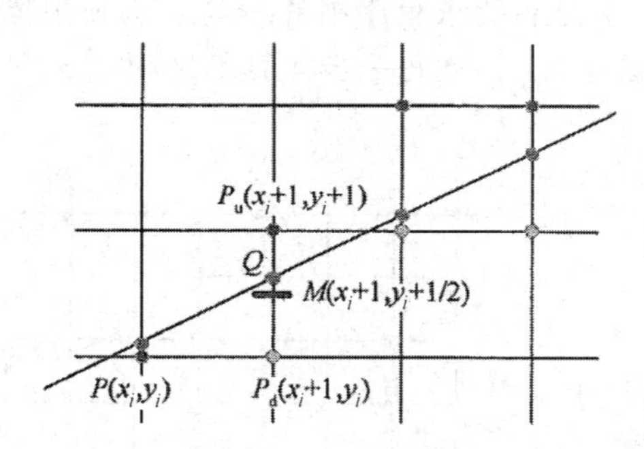

图 4-2　Bresenham 算法生成直线

那么如何判断点 Q 在点 M 的上方还是下方呢？只要把点 M 的坐标代入直线方程 $F(x, y)=y-kx-b$ 中，并记

$$d_i=F(x_M, y_M)=F(x_i+1, y_i+0.5)=y_i+0.5-k(x_i+1)-b \tag{4-5}$$

则当 $d_i<0$ 时，点 M 在直线的下方，所以取 P_u 为下一个像素点；当 $d_i>0$ 时，点 M 在直线的上方，所以取 P_d 为下一个像素点；当 $d_i=0$ 时，取 P_d 或者 P_u 为下一个像素点都可以，约定取 P_d。即有

$$y=\begin{cases} y & (d_i\geqslant 0) \\ y+1 & (d_i<0) \end{cases}$$

接下来，我们将根据式(4-5)对误差项进行推导(如图 4-3 所示)。

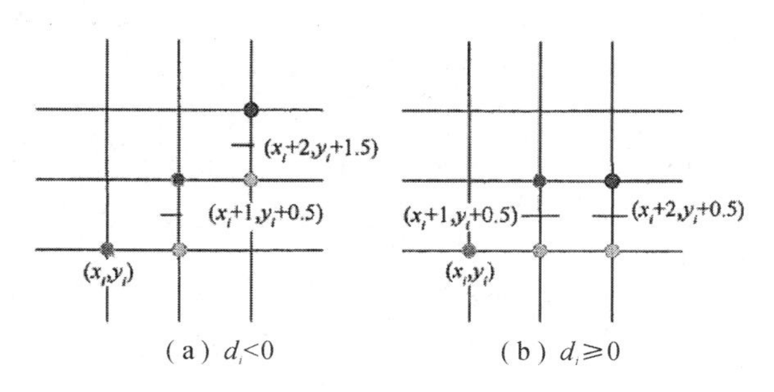

(a) $d_i<0$　　　　(b) $d_i\geqslant 0$

图 4-3　Bresenham 算法误差项的推导

(1) 当 $d_i<0$ 时，取右上方像素 P_u，然后可通过式(4-6)来判断下一个像素。

$$
\begin{aligned}
d_{i+1} &= F(x_i+2,\ y_i+1.5)=y_i+1.5-k(x_i+2)-b \\
&= y_i+1.5-k(x_i+1)-b-k=d_i+1-k
\end{aligned} \tag{4-6}
$$

这时，d_i 的增量为 $1-k$。

(2) 当 $d_i\geqslant 0$ 时，取正右方像素 P_d，然后可通过式(4-7)来判断下一个像素。

$$
\begin{aligned}
d_{i+1} &= F(x_i+2,\ y_i+0.5)=y_i+0.5-k(x_i+2)-b \\
&= y_i+0.5-k(x_i+1)-b-k=d_i-k
\end{aligned} \tag{4-7}
$$

这时，d_i 的增量为 $-k$。

然后，计算 d_i 的初值。因为直线的第一像素 $P_0(x_0,\ y_0)$在直线上，所以 d_i 的初始值 d_0 计算公式为

$$
\begin{aligned}
d_0 &= F(x_0+1,\ y_0+0.5)=y_0+0.5-k(x_0+1)-b \\
&= y_0-kx_0-b-k+0.5=0.5-k
\end{aligned} \tag{4-8}
$$

因为我们只用到 d_i 的符号，为了能取得整数值，d_i 可以用 $2d_i\Delta x$ 来代替，这样算法就只和整数运算相关。$0\leqslant k\leqslant 1$ 时，Bresenham 算法如下：

(1) 输入直线的两端点 $P_0(x_0,\ y_0)$和 $P_1(x_1,\ y_1)$；

(2) 计算初始值 Δx，Δy，$d=\Delta x-2\Delta y$，$x=x_0$，$y=y_0$；

(3) 根据 d 的符号绘制点$(x,\ y)$。当 $d\geqslant 0$ 时，用点$(x+1,\ y)$代替点$(x,\ y)$，用 $d-2\Delta y$代替 d；当 $d<0$ 时，用点$(x+1,\ y+1)$替代点$(x,\ y)$，用 $d+2\Delta x-2\Delta y$ 代替 d；

(4) 重复步骤(3)直到直线画完。

以上给出的是 $0\leqslant k\leqslant 1$ 时 Bresenham 的算法，其实 Bresenham 算法对任意斜率都具有通用性。对于 $k>1$ 的直线的绘制，只需要交换 x 和 y 之间的规则；对于 $k<0$，除了一个坐标递减而另外一个坐标递增外，其余算法基本类似。而对于一些特殊情况，比如垂直、水平或者 $|k|=1$ 的直线可以直接将其装入帧缓存器中而无需再进行画线算法处理。

Bresenham 算法绘制直线的程序如下(对于 $0\leqslant k\leqslant 1$ 且此算法仅包含整数运算)：

```
void MidBresenhamLine(int x0, int y0, int x1, int y1, int color)
{
int dx, dy, d, UpIncre, DownIncre, x, y;
if(x0>x1){
        x=x1; x1=x0; x0=x;
        y=y1; y1=y0; y0=y;
}
```

```
x=x0; y=y0;
dx=x1-x0;    dy=y1-y0;
d=dx-2*dy;
UpIncre=2*dx-2*dy;    DownIncre=-2*dy;
While(x<=x1){
    putpixel(x, y, color);
    x++;
    if(d<0){
            y++;
            d+=UpIncre;
        }
    else   d+=DownIncre;
    }
}
```

4.1.3 改进的中点 Bresenham 算法

Bresenham 算法的计算效率比较高，但还可以再加以改进。改进的 Bresenham 算法最初是为数字绘图仪设计的，但它同样也适用于光栅图形显示器，所以后来被广泛应用于直线的扫描转换和其他一些应用中。为了叙述方便，同样给定 $0\leqslant k\leqslant 1$，其中 $k=\Delta y/\Delta x$ 表示直线的斜率。设直线的端点坐标为点 $P_0(x_0, y_0)$ 和 $P_1(x_1, y_1)$。

与中点 Bresenham 算法类似，改进的 Bresenham 算法也是通过在每列像素中确定与理想直线最近的像素点来进行直线的扫描转换的。该算法的基本原理是：过各行、各列像素中心构造一组虚拟网格线，按直线从起点到终点的顺序计算直线和各垂直网格线的交点，从而确定该列像素中与此交点最近的像素。该算法的巧妙之处在于可以采用增量计算，使得对于每一列，只需要检查一个误差项的符号，就可以确定该列的所求像素。

如图 4-4 所示，在此算法中，设交点与网格线之间的误差为 d_i，由 d_i 确定该列网格中与此交点最近的像素点。当 $d_i>0.5$ 时，直线更接近于像素点 $P_u(x_i+1, y_i+1)$；当 $d_i<0.5$时，直线更接近于像素点 $P_d(x_i+1, y_i)$；当 $d_i=0.5$ 时，直线与这两个像素点一样接近，取哪一点都可以，通常约定取 $P_d(x_i+1, y_i)$，即

$$\begin{cases} x_{i+1}=x_i+1 \\ y_{i+1}=\begin{cases} y_i+1 & (d_i>0.5) \\ y_i & (d_i\leqslant 0.5) \end{cases} \end{cases}$$

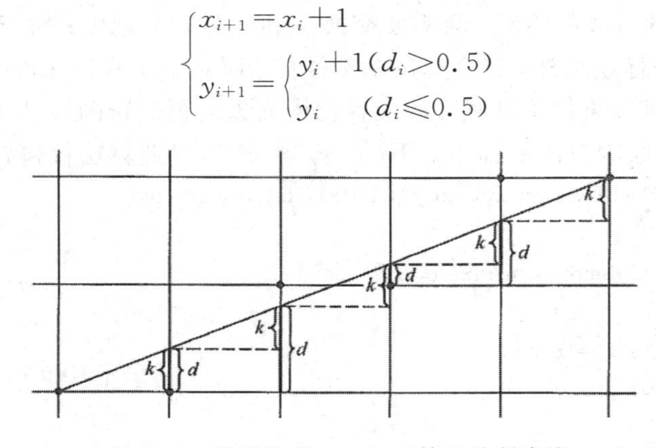

图 4-4　改进的 Bresenham 算法绘制直线

对于误差项 d_i，初值为 0，每进一步有 $d_{i+1}=d_i+k$。若在 y 方向上走了一步，就把它减去 1，如果此时误差 $d_i<0$，则表明交点在所取网格点之下。为了计算方便，令 $e_i=d_i-0.5$。当 $e_i>0$ 时，下一像素的 y 坐标增加 1；当 $e_i\leqslant 0$ 时，下一像素的 y 坐标不增加，即有

$$\begin{cases} x_{i+1}=x_i+1 \\ y_{i+1}=\begin{cases} y_i+1 (e_i>0) \\ y_i \quad (e_i\leqslant 0) \end{cases} \end{cases}$$

这时，e_i 的初值为 -0.5，每走一步有 $e_{i+1}=e_i+k$。当 $e_i>0$ 即在 y 方向上走一步时，将 e_i 减 1。

在上述算法中，在计算直线斜率与误差项时，要用到小数和除法，不利于硬件实现。所以将此算法再做进一步改进：因为算法中只用到误差项的符号，于是可用 $2e\Delta x$ 到代替 e，这样就可以获得整数 Bresenham 算法并避免除法。算法步骤如下：

(1) 输入直线的两端点 $P_0(x_0, y_0)$ 和 $P_1(x_1, y_1)$；

(2) 计算初始值 Δx，Δy，$e=-\Delta x$，$x=x_0$，$y=y_0$；

(3) 绘制点 (x, y)；

(4) e 更新为 $e+2\Delta y$。判断 e 的符号，若 $e>0$，则 (x, y) 更新为 $(x+1, y+1)$，同时将 e 更新为 $e-2\Delta x$；若 $e\leqslant 0$，则将 (x, y) 更新为 $(x+1, y)$；

(5) 重复步骤(3)和(4)直到直线画完。

改进的 Bresenham 算法绘制直线的程序如下：(对于 $0\leqslant k\leqslant 1$)

```
void BresenhamLine(int x0, int y0, int x1, int y1, int color)
{
int x, y, dx, dy, e;
dx=x1-x0;    dy=y1-y0;
e= -dx; x=x0; y=y0;
while(x<=x1){
     putpixel(x, y, color);
     x++;
     e=e+2*dy;
     if(e>0){
              y++;
              e=e-2*dx;
              }
     }
}
```

4.2　圆与椭圆的生成

4.2.1　圆的特点

在本节中，我们只讨论圆心在原点，半径为整数 R 的圆 $x^2+y^2=R^2$。对于圆心不在原点的圆，可以先通过平移变换，转换为圆心在原点的圆，再进行扫描转换，然后把所得的像

素坐标加上一个位移量就可以得到所求像素的坐标。

在进行圆的扫描转换时，可以通过八分法画圆把圆分成 8 份。如图 4－5 所示，圆心位于原点的圆有 4 条对称轴：$x=0$，$y=0$，$y=x$，$y=-x$。如果已知圆上任一点(x, y)，则可以得到它在圆周上关于 4 条对称轴的另外 7 个点：(y, x)，$(-y, x)$，$(-x, y)$，$(-x, -y)$，$(-y, -x)$，$(y, -x)$，$(x, -y)$。所以，要得到整个圆的扫描转换，只要对它的八分之一圆弧扫描即可。这种方法称为八分法画圆。

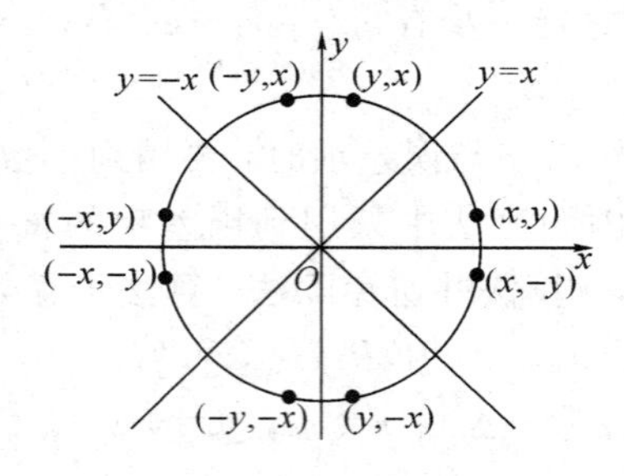

图 4－5　圆的对称性

八分法画圆的代码如下：

```
Void CirclePoint(int x, int y, int color)
{
  putpixel(x, y, color);          putpixel(y, x, color);
  putpixel(－y, x, color);        putpixel(－x, y, color);
  putpixel(－x, －y, color);      putpixel(－y, －x, color);
  putpixel(y, －x, color);        putpixel(x, －y, color);
}
```

4.2.2　中点 Bresenham 画圆法

设圆的方程为 $x^2+y^2=R^2$。构造函数 $F(x, y)=x^2+y^2-R^2$。圆上的点的坐标满足 $F(x, y)=0$；圆外的点的坐标满足 $F(x, y)>0$；圆内的点的坐标满足 $F(x, y)<0$。

采用八分画圆法，画出如图 4－6 所示的位于第一象限内 $x\in[0, R/\sqrt{2}]$的八分之一圆弧。在使用中点 Bresenham 画圆算法时，从点$(0, R)$到点$(R/\sqrt{2}, R/\sqrt{2})$按照顺时针方向生成圆。

使用该算法的基本原理是：由于圆弧的最大位移方向是 x 方向，所以每次沿 x 方向上走一步，那么 y 方向上就减去 1 或者减 0。假设当前与圆弧最近的像素点已经确定为 $P(x_i, y_i)$，那么下一像素点只能从正右方像素 $P_u(x_i+1, y_i)$和右下方的 $P_d(x_i+1, y_i-1)$选取，如图 4－7 所示。选点 P_u 还是点 P_d 仍然用中点进行判别。

设点 P_u 和 P_d 的中点为点 $M(x_i+1, y_i-0.5)$。当 $F(x_M, y_M)<0$ 时，M 点在圆内，这时点 P_u 离圆弧更近，取下一个像素点为 $P_u(x_i+1, y_i)$；当 $F(x_M, y_M)>0$ 时，M 点在圆外，这时点 P_d 离圆弧更近，取下一个像素点为 $P_d(x_i+1, y_i-1)$；当 $F(x_M, y_M)=0$ 时，M 点在圆上，这时点 P_u 和点 P_d 离圆弧一样近，取它们两个都可以，约定取 P_d。

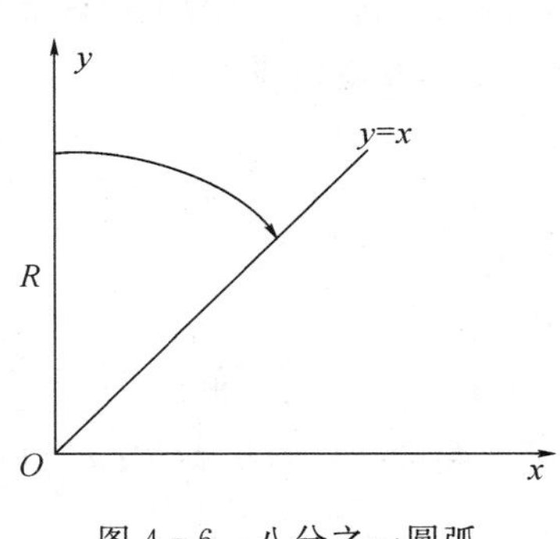

图 4-6　八分之一圆弧

图 4-7　中点 Bresenham 画圆

构造判别式为

$$d_i=F(x_M, y_M)=F(x_i+1, y_i-0.5)=(x_i+1)^2+(y_i-0.5)^2-R^2 \tag{4-9}$$

当 $d_i<0$ 时，下一个像素点取 $P_u(x_i+1, y_i)$；当 $d_i\geqslant 0$ 时，下一个像素点取 $P_d(x_i+1, y_i-1)$。

接下来我们进行误差项的推导。

(1) 如图 4-8(a)所示，当 $d_i<0$ 时，取正右方像素点 $P_u(x_i+1, y_i)$，然后再通过

$$\begin{aligned} d_{i+1}&=F(x_i+2, y_i-0.5)=(x_i+2)^2+(y_i-0.5)^2-R^2 \\ &=(x_i+1)^2+(y_i-0.5)^2-R^2+2x_i+3 \\ &=d_i+2x_i+3 \end{aligned}$$

来判断下一个像素点。

由上面的判别式得沿正右方向，d_i 的增量是 $2x_i+3$。

(2) 如图 4-8(b)所示，当 $d_i\geqslant 0$ 时，取右下方像素点 $P_d(x_i+1, y_i-1)$，然后再通过

$$\begin{aligned} d_{i+1}&=F(x_i+2, y_i-1.5)=(x_i+2)^2+(y_i-1.5)^2-R^2 \\ &=(x_i+1)^2+(y_i-0.5)^2-R^2+(2x_i+3)+(-2y_i+2) \\ &=d_i+2(x_i-y_i)+5 \end{aligned}$$

来判断下一个像素点。

所以，沿右下方向，d_i 的增量是 $2(x_i-y_i)+5$。

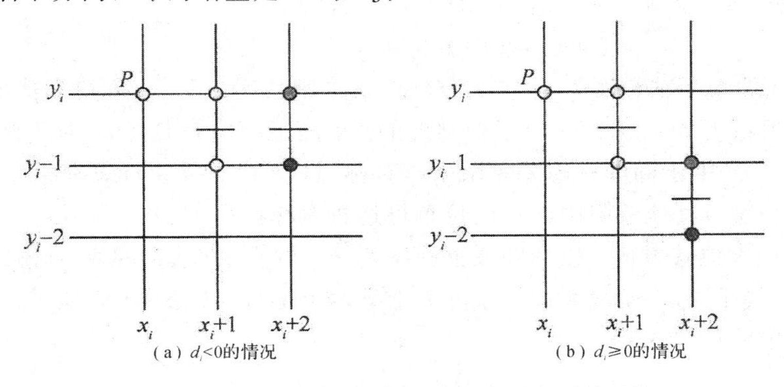

(a) $d_i<0$的情况　(b) $d_i\geqslant 0$的情况

图 4-8　中点 Bresenham 画圆法中误差项的递推

如上所述，绘制的圆弧的第一个点为 $P_0(0, R)$，所以 d_i 的初值

$$d_0=F(1, R-0.5)=1+(R-0.5)^2-R^2=1.25-R$$

因为算法中只是用到 d_i 的符号，所以可以用 $d_i-0.25$ 来代替 d_i，目的是把该算法变为只包含整数的算法。这时，d_i 的初值 $d_0=1-R$，而判别条件 $d_i<0$ 就对应于 $d_i<-0.25$。

中点 Bresenham 画圆法的步骤如下：

(1) 输入圆的半径 R；

(2) 计算 d 的初值 $d_0=1-R$，并赋初值 $x=0$，$y=R$；

(3) 绘制点(x, y)及其在八分圆中的另外 7 个对称点；

(4) 判断 d 的符号。当 $d<0$ 时，先将 d 更新为 $d+2x+3$，再将(x, y)更新为$(x+1, y)$；当 $d\geqslant0$ 时，先将 d 更新为 $d+2(x-y)+5$，再将(x, y)更新为$(x+1, y-1)$；

(5) 重复步骤(3)和(4)，直到 $x\geqslant y$；否则结束程序。

中点 Bresenham 画圆法的程序如下：

```
void MidBresenhamCircle(int r, int color)
{
int x, y, d;
x=0; y=r; d=1-r;
while(x<=y){
        CirclePoint(x, y, color);
        if(d<0) d+=2*x+3;
        else {
                d+=2*(x-y)+5;
                y--;
                }
      x++;
   }
}
```

4.2.3 椭圆的特点

我们将椭圆定义为两个定点(焦点)的距离之和等于常数的点的集合。本小节只讨论中心在坐标原点的标准椭圆的生成算法。椭圆的函数为

$$F(x, y)=b^2x^2+a^2y^2-a^2b^2=0 \qquad (4-10)$$

其中，x 轴方向的长半轴长度为 a，y 轴方向的短半轴长度为 b，a、b 均为整数。显然，对于椭圆上的点，满足 $F(x, y)=0$；对于椭圆外的点，满足 $F(x, y)>0$；对于椭圆内的点，满足 $F(x, y)<0$。又由于椭圆在四分象限中是对称的，所以只需要计算在第一象限中椭圆弧上的像素点的位置，其他象限中的点的位置可通过对称性得到。

为了确定最大位移方向，以椭圆弧上斜率为 -1 的点(即法向量两个分量相等的点)作为分界，将第一象限的 1/4 段弧进一步分为上下两个部分，如图 4-9 所示。另外椭圆上任一点(x, y)处的法向量为

$$N(x, y)=\frac{\partial F}{\partial x}\boldsymbol{i}+\frac{\partial F}{\partial y}\boldsymbol{j}=2b^2x\boldsymbol{i}+2a^2y\boldsymbol{j} \qquad (4-11)$$

其中，$\boldsymbol{i}$，$\boldsymbol{j}$ 分别为沿 x 轴和 y 轴方向的单位向量。从图 4-11 可以看出在椭圆的上半部分，椭圆弧上每一个点的切线斜率满足 $-1\leqslant k\leqslant0$；在下半部分，椭圆弧上每一个点的切线斜率

满足 $-1 \leqslant 1/k \leqslant 0$。

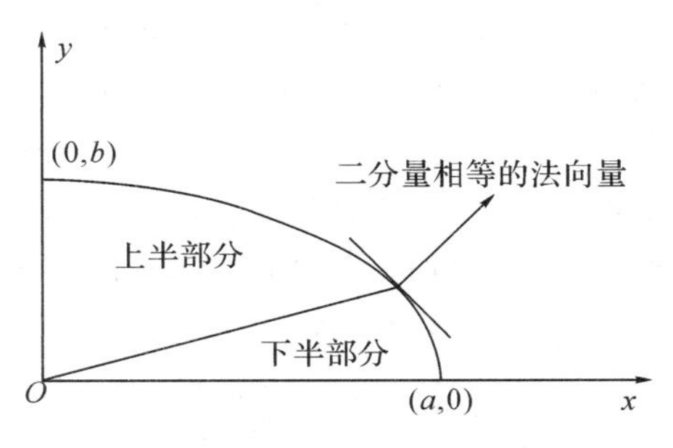

图 4-9　第一象限的椭圆弧

4.2.4　中点 Bresenham 椭圆绘制法

中点 Bresenham 椭圆绘制法要从第一象限中的点(0, b)到点(a, 0)顺时针地确定最佳逼近于第一象限椭圆弧的像素点集合。与中点 Bresenham 画圆法基本类似，先判断最大位移方向以及位移步长。在上半部分，因为$|k| \leqslant 1$，最大位移方向是 x，所以每次在 x 方向上加 1，在 y 方向上或者减 1 或者减 0；在下半部分，因为$|k| \geqslant 1$，最大位移方向为 y，因此 y 方向每次减 1，而 x 方向上加 1 或者加 0。

假设当前与椭圆弧的最佳逼近点已经确定为 $P(x_i, y_i)$，如图 4-10 所示。如果点 P 在椭圆弧的上半部分，则下一像素点只能从正右方像素 $P_u(x_i+1, y_i)$和右下方的 $P_d(x_i+1, y_i-1)$中选取；如果点 P 在椭圆弧的下半部分，则下一像素点从正下方像素 $P_l(x_i, y_i-1)$和右下方的 $P_r(x_i+1, y_i-1)$中选取。选取方法依然由中点进行判别。

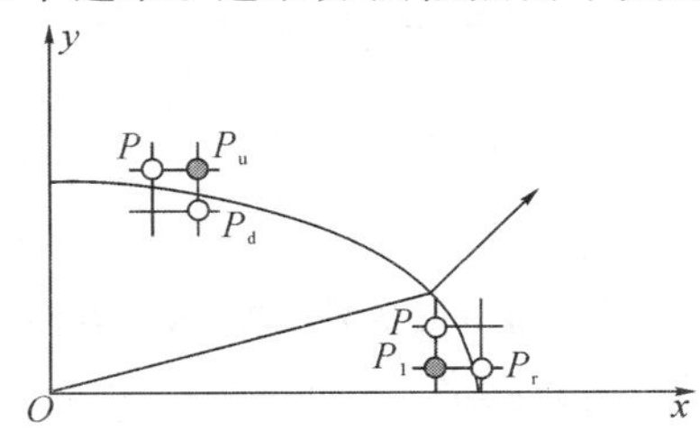

图 4-10　Bresenham 椭圆绘制法的原理

1) 上半部分的椭圆绘制法

如图 4-11 所示，设点 P_u 和 P_d 的中点为点 $M(x_i+1, y_i-0.5)$。当 $F(x_M, y_M)<0$ 时，M 点在椭圆内，这时点 P_u 离椭圆弧更近，取下一个像素点为 $P_u(x_i+1, y_i)$；当 $F(x_M, y_M)>0$ 时，M 点在椭圆外，这时点 P_d 离椭圆弧更近，取下一个像素点为$P_d(x_i+1, y_i-1)$；当 $F(x_M, y_M)=0$ 时，M 点在圆上，这时点 P_u 和点 P_d 离圆弧一样近，取它们两个都可以，约定取 P_u。

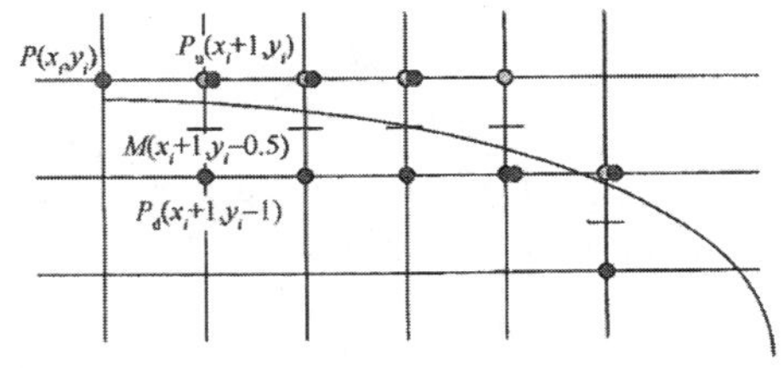

图 4-11　上半部分椭圆弧的绘制原理

判别式为

$$d_{1i}=F(x_i+1,\ y_i-0.5)=b^2(x_i+1)^2+a^2(y_i-0.5)^2-a^2b^2 \tag{4-12}$$

当 $d_{1i}\leqslant 0$ 时，下一个像素点取 $P_u(x_i+1,\ y_i)$；当 $d_{1i}>0$ 时，下一个像素点取 $P_d(x_i+1,\ y_i-1)$。

接下来进行误差项的推导。

(1) 如图 4-12(a)所示，当 $d_{1i}\leqslant 0$ 时，取正右方像素点 $P_u(x_i+1,\ y_i)$，然后再通过

$$\begin{aligned}d_{1(i+1)}&=F(x_i+2,\ y_i-0.5)=b^2(x_i+2)^2+a^2(y_i-0.5)^2-a^2b^2\\&=b^2(x_i+1)^2+a^2(y_i-0.5)^2-a^2b^2+b^2(2x_i+3)\\&=d_{1i}+b^2(2x_i+3)\end{aligned}$$

来判断下一个像素点。所以，沿正右方向，d_{1i}的增量是 $b^2(2x_i+3)$。

(2) 如图 4-12(b)所示，当 $d_{1i}>0$ 时，取右下方像素点 $P_d(x_i+1,\ y_i-1)$，然后再通过

$$\begin{aligned}d_{1(i+1)}&=F(x_i+2,\ y_i-1.5)=b^2(x_i+2)^2+a^2(y_i-1.5)^2-a^2b^2\\&=b^2(x_i+1)^2+a^2(y_i-0.5)^2-a^2b^2+b^2(2x_i+3)+a^2(-2y_i+2)\\&=d_{1i}+b^2(2x_i+3)+a^2(-2y_i+2)\end{aligned}$$

来判断下一个像素点。所以，沿右下方向，d_{1i}的增量是 $b^2(2x_i+3)+a^2(-2y_i+2)$。

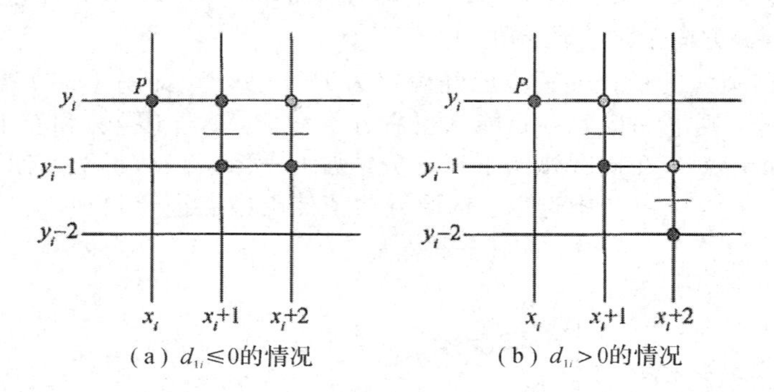

图 4-12 中点 Bresenham 上半部分椭圆绘制法中误差项的递推

接下来，我们给出判别式 d_{1i}的初始值。如上所述，绘制的椭圆弧的第一个点为$(0,\ b)$，因此第一个中点是$(1,\ b-0.5)$，所以 d_{1i}的初值为

$$d_{10}=F(1,\ b-0.5)=b^2+a^2(b-0.5)^2-a^2b^2=b^2+a^2(-b+0.25)$$

2) 下半部分的椭圆绘制法

如图 4-13 所示，设点 P_l 和 P_r 的中点为点 $M(x_i+0.5,\ y_i-1)$。当 $F(x_M,\ y_M)<0$ 时，M 点在椭圆内，这时点 P_r 离椭圆弧更近，取下一个像素点为 $P_r(x_i+1,\ y_i-1)$；当 $F(x_M,\ y_M)>0$ 时，M 点在椭圆外，这时点 P_l 离椭圆弧更近，取下一个像素点为 $P_l(x_i,\ y_i-1)$；当 $F(x_M,\ y_M)=0$ 时，M 点在椭圆上，这时点 P_l 和点 P_r 离椭圆弧一样近，取它们两个都可以，约定取 P_r。

判别式为

$$d_{2i}=F(x_i+0.5,\ y_i-1)=b^2(x_i+0.5)^2+a^2(y_i-1)^2-a^2b^2 \tag{4-13}$$

当 $d_{2i}\leqslant 0$ 时，下一个像素点取 $P_r(x_i+1,\ y_i-1)$；当 $d_{2i}>0$ 时，下一个像素点取$P_l(x_i,\ y_i-1)$。

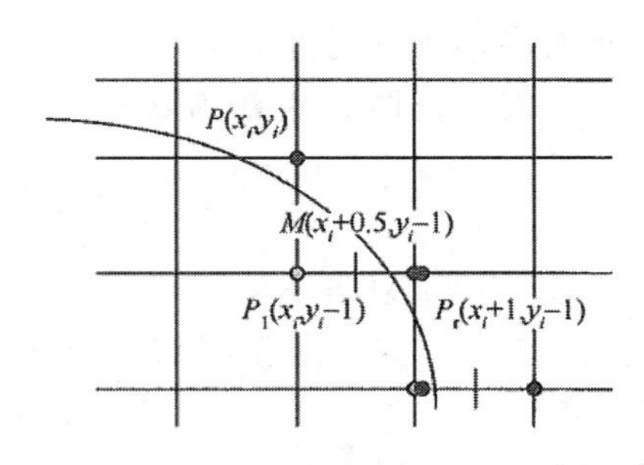

图 4－13　下半部分椭圆弧的绘制原理

接下来我们进行误差项的推导。

(1) 如图 4－14(a)所示，当 $d_{2i}>0$ 时，取正下方像素点 $P_1(x_i, y_i-1)$，然后再通过

$$
\begin{aligned}
d_{2(i+1)} &= F(x_i+0.5, y_i-2) = b^2(x_i+0.5)^2 + a^2(y_i-2)^2 - a^2b^2 \\
&= b^2(x_i+0.5)^2 + a^2(y_i-1)^2 - a^2b^2 + a^2(-2y_i+3) \\
&= d_{2i} + a^2(-2y_i+3)
\end{aligned}
$$

来判断下一个像素点。所以，沿正下方向，d_{2i} 的增量是 $a^2(-2y_i+3)$。

(2) 如图 4－14(b)所示，当 $d_{2i}\leqslant 0$ 时，取右下方像素点 $P_r(x_i+1, y_i-1)$，然后再通过

$$
\begin{aligned}
d_{2(i+1)} &= F(x_i+1.5, y_i-2) = b^2(x_i+1.5)^2 + a^2(y_i-2)^2 - a^2b^2 \\
&= b^2(x_i+0.5)^2 + a^2(y_i-1)^2 - a^2b^2 + b^2(2x_i+2) \\
&\quad + a^2(-2y_i+3) \\
&= d_{2i} + b^2(2x_i+2) + a^2(-2y_i+3)
\end{aligned}
$$

来判断下一个像素点。所以，沿右下方向，d_{2i} 的增量是 $b^2(2x_i+2)+a^2(-2y_i+3)$。

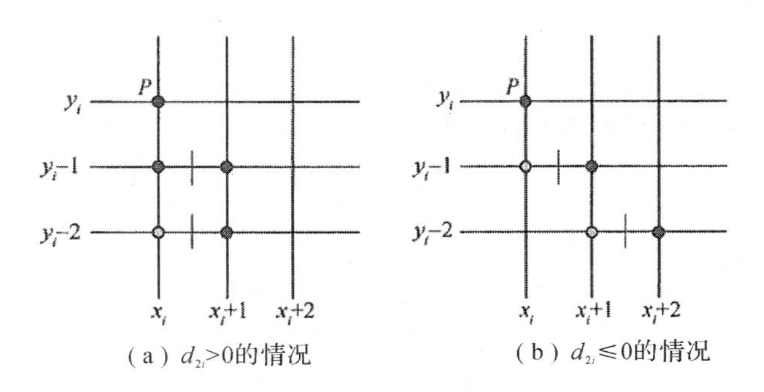

(a) $d_{2i}>0$ 的情况　　(b) $d_{2i}\leqslant 0$ 的情况

图 4－14　中点 Bresenham 下半部分椭圆法中误差项的递推

定理 4－1　设在当前中点，法向量的 y 分量比 x 分量大，即 $b^2(x_i+1)<a^2(y_i-0.5)$，而在下一个中点，不等号改变方向，则说明椭圆弧从上半部分转入下半部分。

在椭圆弧的绘制中还要注意以下两点：

(1) 在每一步迭代中，要确定何时从上半部分转入下半部分，可以通过定理 4－1 计算和比较法向量的两个分量来确定；

(2) 在刚转入下半部分时，必须对下半部分的中点判别式进行初始化。

中点 Bresenham 椭圆绘制法的步骤如下：

(1) 输入椭圆的长半轴 a 和短半轴 b。

(2) 计算 d 的初值 $d_0=b^2+a^2(-b+0.25)$，并赋初值 $x=0$，$y=b$。

(3) 绘制点(x，y)及其在四分象限上的另外3个对称点。

(4) 判断d的符号。当$d \leqslant 0$时，先将d更新为$d+b^2(2x+3)$，再将(x，y)更新为($x+1$，y)；当$d>0$时，先将d更新为$d+b^2(2x+3)+a^2(-2y+2)$，再将(x，y)更新为($x+1$，$y-1$)。

(5) 当$b^2(x+1)<a^2(y-0.5)$时，重复步骤(3)和(4)，否则转到步骤(6)。

(6) 用上半部分计算的最后点(x，y)来计算下半部分中d的初值：

$$d=b^2\ (x+0.5)^2+a^2\ (y-1)^2-a^2b^2$$

(7) 绘制点(x，y)及其在四分象限上的另外3个对称点。

(8) 判断d的符号。若$d \leqslant 0$，则先将d更新为$d+b^2(2x+2)+a^2(-2y+3)$，再将(x，y)更新为($x+1$，$y-1$)；当$d>0$时，先将d更新为$d+a^2(-2y+3)$，再将(x，y)更新为(x，$y-1$)。

(9) 当$y \geqslant 0$时，重复步骤(7)和(8)；否则结束。

第一象限内椭圆弧的扫描转换中点Bresenham算法程序如下：

```
void MidBresenhamEllipse(int a, int b, int color)
{
    int x, y;
    float d1, d2;
    x=0; y=b;
    d1=b*b+a*a*(-b+0.25);
    putpixel(x, y, color);   putpixel(-x, -y, color);
    putpixel(-x, y, color);   putpixel(x, -y, color);
    while(b*b*(x+1)<a*a*(y-0.5)){
     if  (d1<=0)
    {
          d1+=b*b*(2*x+3);
          x++;
    }
    else  {
        d1+=b*b*(2*x+3)+a*a*(-2*y+2);
        x++; y--;
    }

    putpixel(x, y, color);   putpixel(-x, -y, color);
    putpixel(-x, y, color);   putpixel(x, -y, color);
}/*while 上半部分/
d2= b*b*(x+0.5) *(x+0.5)+a*a*(y-1)*(y-1)-a*a*b*b;
while(y>0){
     if(d2<=0)
    {
        d2+=b*b*(2*x+2)+a*a*(-2*y+3);
        x++; y--;
    }
```

```
    else{
        d2+=a*a*(-2*y+3);
        y--;
    }
    putpixel(x, y, color);    putpixel(-x, -y, color);
    putpixel(-x, y, color);   putpixel(x, -y, color);
        }
    }
```

4.3 区域填充

本节将讨论如何用一种颜色或图案来填充一个二维区域。区域填充可以分两步进行，第一步先确定需要填充哪些像素，第二步确定用什么颜色来填充。区域填充指从区域的一点(种子点)开始，由内向外将填充色扩展到整个区域。这里的区域是指已经表示成点阵形式的填充图形，它是一个像素集合。区域通常有内点表示和边界表示两种形式。

4.3.1 多边形区域填充

本节讨论的多边形区域可以是凸的、凹的，还可以是带孔的。一种常用的扫描方法是按扫描线顺序，计算扫描线与多边形的相交区间，再用要求的颜色显示这些区间的像素，即完成填充工作。区间的端点可以通过计算扫描线与多边形边界线的交点获得。

如图 4-15 所示，扫描线 6 与多边形的边界线相交于 A，B，C，D 4 个点。这些点将扫描线分为 5 个区间[0，2]，[2，3.5]，[3.5，7]，[7，11]，[11，12]，其中落到多边形内的[2，3.5]和[7，11]这两个区间内的像素应该取成多边形色，而位于其他区间内的像素应取成背景色。

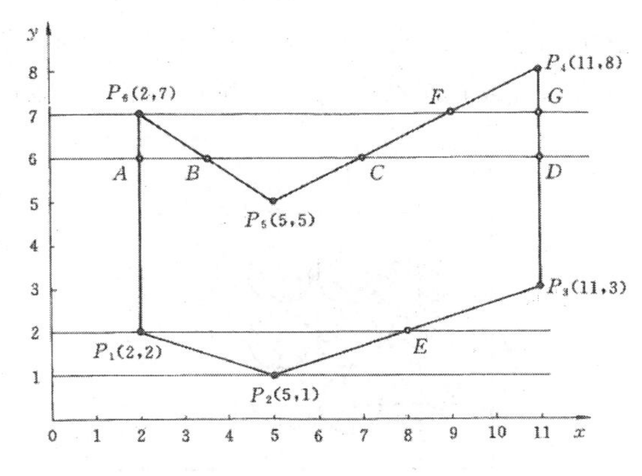

图 4-15　一个多边形与若干扫描线

这里的交点在计算时不一定是按从左到右顺序获得。比如：当多边形采用顶点序列 $P_1P_2P_3P_4P_5P_6$ 表示时，把扫描线 6 分别与边 P_1P_2，P_2P_3，P_3P_4，P_4P_5，P_5P_6，P_6P_1 相交，得到交点序列 D，C，B，A，再按从左到右的顺序，即按 x 递增顺序排列这些交点的 x 坐标。

关于一般的多边形的填充，对于一条扫描线，可以按下述步骤来绘制：

(1) 求交点，即计算扫描线与多边形各边的交点；

(2) 把所有交点按递增顺序进行排列；

(3) 交点配对：第一个与第二个，第三个与第四个，等等。每一对交点代表着扫描线与多边形的一个相交区间。

(4) 区间填色：将这些相交区间内的像素填充成多边形的颜色，把相交区间外的像素设置成背景色。

接下来，还要解决在填充过程中的两个问题：① 当扫描线与多边形顶点相交时，交点如何取舍，这个问题的解决用于保证交点的正确配对；② 多边形边界上像素的取舍问题，该问题的解决用于避免填充扩大化。

先来解决第一个问题。当扫描线与多边形顶点相交时，会出现异常。例如在图 4-15 中，扫描线 2 与点 P_1 相交。按照前面介绍的方法求得交点 x 坐标序列为 2，2，8。这样会使区间[2，8]内的像素取背景色，而这个区间的像素正是属于多边形内部，是要填充的。所以，可以考虑当扫描线与多边形的顶点相交时，相同的交点只取一个。这样，我们就把上述扫描线与多边形的交点序列改为 2，8，就得到了想要的结果。但是如果按照这个规定，扫描线 7 与多边形的交点序列是 2，9，11。这就会错误地将区间[2，9]作为多边形内部来填充。

这样就要求我们对上述两种情况区别对待。在第一种情况下，扫描线相交于一顶点，而共享顶点的两条边分别落在扫描线的两边。这种情况下，交点只算一个。在第二种情况下，共享交点的两条边在扫描线的同一边，这时交点作为零个或两个，取决于该点是多边形的局部最高点还是局部最低点。在实现的时候，需要检查顶点的两条边的另外两个端点的 y 值。按照这两个 y 值中大于交点 y 值的个数是 0，1，2 来决定是取零个、一个、还是两个。例如在图 4-15 中，对于扫描线 1，相交于顶点 P_2，由于共享该顶点的两条边的另外两个顶点均高于扫描线，所以取交点 P_2 两次。这样像素 P_2 就用多边形的颜色设置。对于扫描线 2，在点 P_1 处，由于 P_6 比扫描线高，而 P_2 比扫描线低，所以该交点只算一个。在 P_6 处，由于 P_1 和 P_5 都在下方，所以扫描线 7 与之相交时，交点算零个，该点不予填充。

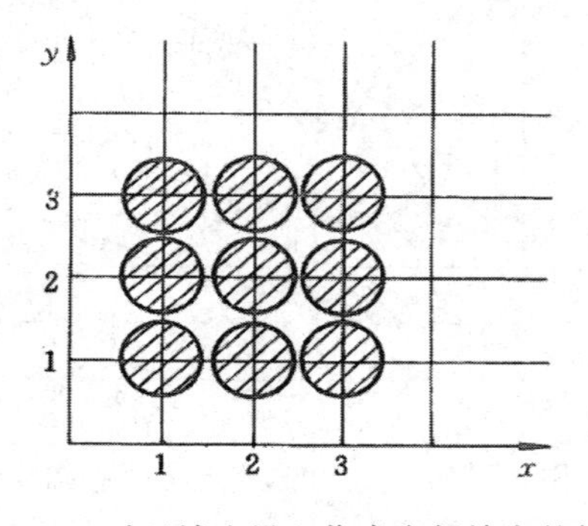

图 4-16　对区域边界上像素全部填充的结果

接下来解决第二个问题，即边界上像素的取舍问题。例如，对分别以点(1，1)和点(3，3)为左下角和右上角的正方形填充时，若对边界上所有像素均进行填充，就得到图

4-16。被覆盖的面积为 3×3 个单位，大于实际填充面积 2×2 个单位。造成这个结果的原因是对边界上的所有像素都进行了填充。为了解决这个问题，我们规定落在右方或上方边界的像素不给予填充，只填充落在左方或下方边界的像素。在实现的时候，只要对扫描线与多边形的相交区间取“左闭右开”即可。显然，我们在前面一个问题所采用的方法，即扫描线与多边形顶点相交时，交点的取舍方法，保证了多边形的“下闭上开”，即丢弃上方水平边以及上方非水平边上作为局部最高点的顶点。

在解决了多边形填充时必须解决的两个问题之后，下面再进一步讨论填充算法的步骤。

为了计算每条扫描线与多边形各边的交点，最简单的方法是把多边形的所有边都放在一个表中。在处理扫描线的时候，按顺序从表中取出所有的边，分别与扫描线求交点。但是这样处理的效率很低。因为一条扫描线总是与少数几条边相交，甚至与所有的边都不相交。如果把所有的边都拿来与扫描线求交点，势必要造成计算的浪费和效率的降低。

为了提高效率，在处理一条扫描线时，可以只对与它相交的多边形的边进行求交点运算。我们将与当前扫描线相交的边称为活性边，将它们存放于一个链表中，并按交点 x 坐标的递增顺序存放，此链表称为活性边表。活性边表的每个结点用来存放对应边的相关信息。基于边的连贯性(即当某条边与当前扫描线相交时，它很有可能也同下一条扫描线相交)以及扫描线的连贯性(即当前扫描线与各边的交点顺序与下一条扫描线与各边的交点顺序很可能相同或相似)，在完成当前扫描线的绘制之后，可以对当前扫描线的活性边表稍作修改，就可以得到下一条扫描线的活动边表，而不必为下一条扫描线从头开始构造活性边表。具体步骤如下：

设当前扫描线与多边形的某一条边的交点的横坐标为 x，那么下一条扫描线与此条边的交点不必从头计算，只要加上一个增量即可。设边的方程为

$$ax+by+c=0$$

若 $y=y_i$ 时，$x=x_i$，则当 $y=y_{i+1}$ 时，$x_{i+1}=(-by_{i+1}-c)/a=x_i-b/a$，其中 $-b/a$ 为增量 Δx。此增量可以存放在对应边的活动性边表结点中。使用增量法计算时，还要知道一条边何时不再与下一条扫描线相交，以便能够及时把它从活性表中删除，避免计算的浪费。因此，活性边表的结点应该为对应边保存如下信息：

(1) x：当前扫描线与边的交点；

(2) Δx：从当前扫描线到下一条扫描线之间的 x 增量；

(3) $y_{\max}$：边所交的最高扫描线号。

如果规定多边形的边不自交，则从当前扫描线延续到下一条扫描线的边与下一条扫描线的交点顺序保持不变。否则，到下一条扫描线必须重新排序。又因为扫描线的连贯性，新交点序列与旧交点序列基本类似，只需要稍作修改即可。鉴于此可以考虑采用冒泡排序法来提高效率。对于下一条扫描线新产生交点的边，必须在当前扫描线完成后的更新过程中，插入到活性边表的适当位置上以保持有序性，可以采用插入排序。而且，在上述的交点的坐标 x 更新和新的边插入之前，需要把那些与当前扫描线有交点而与下一条扫描线不相交的边从活性边表中删除。图 4-17(a)是扫描线 6 的活性边表，图(b)是扫描线 7 的活性边表。

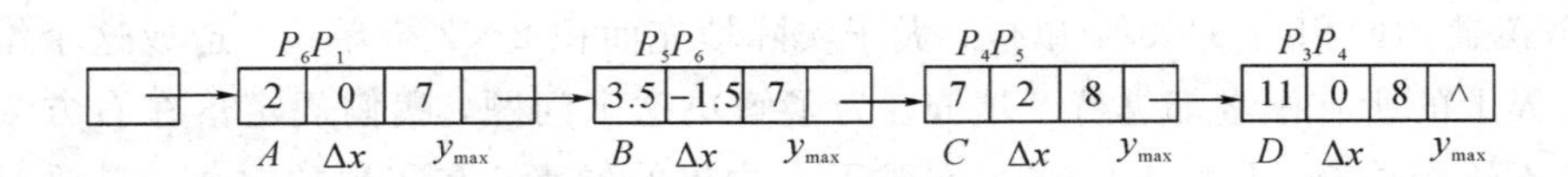

(a) 扫描线6的活性边表

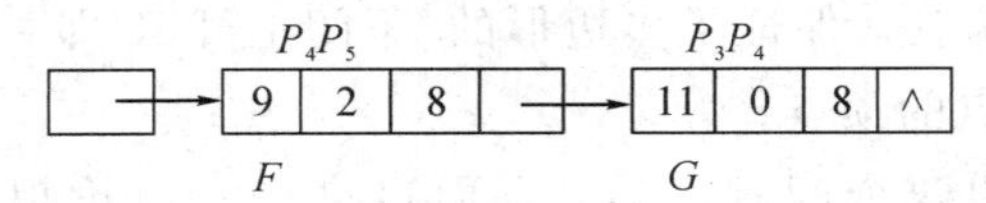

(b) 扫描线7的活性边表

图 4－17　扫描线活性边表的示例

通过活性边表，可以充分利用边的连贯性和扫描线的连贯性来减少计算量并提高效率。为了方便活性边表的建立和更新，我们为每一条扫描线建立一个新边表，存放在该扫描线第一次出现的边。也就是说，若某边的较低端点为 y_{min}，则该边就放在扫描线 y_{min} 的新边表中。当按照扫描线号从小到大的顺序处理扫描线时，该边在该扫描线第一次出现。新边表的每一个结点存放对应边的初始信息，比如该扫描线与该边的初始交点 x 值，增量 Δx 以及该边 y 的最大值 y_{max}。新边表的边结点不用排序。

最后通过设置变量 b 的值来进行区域颜色填充。设在多边形内部时，$b=1$；在多边形外部时，$b=0$。初始化时，设置 $b=0$，让指针从活性边表的第一个结点遍历到最后一个结点。每经过一个结点时，b 的值反一次。当 $b=1$ 时，把从当前结点 x 值开始到下一结点的 x 值结束的左闭右开区间用多边形色填充。这里利用了区间的连贯性，即同一区间上的像素取同一颜色属性。多边形内的像素取多边形色，多边形外的像素取背景色。

4.3.2　边填充

区域填充法的缺点是对各种表的维持和排序开销太大，不适合硬件实现。下面介绍另外一类区域扫描转换算法——边填充算法。边填充算法的基本思想是：对于每一条扫描线和每条多边形边的交点(x_1, y_1)，将该扫描线上的交点右方的所有像素取补。对多边形的每条边作此处理，多边形的顺序随意。图 4－18 是应用最简单的边填充算法填充一个多边形的示意图。

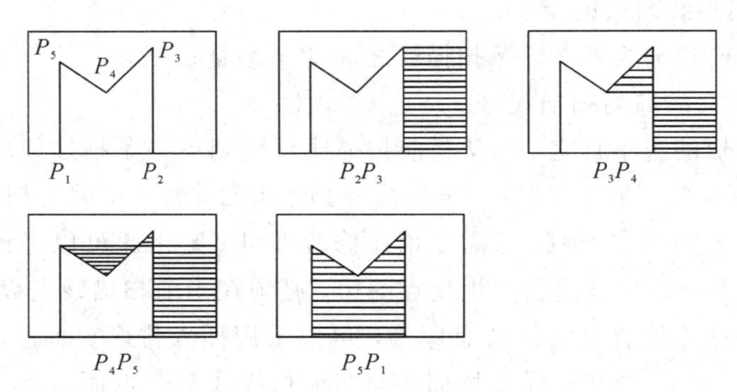

图 4－18　边填充算法示意图

边填充算法最适用于具有帧缓冲器的图形系统，可以按照任意顺序处理多边形的边。

在处理边时，仅访问与该边有交点的扫描线上交点右方的像素。处理完所有边后，按照扫描线顺序读出帧缓冲器的内容，送入显示设备。本算法简单易行，但是对于复杂图形，每一像素点可能会被访问多次，系统开销显然要比有序边表的算法要大。

为了克服上述缺点，减少访问像素点的次数，可以引入一条与扫描线垂直的直线，称为栅栏。栅栏通常取过多边形顶点，且把多边形分为左右两半。栅栏填充算法的基本思想是：对于每条扫描线与多边形边的交点，将交点与栅栏之间的像素取补。若交点位于栅栏左边，则将交点的右面，栅栏的左边的所有像素取补；若交点位于栅栏右边，则将交点的左面，栅栏的右面的像素取补。图 4－19 即为采用栅栏填充算法填充多边形的示意图。

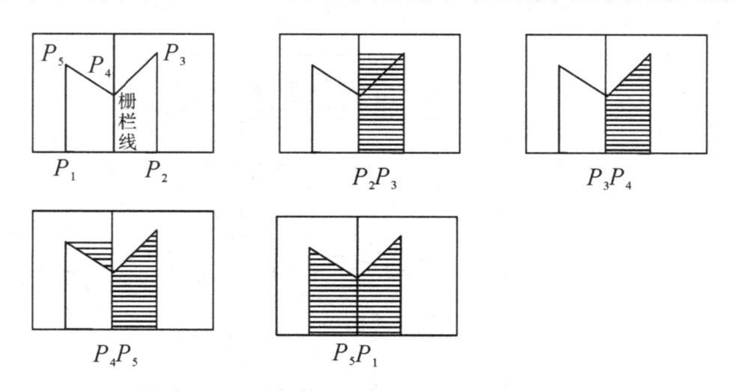

图 4－19　边填充算法示意图(栅栏填充)

栅栏填充算法减少了被重复访问的像素的数目，但还是会有一些像素会被重复访问。针对这一缺点，还可以对该算法作进一步改进，得到改进的栅栏填充算法——边标志算法，该算法对每个像素只访问一次。

边标志算法主要包括两步：

(1) 对多边形的每条边进行直线扫描转换，即对边界所经过的像素打上边标志；

(2) 填充：对每条与多边形相交的扫描线，按照从左到右的顺序，依次访问该线上的像素。可以使用一个布尔变量 inside 来注明当前点的状态，若点在多边形内，则 inside 为真；反之，inside 为假。inside 的初始值为假，每当当前访问像素被打上边标志的点时，就将此变量取反；对未打标志的像素，inside 不变。对于当前访问像素，inside 操作之后的值为真，就把该像素置为多边形色。边标志算法示意图如图 4－20 所示。

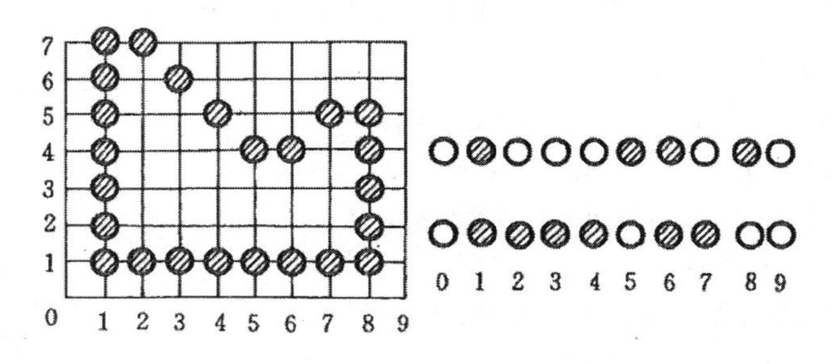

图 4－20　边标志算法示意图

因为边标志算法不用建立、维护边表以及对它进行排序，所以边标志算法更适合硬件实现，它的执行速度比有序边表算法快得多。

边标志算法的程序流程图如图 4－21 所示。

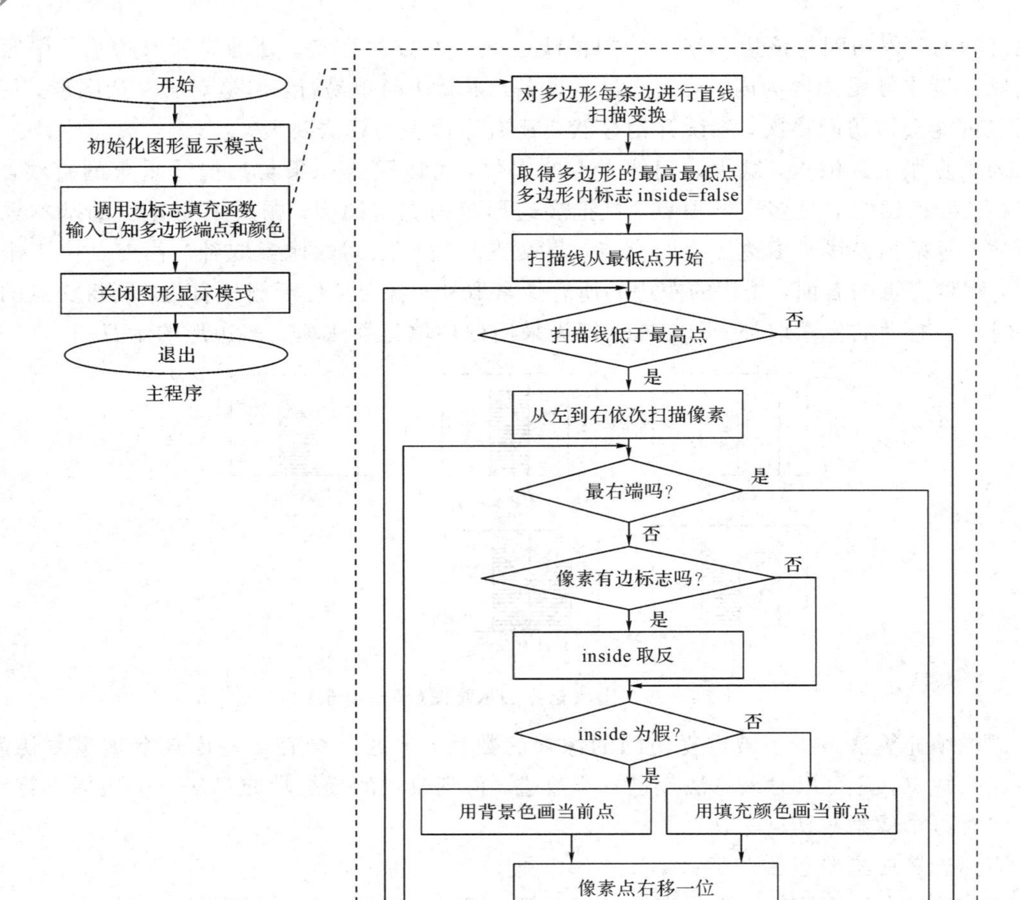

图 4-21　边标志算法程序流程图

边标志算法的伪代码程序如下：

```
void edge_mark_fill(polydef, color)
    多边形定义 polydef;   int color;
    {对多边形 polydef 每条边进行直线扫描转换;
      inside=FALSE;
      for(每条与多边形 polydef 相交的扫描线 y)
          for(扫描线上每个像素 x)
          { if (像素 x 被打上边标志)
                inside=! (inside);
              if(inside! = FALSE)
                drawpixel(x, y, 填充色);
```

```
else
  drawpixel(x, y, 背景色);
  }
    }
```

4.3.3　种子填充

已经介绍的几种填充算法都是按扫描线顺序进行的，而种子填充算法则采用不同的原理：假设在多边形区域内部有一像素已知，然后从它出发找到区域内的所有像素点。

1. 递归种子填充算法

我们先假设区域边界上所有像素均具有某个特定值，而区域内部所有像素点均不取这个特定值，边界外的像素则可具有与边界相同的值。

区域可以分为四向连通和八向连通两种，图 4－22(a)和(b)分别表示四向连通区域和八向连通区域。

(1) 四向连通区域：从区域上一点出发，可通过上、下、左、右四个方向移动的组合，在不越出区域的前提下，到达区域内的任意像素；

(2) 八向连通区域：区域内每一个像素，可以通过左、右、上、下、左上、右上、左下、右下这八个方向的移动的组合来到达。

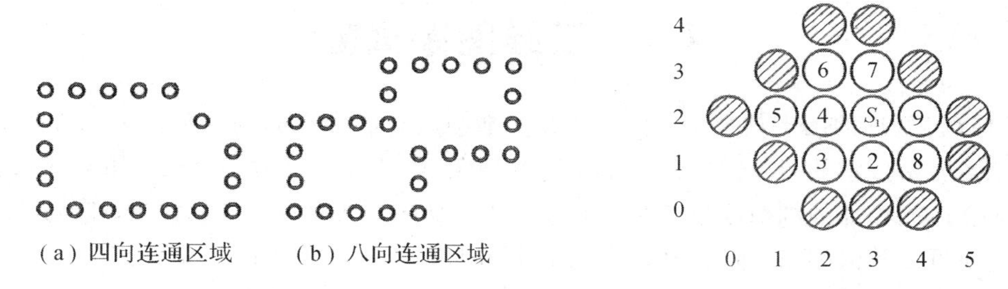

图 4－22　两类连通区域示意图　　图 4－23　边填充算法填充像素的顺序

种子填充算法允许从四个方向寻找下一个像素，称为四向算法；允许从八个方向寻找下一个像素，称为八向算法。八向算法可以填充八向连通区域，也可以填充四向连通区域。但反过来不行，也就是说四向算法不能用于填充八向填充区域。接下来以四向算法为例进行介绍。如果把四向算法中的搜索方向从四个改为八个，就得到了八向算法。

可以使用栈结构来实现简单的种子填充算法，原理如下：种子像素先入栈，只要栈不空时重复下列步骤：

(1) 栈顶像素出栈；

(2) 将出栈像素置成多边形色；

(3) 按照左、上、右、下顺序检查与出栈像素相邻的四个像素，如果其中某个像素不在边界且未置成多边形色，则把该像素入栈。

图 4－23 是一个用边界表示的区域。采用上述介绍的种子填充算法对该区域进行填充时各像素的出栈顺序是(2，3)，(1，3)，(1，4)，(2，4)，(1，2)，(2，2)，(3，2)，(3，3)，(2，1)，(2，4)，(3，3)，(2，2)。在这个序列中，我们发现有些像素反复出现，那是因为它

们重复入栈的原因。

简单的种子填充算法会把太多的像素压入堆栈，甚至会造成一些像素重复入栈多次的现象，显然降低了系统的工作效率，除此以外，还要求很大的存储空间存放栈。

2. 基于链队列的种子填充算法

为了改进上述算法，下面采用链队列来实现种子填充算法。该算法的基本思路是：从链队列中获得一个像素点，然后判断其四连通像素点，若没有填充，则填充它，并将它入队列，如此循环，直到队列空为止。对递归种子填充算法的改进之处为：

(1) 在递归种子填充算法中，堆栈是系统预先设定的，其大小和存储区域已经确定，这对填充的区域大小有明显的限制，当堆栈溢出时，程序就会出错。若设定堆栈很大，又会导致在填充区域不大的情况下，浪费了很多计算机资源。本算法使用的链队列有两个特点：一是当链队列为空时，它不占用存储空间，只有当数据入链队列时才分配存储空间给它；二是由于在定义链队列前没有限定它的大小，所以从理论上看，有多大的可使用内存，就可以建立多大的链队列。

(2) 在递归种子填充算法中，采用的是先入栈，出栈后再填充，即当填充某点时，不管它的四连通点是否已被填充，都要进入堆栈，这会导致很多的冗余像素点入栈。而本算法采用的是先填充再入链队列，在入队列之前要判断像素点是否已被填充，若未被填充才入队列，否则不予考虑。这样将会减少入队列的冗余像素，即每一个像素点只入队列一次。

4.4 二维图像裁剪

在计算机处理的图形信息中，很多情况下都会遇到内部存储的图形比显示在屏幕上的图形要大，屏幕显示的只是其中的一部分这种现象。比如，某些复杂图形，如果整幅显示在屏幕上，会造成局部的细节不清楚。为了避免这种缺陷，可以使用缩放技术，把局部区域放大显示，便可以看清细节。而在放大其局部区域时，必须确定图形中哪些部分落在显示区之内，哪些落在显示区之外，这样便于显示落在显示区内的那部分图形。这个过程被称为裁剪。

4.4.1 窗口区与视图区

用户在处理图形时，常常处在自己的用户坐标系中，单位也由自己来确定。在此用户坐标系中的图形根据需要经常要确定一个矩形区域，然后将这个区域内的图形输出到屏幕上，这个矩形区域称为窗口。

用于输出图形的设备本身也有一个坐标系，叫作设备坐标系，其单位由图形设备的分辨率来决定。在图形设备的显示范围内，由设备坐标系定义的一个矩形区域叫作视口。

窗口和视口均可以嵌套，其嵌套层次由图形处理软件来决定。通过变换可以将窗口中的图形与视口中的图形一一对应起来。当把用户坐标系中的图形在图形设备上输出时，可以定义适当的窗口和视口，使窗口的图形在视口内显示，处于窗口或视口外的图形则不被显示，也就是被剪裁掉了。这样，固定视口而改变窗口，就可以在视口中观察到用户描述的全部图形了。

窗口与视口的变换关系如下：

如图 4－24 所示，设视口的宽为 L_V，高为 H_V，左下角坐标为(X_{V1}, Y_{V1})；窗口的宽为 L_W，高为 H_W，左下角坐标为(X_{W1}, Y_{W1})。

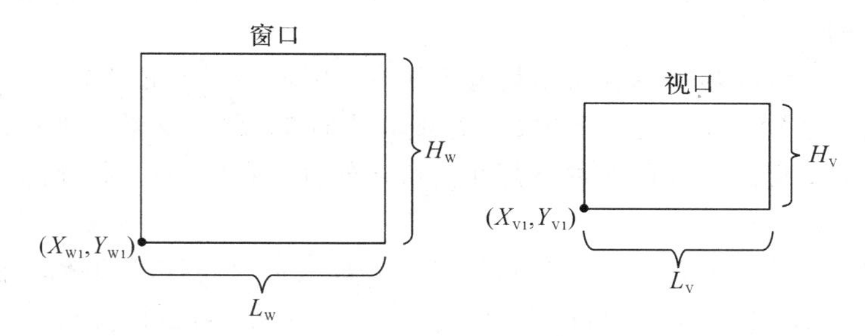

图 4－24　窗口与视口的关系

对视口中的点(X_V, Y_V)，在窗口中有一点(X_W, Y_W)与之对应，且有

$$\begin{cases} X_W = X_{W1} + L_W/L_N \cdot (X_V - X_{V1}) \\ Y_W = Y_{W1} + H_W/H_V \cdot (Y_V - Y_{V1}) \end{cases}$$

$$\begin{cases} X_V = X_{V1} + L_V/L_W \cdot (X_W - X_{W1}) \\ Y_V = Y_{V1} + H_V/H_W \cdot (Y_W - Y_{W1}) \end{cases}$$

因此，只要每定义一对窗口和视口，就可以建立两者的坐标关系，从而使用户坐标系中各个部分的图形都能以不同的位置和比例关系在不同的视口中显示出来。

4.4.2　直线段裁剪

1. 直线段裁剪原理

当输出到屏幕的图像是内存图像的一部分时，需要对图像进行裁剪。这就需要判断哪些需要裁剪，哪些在视图内部的不需要裁剪或全在视图外部可以直接丢弃。接下来将介绍最简单的裁剪——直线段裁剪。

在进行直线段裁剪时，把画面中对应于屏幕显示的那部分区域(即窗口)定义为矩形，由上、下、左、右四条边围成。裁剪的本质就是决定图形中哪些点、线段、文字，以及多边形等在裁剪窗口之内，在窗口内的被保留显示，而窗口外的则被裁去，如图 4－25 所示。

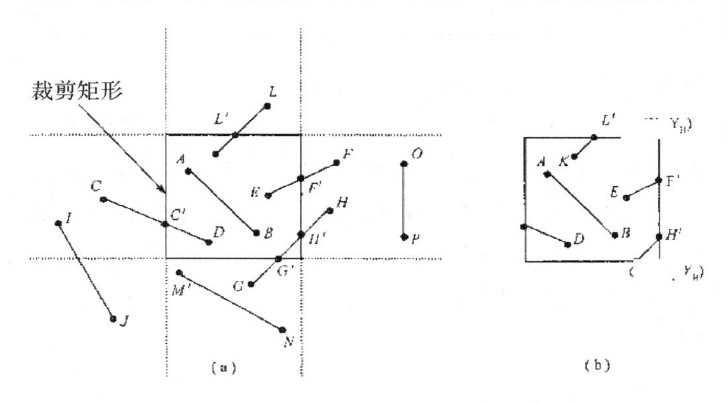

图 4－25　在二维裁剪窗口下线的裁剪

对于任意点(x, y)的处理很简单，只要判别两对不等式$X_{W1} \leqslant x \leqslant X_{W1} + L_W$，$Y_{W1} \leqslant y \leqslant Y_{W1} + H_W$。

如果两对不等式都成立，则点在矩形窗口之内；否则，点在矩形窗口之外。其中，等号表示点位于窗口的边界上。

图 4-25 中，若线段两个端点均在裁剪区域内，则该线段必位于窗口内，如线段AB；如果两端点同时位于窗口的上边、下边、左边或右边时，该线段必然全部在窗口外面，如直线段MN，OP，IJ；但对于线段两端点都在窗口之外且不在同一边时，情况不能完全确定，如直线段GH。

设直线段AB，其中$A(X_a, Y_a)$，$B(X_b, Y_b)$，对于它的裁剪，分下列三种情况：

(1) 若点A和B完全在裁剪窗口内，则直线段AB完全在窗口之内；

(2) 若点A和B均在裁剪窗口外，且在窗口的同一外侧，则满足下列4个条件之一：

$$X_a < X_{W1}, \ X_b < X_{W1}$$

$$X_a > X_{W1} + L_W, \ X_b > X_{W1} + L_W$$

$$Y_a < Y_{W1}, \ Y_b < Y_{W1}$$

$$Y_a > Y_{W1} + H_W, \ Y_b > Y_{W1} + H_W$$

(3) 若直线段AB一部分在窗口内而另一部分在窗口外，则其裁剪方法将在接下来的内容中进行介绍。

2. Cohen-Sutherland 编码方法

对图形中的线段进行裁剪时，首先要判别线段与窗口的关系，然后进行下一步的动作。可以采用编码的方法实现，该方法采用四位数码来标识线段的端点与窗口区域的关系，见表 4-1。

表 4-1　线段端点的区域编码($D_3D_2D_1D_0$)

1001	1000	1010
0001	0000 (裁剪矩形)	0010
0101	0100	0110

规定最右边的位(D_0)是第一位，编码规则如下：

第一位D_0：1表示线段端点位于窗口左侧，0表示线段端点不位于窗口左侧。

第二位D_1：1表示线段端点位于窗口右侧，0表示线段端点不位于窗口右侧。

第三位D_2：1表示线段端点位于窗口下侧，0表示线段端点不位于窗口下侧。

第四位D_3：1表示线段端点位于窗口上侧，0表示线段端点不位于窗口上侧。

对于给定的某个端点(x, y)，其编码算法为

```
# define LEFT   1
# define RIGHT 2
# define BOTTOM 4
# define TOP 8
```

```
codeMake(x, y, code)
int x, y;
int * code;
{
    int c;
    c=0;
    if (x<xL)
      c=c/LEFT;
    else if (x>XR)
      c=c/RIGHT;
     if (y<YB)
      c=c/BOTTOM;
     else if (y>YT)
      c=c/TOP;
        * code=c;
}
```

指针 code 的值即为该坐标点的编码。对应于图 4-25 中的线段端点，得到的编码见表 4-2。

表 4-2　线段端点编码

线段	端点编码	逻辑与	注　释
AB	0000 0000	0000	全在窗口内
CD	0001 0000	0000	部分在窗口内
EF	0000 0010	0000	部分在窗口内
GH	0100 0010	0000	部分在窗口内
IJ	0001 0101	0001	完全在窗口外
KL	0000 1000	0000	部分在窗口内
MN	0100 0100	0100	完全在窗口外
OP	0010 0010	0010	完全在窗口外

从表 4-2 中可以看出，对两端点编码进行逻辑“与”运算后，当结果不为零时，该线段完全在窗口外面，而当结果为零时，还要进一步判断。

3. 裁剪算法

1) Cohen-Sutherland 线裁剪算法

对于完全处于窗口内的线段或完全处于窗口外的线段，要么全取之，要么全放弃；而对于部分在窗口内、部分在窗口外的线段，就要作适当的处理。Cohen-Sutherland 算法的关键在于总是要得知位于窗口外的一个端点，此端点与边界交点之间的区段不在窗口中，从而可以裁去，相当于用交点来取代窗口外的那个端点。

算法思想如下：

① 检查线段 P_1P_2 是否为完全可见，或完全不可见，对于这两种情况或完全取之，或完全放弃，否则转到②；

② 找到 P_1P_2 在窗口外的一个端点 P_1（或者 P_2）；

③ 用窗口的边与 P_1P_2 的交点取代端点 P_1（或者 P_2）；

④ 判断线段 P_1P_2 是否完全可见，若是，则结束，否则转到②继续执行。

如图 4－26 中所示，线段部分在窗口内，部分在窗口外。

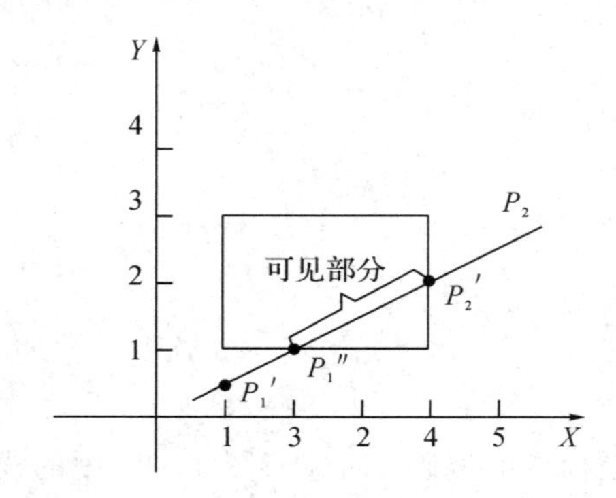

图 4－26　线段的裁剪

P_1 点的编码为 0101，P_2 点的编码为 0010。首先获得 P_1 点为窗口外的点，由于 P_1 点的第一位编码是 1，所以先求 P_1P_2 与左边界 $x=1$ 的交点 P_1'，对该点 P_1' 编码有 0100，仍然是窗口外的点，再求 $P_1P_2(P_1=P_1')$ 与下边界 $y=1$ 的交点得 P''_1，编码是 0000，是窗口内的点。再来看 P_2 点，位于窗口外，由于编码中第二位为 1，故可求 $P_1P_2(P_1=P''_1)$ 与右边界 $x=4$ 的交点，求得 P_2' 点，编码是 0000，为窗口内的点，用 P_2' 代替原来的 P_2 点，这时线段 $P_1P_2(P_1=P''_1,\ P_2=P_2')$ 就完全可见了。

直线与窗口边界的交点可用如下方法求解：

已知直线和 (X_1, Y_1)、(X_2, Y_2)，与水平线 $Y=K$ 的交点是

$$\begin{cases} X=X_1+\dfrac{(X_2-X_1)(K-Y_1)}{Y_2-Y_1} \\ Y=K \end{cases}$$

与铅垂线 $X=R$ 的交点是

$$\begin{cases} X=R \\ Y=Y_1+\dfrac{(Y_2-Y_1)(RX_1)}{X_2-X_1} \end{cases}$$

在进行裁剪时除了要求直线与边界的交点外，还要判断端点与窗口的位置关系。所以有：

如果编码 &0001≠0，端点与左边界相交点；

如果编码 &0010≠0，端点与右边界相交点；

如果编码 &0100≠0，端点与下边界相交点；

如果编码 &1000≠0，端点与上边界相交点；

这样就解决了 Cohen－Sutherland 算法的所有问题。

Cohen－Sutherland 裁剪算法流程图如图 4－27 所示。

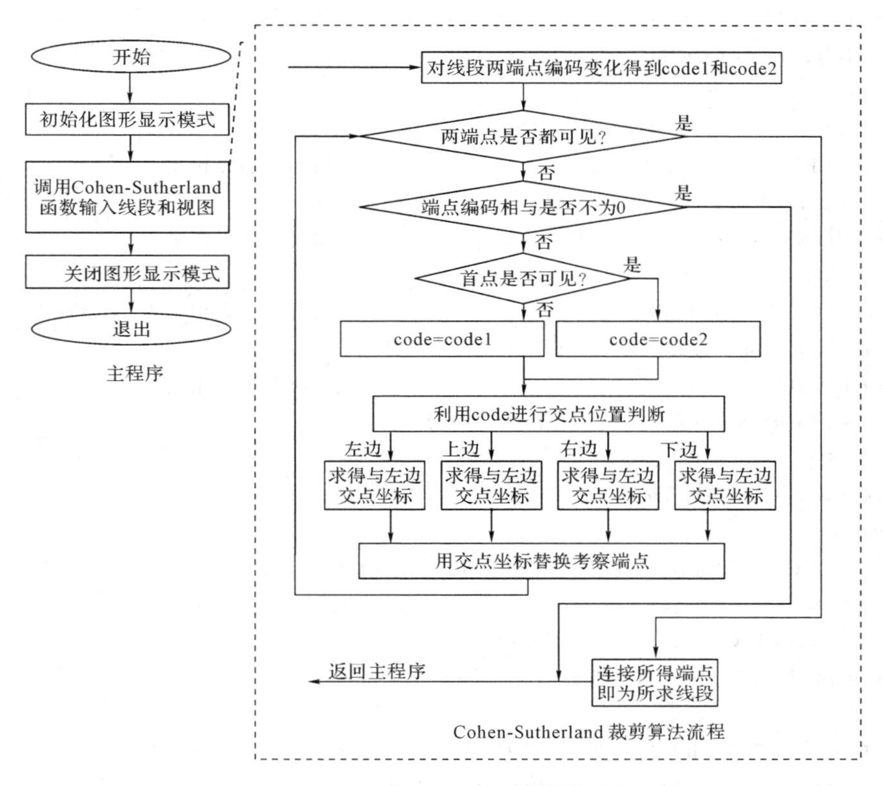

图 4－27　Cohen－Sutherland 裁剪算法流程图

Cohen－Sutherland 裁剪算法程序代码如下：

```
#define LEFT 1
#define RIGHT 2
#define BOTTOM 4
#define TOP 8
typedef struct point{int x, y; } POINT;
void Encode(int x, int y, int *code, int XL, int XR, int YB, int YT)
{
  int c=0;
  if(x<XL) c=c|LEFT;
  else if(x>XR) c=c|RIGHT;
  if(y<YB) c=c|BOTTOM;
  else if(y>YT) c=c|TOP;
  (*code)=c;
  }
void C_S_Line(POINT p1, POINT p2, int XL, int XR, int YB, int YT)
{  int x1, x2, y1, y2, x, y, code1, code2, code;
   x1=p1.x; x2=p2.x;    y1=p1.y;    y2=p2.y;
encode(x1, y1, &code1, XL, XR, YB, YT);
```

```
encode(x2, y2, &code2, XL, XR, YB, YT);
while(code1! =0||code2! =0)                    /* 非第一种情况 */
{  if((code1 & code2)! =0) return;              /* 窗口外，为第二种情况 */
    code=code1;
   if(code1= =0 code=code2;
   if((LEFT & code)! =0)                       /* 线段与左边界相交 */
{ x=XL; y=y1+(y2-y1)*(XL-x1)/(x2-x1); }
else if((RIGHT & code)! =0)                    /* 线段与右边界相交 */
{ x=XR; y=y1+(y2-y1)*(XR-x1)/(x2-x1); }
else if((BOTTOM & code)! =0)                   /* 线段与下边界相交 */
{ y=YB; x=x1+(x2-x1)*(YB-y1)/(y2-y1); }
else if((TOP & code)! =0)                      /* 线段与上边界相交 */
{ y=YT; x=x1+(x2-x1)*(YT-y1)/(y2-y1); }
if (code= =code1)
{ x1=x; y1=y; Encode(x, y, &code1, XL, XR, YB, YT); }
else
{x2=x; y2=y; Encode(x, y, &code2, XL, XR, YB, YT); }
}
p1.x=x1; p1.y=y1; p2.x=x2; p2.y=y2;
moveto(p1.x, p1.y); lineto(p2.x, p2.y);
}
```

由于被裁剪的直线和视窗之间有多种位置情况，而演示程序只演示了一种，如果需要获得更多种情况的裁剪效果，则可以修改直线的始末坐标，重新编译实现。

2）中点分割算法

Cohen - Sutherland 算法需要对被裁剪的线段和窗口各边求交点，如果不断地在线段的中点处将线段一分为二，则可避免求交运算，它是 Cohen - Sutherland 算法的特例，称为中点分割算法。

中点分割算法还是采用线段端点编码和相应的检查方法，核心是检查最远可见点的算法。首先要判断完全可见和完全不可见线段，对于部分可见的线段，依次用中点分割的方法求得最远可见点。对部分可见线段 ab，当 b 点可见时，a 点的最远可见点即为 b 点，否则最远可见点为在误差允许范围内线段 ab 与视窗边框在 b 点一方的交点，从而得到的两个最远可见点为端点的线段，即为所求的可见线段。

以图 4 - 28 为例，由于 a 线段不是端点在窗口同一侧面的完全不可见线段，于是在 a 的中点 P_{m1} 处将线段 a 一分为二，可以判断 $P_{m1}P_2$ 是完全不可见而放弃；但是另外一半 P_1P_{m1} 还是无法直接判断，所以取中点 P_{m2} 把它分为两部分，可知 P_1P_{m2} 是完全不可见部分而去掉。继续分割 $P_{m2}P_{m1}$，直到在规定精度下求得它与右边界延伸段的交点，然后判断该交点是否可见，如图得知它不可见，所以整条线段 a 均不可见。

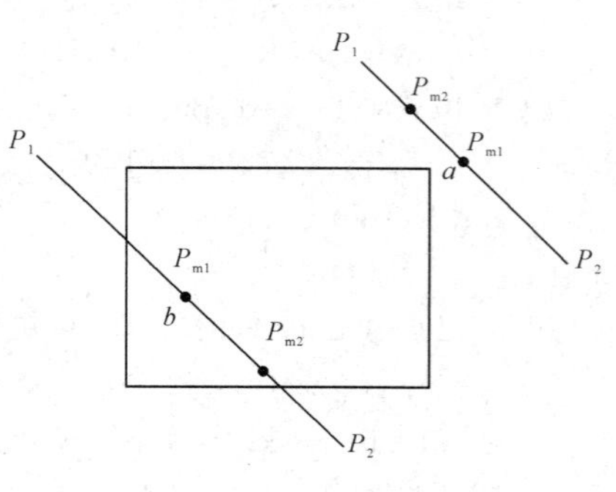

图 4 - 28　中点分割

对于线段 b，检查端点编码后得知它部分在窗口内，部分在窗口外。所以确定线段 b 的中点 P_{m1}，它将线段 b 分为两段，这两部分情况是一样的。先考虑 $P_{m1}P_2$，如图 $P_{m1}P_2$ 的中点是 P_{m2}，它将 $P_{m1}P_2$ 分为两段，其中 $P_{m1}P_{m2}$ 完全可见，而 $P_{m2}P_2$ 部分可见。继续下去，最终导致线段的可见部分被划分成一系列的可见小线段，然后再逐段画出，但是这种算法效率很低。

为此，可先将 P_{m2} 作为离 P_1 最远的可见点保存，然后分割 $P_{m2}P_2$，在分割过程中若中点是可见点则替换 P_{m2} 当作 P_1 最远的可见点，直到获得在规定精度下线段与窗口一边的交点为止。该交点即为离 P_1 最远的可见点，用同样的方法对另一半 $P_{m1}P_1$ 进行处理。

下面给出中点分割算法的步骤：

① 判断直线段 P_1P_2 是否全部在窗口外，若是，则裁剪过程结束，无可见段输出；否则，继续②；

② 判断 P_2 点是否为可见，若是，则 P_2 就是离 P_1 最远的可见点，结束该算法，否则进行③；

③ 取 P_1P_2 中点 P_m，如果点 P_mP_2 全部在窗口外，则用 P_1P_m 代替 P_1P_2，否则以 P_mP_2 代替 P_1P_2，对新的 P_1P_2 从第一步重新开始。

重复上述过程，直到 P_mP_2 的长度小于给定的误差 ε(即认为已与窗口的一个边界相交)为止。

上述过程找到了距 P_1 点最远的可见点，把两个端点对调一下，即对直线段 P_2P_1 用同样的算法步骤，即可找出距 P_2 点最远的可见点。连接这两个可见点，即得到了要输出的可见段。

中点分割算法流程图如图 4－29 所示。

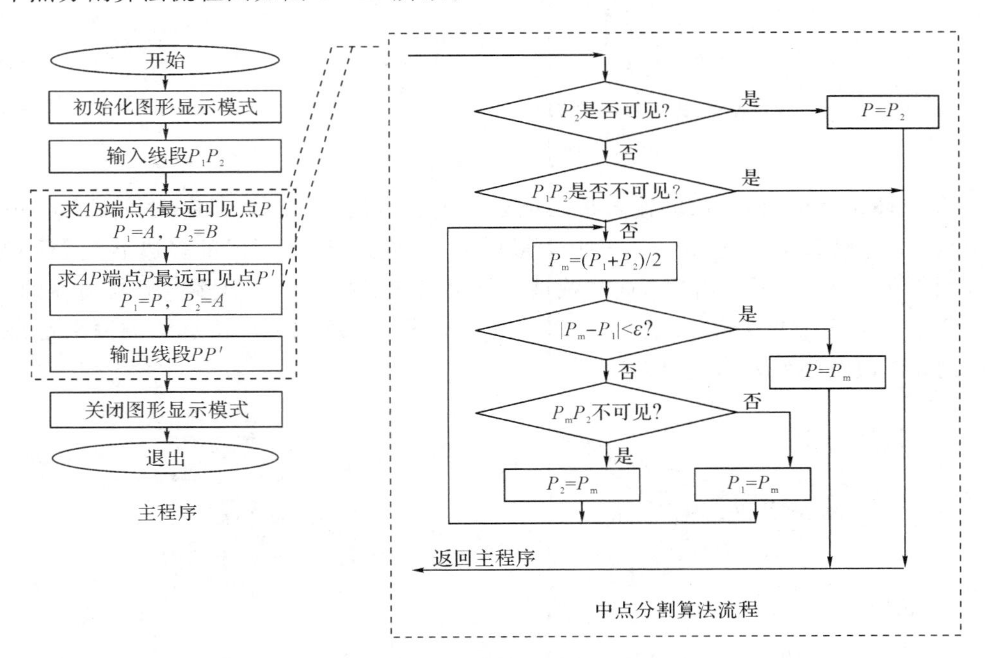

图 4－29　中点分割算法流程图

4.4.3 多边形裁剪

多边形可以看作是线段的集合，但是按线段裁剪会使原来封闭的多边形变成不封闭的或者成为一些离散的线段。如果只考虑画线图形，问题还不大，但是当多边形作为实体考虑时，封闭的多边形裁剪后还应该是封闭的多边形，以便进行填充。

1. Sutherland - Hodgeman 逐次裁剪法

为了达到裁剪的目的，可以使用 Sutherland 和 Hodgeman 所发明的逐次多边形裁剪(Reentrant Polygon Clipping)算法，该算法的基本思想是一次用窗口的一条边裁剪多边形，如图 4 - 30 所示。

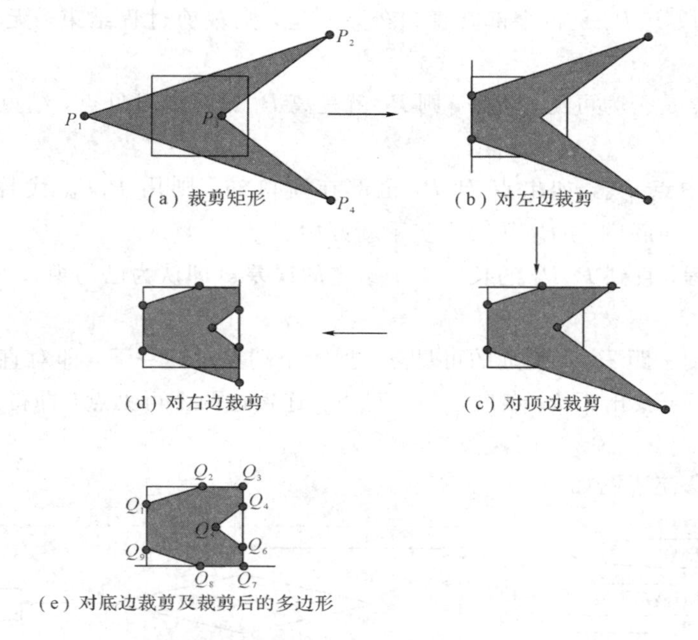

图 4 - 30　逐次多边形裁剪

如图 4 - 31 所示，该算法的输入是以顶点序列表示的多边形，即序列 P_1，P_2，…，P_n 表示把点 P_1 连到 P_2，P_2 连到 P_3，……，最后把 P_n 连到 P_1 所形成的多边形。然后对此多边形分别进行左边、顶边、右边、底边裁剪，每次裁剪后，都会获得多边形与边界的交点，最后将各个交点连接起来形成裁剪后的多边形，如图 4 - 32 所示。该算法的输出也是一个顶点序列，该顶点序列表示输出多边形。

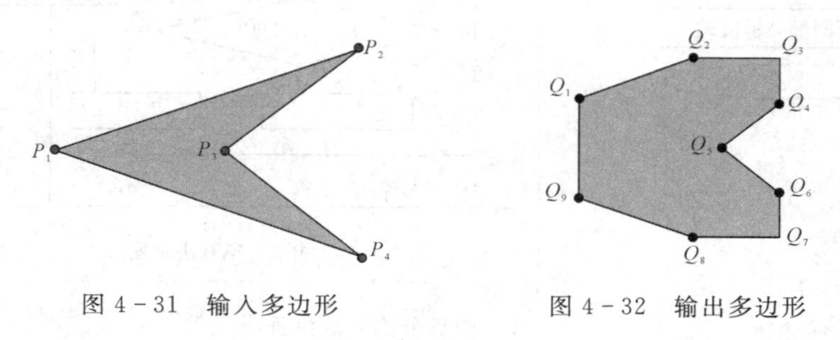

图 4 - 31　输入多边形　　图 4 - 32　输出多边形

算法的每一步都要考虑窗口的一条边及其延长线构成的裁剪线，它把平面分成两部分，一部分称为可见一侧，包含窗口；另外一部分称为不可见一侧。顺序考虑多边形各条边的两端点 S，P，它们与裁剪线的位置关系如图 4－33 所示。

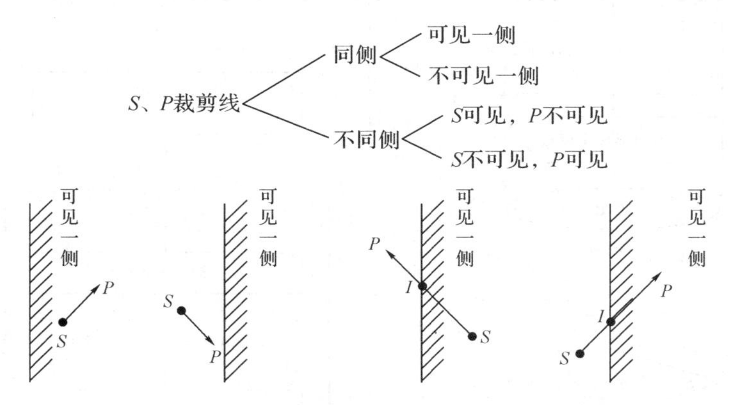

图 4－33　各边端点 S，P 与裁剪线的位置关系

如图 4－33 所示，比较每条线段端点 S，P 与裁剪线位置之后，可输出 0 到 2 个顶点：

（1）如果两端点 S，P 都在可见一侧，则输出 P；

（2）如果 S，P 都在不可见一侧，则输出 0 个顶点；

（3）如果 S 在可见一侧，P 在不可见一侧，则输出线段 SP 与裁剪线的交点 I；

（4）如果 S 在不可见一侧，P 在可见一侧，则输出线段 SP 与裁剪线的交点 I 和线段终点 P，如图 4－34 所示。

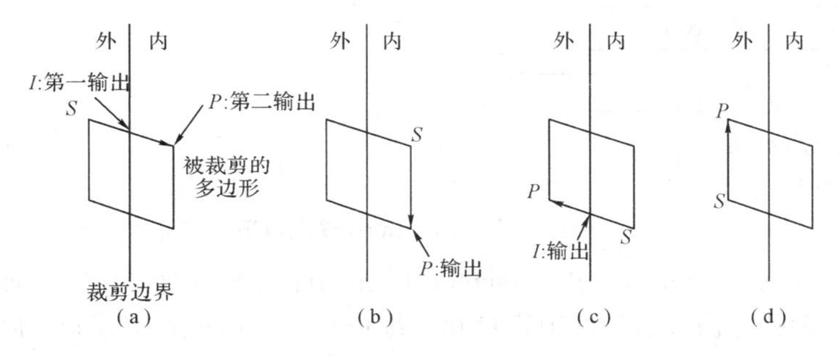

图 4－34　多边形裁剪

算法中用一条裁剪边对多边形进行裁剪，得到一个顶点序列，作为下一条裁剪边处理过程的输入。算法中还应包含对最后一条边的特殊处理。

要实现上述算法，就要为窗口各边界裁剪的多边形存储输入与输出顶点表，如果每一步仅仅裁剪点并且将裁剪后的顶点传输到下一边界的裁剪程序，则可以减少中间输出顶点表。这样就可以用并行处理器或单处理器的裁剪算法的流水线完成。只有当一个点（输入点或交点）被窗口的 4 条边界都判定在窗口内或在窗口边界上时，才加入到输出顶点表。因此，该算法很适用于硬件实现。

Sutherland－Hodgeman 逐次裁剪算法流程图如图 4－35 所示。

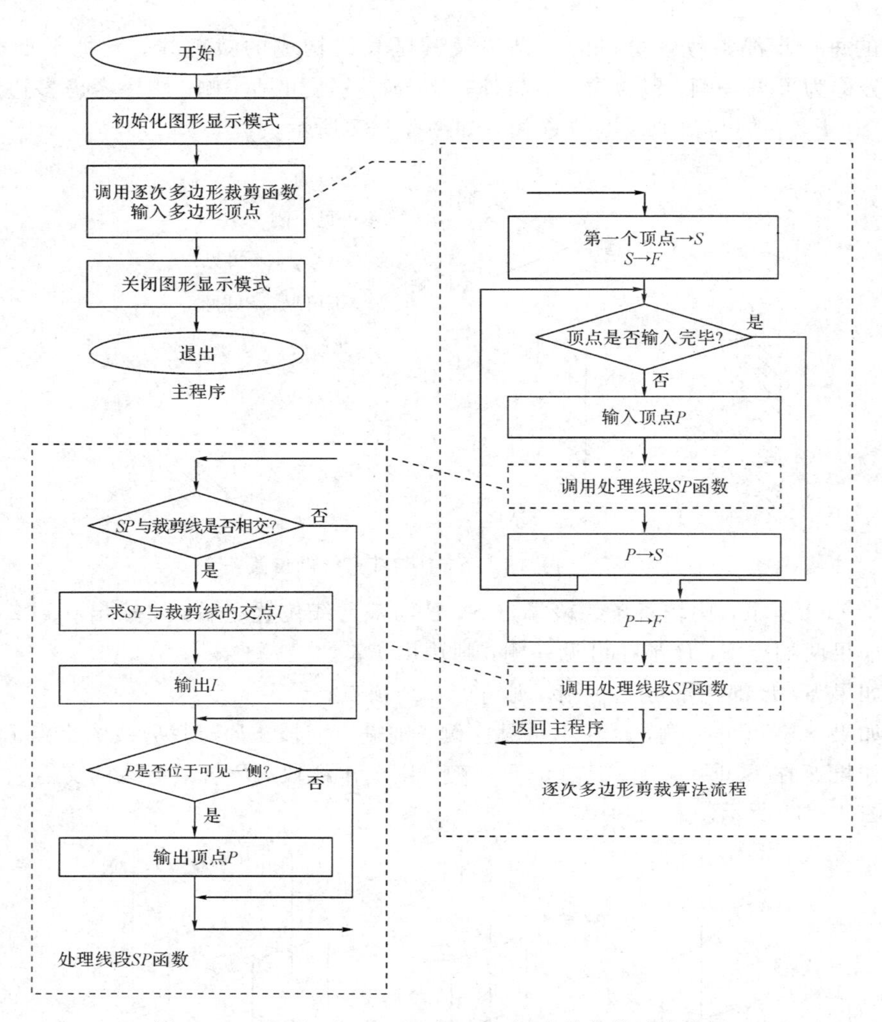

图 4-35　Sutherland-Hodgeman 逐次裁剪算法流程图

凸边形也可以用 Sutherland-Hodgeman 算法获得正确的裁剪结果，而且可以很容易地将该算法推广到任意凸多边形裁剪窗口和三维任意凸多面体裁剪窗口。但该算法在处理凹多边形时，会遇到一些问题：只能对裁剪之后仍为一个连通图的凹多边形产生正确的裁剪结果。对图 4-36(a)所示的凹多边形裁剪之后，会产生一些多余的边，如图 4-36(b)中产生的边 V_2V_3。

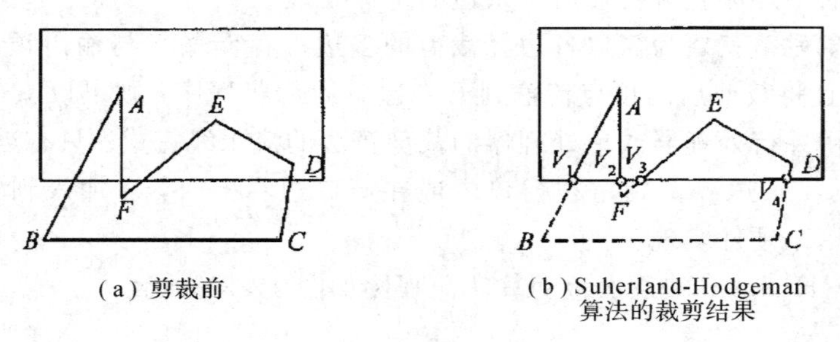

图 4-36　用 Sutherland-Hodgeman 算法裁剪凹多边形

为了解决这些问题，可以采用下述方法正确裁剪凹多边形：一种方法是将凹多边形分割成两个或更多的凸多边形，然后分别处理各个凸多边形。另外一种方法是修改 Sutherland - Hodgeman 算法，可沿着任何一个裁剪窗口边界检查顶点表，然后正确地连接顶点对。还可以采用更通用的多边形裁剪方法，如 Weiler - Atherton 算法。

2. Weiler - Atherton 多边形裁剪

Weiler - Atherton 多边形裁剪算法又称双边裁剪算法，最初是作为识别可见面的方法而提出的，可用于任意凸和凹的多边形裁剪。

如果按照顺时针方向处理顶点，并且将用户多边形定义为 P_s，窗口矩形定义为 P_w。该算法从 P_s 的任意一点出发，跟踪检测 P_s 的每一条边，当 P_s 与 P_w 相交时，按照下述步骤处理：

(1) 若是由窗口外进入窗口内，如图 4 - 37(a)所示顶点 B 到 C 的情况，则输出可见直线段，转步骤(3)；

(2) 如果是由窗口内到窗口外，如图 4 - 37(a)所示顶点 C 到顶点 D 的情况，则从当前交点开始，沿窗口边界顺时针检测 P_w 的边，即用窗口的有效边界去裁剪 P_s 的边，找到 P_s 与 P_w 最靠近当前交点的另一交点。这里所说的最靠近不是距离最短，而是从当前交点开始沿着 P_w 的边界顺时针方向路径最短的交点。这种情况下输出可见直线段和由当前交点到另一交点之间窗口边界上的线段，然后返回处理的当前交点。

(3) 沿着 P_s 处理各条边，直到处理完 P_s 的每一条边，回到起点为止。

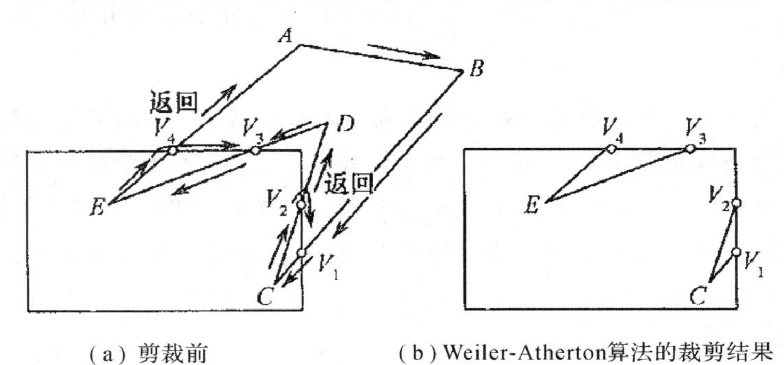

(a) 剪裁前　　(b) Weiler-Atherton算法的裁剪结果

图 4 - 37　用 Weiler - Atherton 算法裁剪凹多边形

例如：对图 4 - 37 的多边形 $ABCDE$，用 Weiler - Atherton 算法进行裁剪。这里从 A 点开始顺时针处理各边，每条边的处理过程如下：

① AB 段：AB 段均在窗口外，不输出。

② BC 段：由窗口外到窗口内，输出可见直线段 V_1C。可以直接利用直线段裁剪算法来实现。

③ CD 段：由窗口内到窗口外，先输出可见直线段 CV_2，然后从 V_2 开始沿窗口边界顺时针寻找路径最短的交点，也就是沿着 V_2 所在的窗口边界(上边界)查找，找到交点 V_1，输出 V_2V_1；如果没有找到交点，则输出 V_1 与上边界右端点构成的直线段，然后沿着顺时针方向的下一条边界(右边界)查找，一直下去直到找到一个交点。

④ DE 段：由窗口外进入窗口内，输出可见直线段 V_3E。

⑤ EA 段：由窗口内到窗口外，首先输出可见直线段 EV_4，然后从 V_4 开始沿窗口边界

顺时针寻找路径最短的交点 V_3，输出 V_4V_3。

⑥ 将所有输出的直线段重新构成结果多边形，结束算法。

使用 Weiler－Atherton 算法反复求 P_s 的每一条边与 P_w 的 4 条边以及 P_w 的每一条有效边与 P_s 的全部边的交点，计算工作量很大。

引入实体造型思想，用任意多边形裁剪窗口来裁剪多边形，Weiler－Atherton 算法就演变为 Weiler 算法。该算法对于多边形而言，裁剪结果是多边形窗口和被裁剪多边形的交集。除此以外，各种参数化直线段裁剪算法可按与 Sutherland－Hodgeman 裁剪算法类似的思想进行扩展，扩展后的多边形裁剪算法尤其适合于凸多边形裁剪窗口的情况。

4.4.4 其他裁剪

1. 曲线边界对象的裁剪

关于曲线边界对象的裁剪，因为涉及非线性方程，所以处理过程相对麻烦。通常采用先判断外接矩形的方式来进行加速，也就是首先用曲线边界对象的外接矩形来测试是否与矩形裁剪窗口有重叠，若对象的外接矩形完全落在裁剪窗口内，则完全保留该对象；若对象的外接矩形完全落在裁剪窗口外，则舍弃。上述两种情况都不需要考虑进一步的计算。如果不满足矩形测试条件，就需要解直线—曲线联立方程组，求出裁剪交点。

该算法同样也可以用于任意的多边形裁剪窗口对曲线边界对象的裁剪。先用裁剪区域的外接矩形对对象的外接矩形进行裁剪，如果两个区域有重叠，则再进一步处理。

2. 文字裁剪

如图 4－38 所示，文字裁剪的策略包括三种：串精度裁剪、字符精度裁剪以及笔画像素精度裁剪。采用串精度进行文字裁剪时，当字符串中的所有字符都在裁剪窗口内时，则全部保留，否则舍弃整个字符串，如图 4－38(b)所示。该方法速度快，但是不够精细。

采用字符精度裁剪文字时，会将单个字符作为一个整体，不完全落在窗口内的字符都会被舍弃，如图 4－38(c)所示。

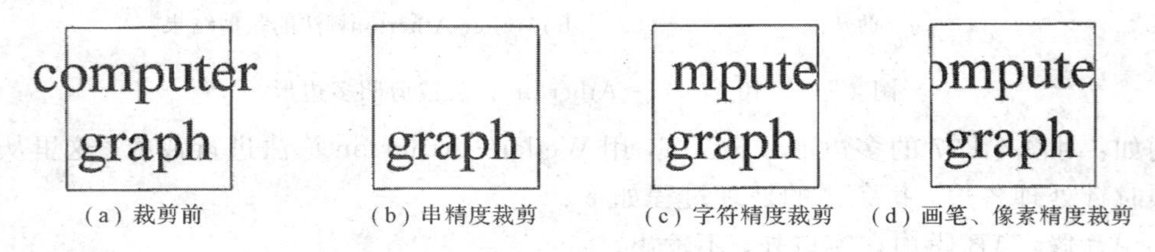

图 4－38　不同精度的文字裁剪结果

图 4－38(d)则显示了采用笔画、像素精度进行文字裁剪时的情况，这种情况下需要判断字符串中各个字符的笔画的哪些部分、哪些像素落在窗口内，保留窗口内的部分，舍弃窗口外的部分。为了提高算法的精确度，可以采取下列策略：即使字符只有一部分在窗口内，也要把这一部分显示出来。对于点阵字符，要在写入字符点阵位图对应的像素之前，先判断该像素是否在窗口内，如果在窗口内则写入，否则舍弃。对于矢量字符，要对跨越窗口边界的笔画进行裁剪，舍弃笔画伸到窗口外的部分，保留笔画在窗口内的部分，即将这个问题转化为了直线段或者曲线段的裁剪。

3. 外部裁剪

以上几种算法都考虑的是舍弃裁剪区域外的所有图形，保留裁剪区域内的图形部分。但有时，需要保留落在裁剪区域外的图形部分，舍弃裁剪区域内的所有图形，此裁剪算法称为外部裁剪，也叫空白裁剪。

外部裁剪的典型应用是 Windows 操作系统中的多窗口情形。Windows 系统的屏幕上有多个窗口显示时，当前使用窗口会覆盖在其他窗口上，这时会进行外部裁剪，即被覆盖窗口的被覆盖部分被裁剪掉，而没有被当前使用窗口覆盖的部分则保留下来，如图 4-39 所示。

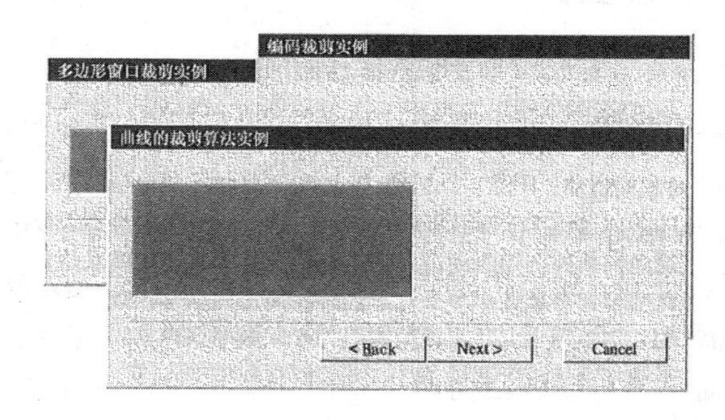

图 4-39　多窗口情况下的外部裁剪

4.5　线宽与线型的处理

在实际应用中，除了单像素的线条外，还经常使用指定线宽和线型的直线与弧线。

4.5.1　直线线宽的处理

如果绘制具有一定宽度的线，可以顺着扫描所生成的单像素线条轨迹，靠一把具有一定宽度的“刷子”的移动来完成。“刷子”的形状可以是一条线段也可以是一个正方形；又或者采用之前介绍过的区域填充的方法绘制具有宽度的直线。

“线刷子”的原理：如果直线斜率在－1 和 1 之间，就把“刷子”设置成铅垂方向，刷子的中点对准直线一端点，然后让“刷子”的中心朝着直线的另一端移动，这样就可以生成具有一定宽度的直线；如果直线的斜率不在－1 和 1 之间，则把“刷子”设置成水平方向。实现上述算法时，只要将直线扫描变换算法的内循环做一下修改就可以。例如：当直线斜率在－1 和 1 之间时，将每一步迭代所得的点上、下方半线宽之间的像素全部设置成直线的颜色。图 4-40 所示的即为 5 像素宽的直线的绘制。

“刷子”算法的效率高、算法简单，但存在很多问题，比如线的初始和末尾端点总是水平或铅垂的，如果线的宽度较大，绘制出来的直线很不自然。又比如当比较接近水平的直线和比较接近铅垂的线汇合时，汇合处的外角往往有缺口。再比如斜线与水平或铅垂线不一样粗细：对于水平线或铅垂线，“刷子”与线条垂直，所以最粗，其粗细与指定线宽相等；而对于 45°斜线，“刷子”与线条成 45°角，粗细仅为指定线宽的 $1/\sqrt{2}$。此外，线刷子还有另外一个问题：当线宽是偶数个像素时，用上述方法绘制的线条要么粗一个像素，要么细一个像素。

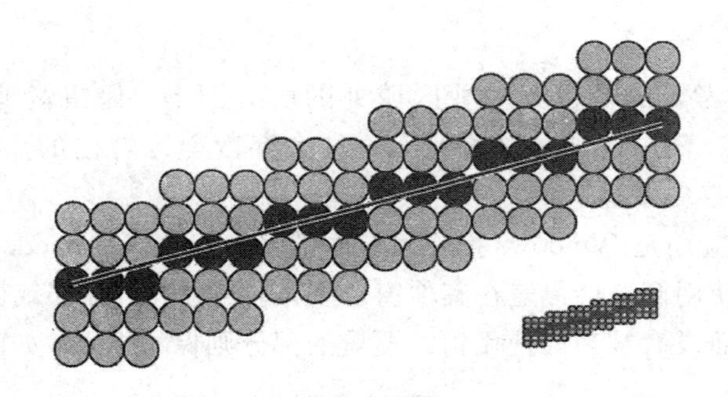

图 4-40　用线刷子绘制的具有宽度的线

用线刷子绘制有一定宽度的线时，还可以通过添加“线帽”来调整线端的形状以给出更好的外观，来提高“线刷子”的显示效果。最常用的“线帽”有三种：方帽、圆帽和凸方帽，如图 4-41 所示。其中，方帽可通过调整所构成平行线的端点位置，使粗线的显示具有垂直于线段路径的正方形端点得到。如果指定线的斜率为 m，那么粗线方端的斜率为 $-1/m$。圆帽可以通过对每个方帽添加一个填充的半圆而得到。圆弧的圆心在线的端点，其直径与线宽度相等。凸方帽可以简单地将线各段向两头延伸一半线宽并添加方帽得到。

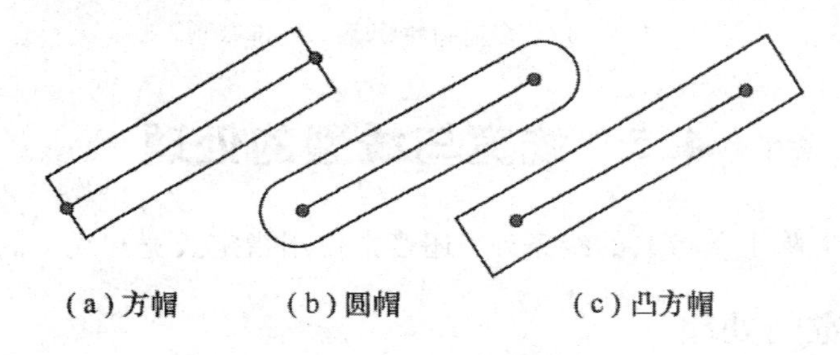

图 4-41　线帽

除了“线刷子”以外，还可以使用方形刷子，把边宽为指定线宽的正方形的中心沿直线作平行移动，即可获得具有宽度的线条，如图 4-42 所示。

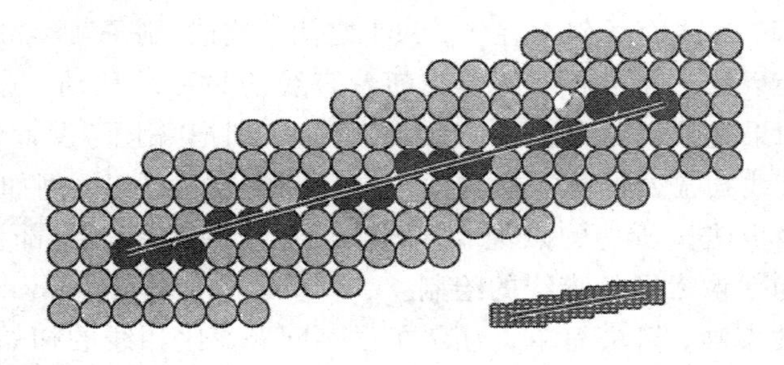

图 4-42　用方形刷子绘制的具有宽度的线

实现方形刷子的最简单的办法是：把方形中心对准单像素宽线条上的各个像素，并把方形内的像素全部置成线条颜色。但由于对应于相邻像素的方形一般会重叠，所以这种方法将会重复地写像素。为了避免重复写像素，可以采用与活性边表类似的技术，为每一条扫描线建一个表，存放该扫描线与线条相交区间的左、右端点位置；在每个像素使用方形刷子时，用该方形与各扫描线的相交区间端点坐标去更新原表内端点数据。

生成具有宽度的线条还可以采用区域填充的办法。首先算出线条各角点，然后用直线段把相邻角点连接起来，最后调用多边形填充算法把所得的四边形进行填色。此方法还可以生成两端粗细不一样的线条。

4.5.2　线型的处理

在绘图应用中常用到不同线型的线条，表示不同的意义，比如用实线表示可见的轮廓线；用虚线表示不可见的轮廓线；用点画线表示中心线，等等。线型是通过设置实线段的长度和间距来修改画线算法的，以便生成各种形式的线。线型可以用一个布尔值序列来存放，这个序列也称为像素掩模。

像素掩模用来指定线段长度和中间空白段的像素数目。像素掩模是包含数字 0 和 1 的串，该串可以用整数来实现，它用来指定沿线路径哪些位置要画，值为 1 时表示要画，值为 0 时表示不要画。比如：一个 32 位整数可以存放 32 个布尔值，当用这样的整数存放像素掩模时，线型必须以 32 个像素为周期进行重复。

使用这种简单的办法处理的线型，存在的问题是：由于每位对应于算法的一个迭代步骤而不是线条上一个长度单位，所以线型中笔画长度与直线角度有关，斜线上的笔画长度比横向或竖向上的笔画长。在工程图中，这种变化是不允许的，所以应将每个笔画作为与角度无关的线段来进行计算和扫描变换。粗线的线型计算为实心的或透明的方形交替使用，其顶点位置根据线型要求进行准确计算，然后对方形进行扫描变换；对于垂直或水平的粗线线型，可以用写方块的方法进行计算。

习　　题

1. 简述数值微分法的原理。

2. 分别利用 DDA 算法、中点 Bresenham 算法和 Bresenham 算法扫描转换直线段 P_1P_2，其中 $P_1(0, 0)$，$P_2(9, 6)$。

3. 使用 DDA 算法推导一条斜率介于[−1，1]之间的直线段绘制过程。

4. 利用中点 Bresenham 算法扫描转换圆心在原点，半径为 5 的圆。

5. 阐述中点画椭圆的步骤。

6. 利用中点 Bresenham 算法生成一个 $a=8$，$b=6$ 的椭圆。

7. 利用中点 Bresenham 椭圆绘制法按逆时针方向生成第一象限内的椭圆弧段。

8. 简述按扫描线顺序进行多边形区域填充的原理，图示其填充过程。

9. 简述边标志算法的原理，图示其填充过程。

10. 简述四向连通和八向连通填充算法，图示其填充过程。

11. 分别构造边界表示的四向连通区域和八向连通区域，并说明两者的区别。

12. 用中点分割算法裁剪线段 CD，其中 $C(-1, 5)$，$D(3, 8)$。

13. 简述 Cohen - Sutherland 裁剪算法原理。

14. 试用 Sutherland - Hodgeman 逐次算法对图 4 - 43 所示的多边形进行裁剪，要求画出每次裁剪对应的图形，并标明输入和输出的顶点。

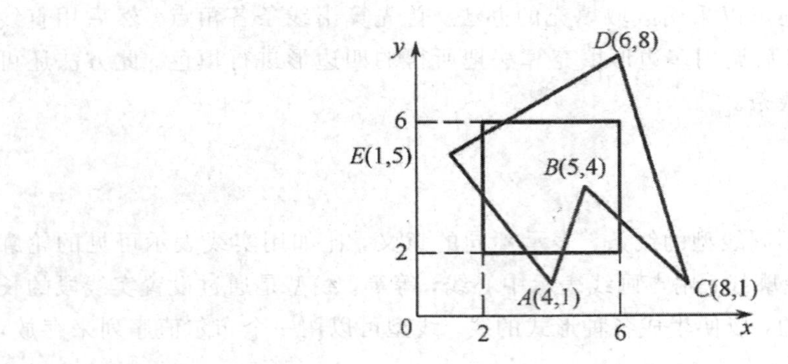

图 4-43

15. 给出 Weiler-Atherton 多边形裁剪的程序流程图。

16. 简述直线线宽的处理方式，并比较各种方式的不同。

17. 将中点 Bresenham 画直线段算法扩展为绘制固定线宽的任意直线段算法。

18. 简述直线线型的处理方式。

19. 名词解释：八分法画圆、区域填充、四向连通区域、八向连通区域、方刷子、线刷子。

第5章 图形变换

5.1 基本概念

图形变换是对图形进行一系列的变换，从而方便用户在图形交互式处理过程中对图形进行各种观察。图形变换是计算机图形学领域的重要内容之一。图形变换主要有：几何变换、坐标变换和观察变换，它们之间有着密切的联系。本章重点介绍的是基本几何变换。常用的基本几何变换有：平移变换、旋变换、对称变换、错切变换等。

5.1.1 几何变换

在三维图形学中，几何变换大致分为：平移变换(Translation)、比例变换(Scaling)、旋转变换(Rotation)等，它是指对图形的几何信息经过平移、比例、旋转等变换后产生新的图形，是图形在方向、尺寸和形状方面的变换。

几何变换是通过变换矩阵作用于构成图形的点、线、面等基本元素而实现的，是获得图形不同显示形状和位置的基础。其中，点的矩阵变换是这些变换的基础。将图形的一系列点作几何变换，再根据原图的拓扑关系连接新的顶点即可生成新的图形。

5.1.2 齐次坐标

所谓齐次坐标，就是将一个原本是 n 维的向量用一个 $n+1$ 维向量来表示。例如，二维点(x, y)的齐次坐标表示为(hx, hy, h)，其中，h 为不为0的比例系数。由此可以看出，一个向量的齐次表示是不唯一的，齐次坐标的 h 取不同的值时表示的都是同一个点，比如齐次坐标(8，4，2)，(4，2，1)表示的都是二维点(4，2)。许多图形应用涉及几何变换，主要包括平移、旋转、缩放。以矩阵表达式来计算这些变换时，平移是矩阵相加，旋转和缩放则是矩阵相乘，综合起来可以表示为 $\boldsymbol{P}'=\boldsymbol{P}\cdot\boldsymbol{M}_1+\boldsymbol{M}_2$($\boldsymbol{M}_1$ 为旋转缩放矩阵，$\boldsymbol{M}_2$ 为平移矩阵，$\boldsymbol{P}$ 为原向量，$\boldsymbol{P}'$为变换后的向量)。引入齐次坐标的目的主要是合并矩阵运算中的乘法和加法，表示为 $\boldsymbol{P}'=\boldsymbol{P}\cdot\boldsymbol{M}$ 的形式。齐次坐标提供了用矩阵运算把二维、三维甚至高维空间中的一个点集从一个坐标系变换到另一个坐标系的有效方法。

其次，它可以表示无穷远的点。$n+1$ 维的齐次坐标中，如果 $h=0$，实际上就表示了 n 维空间的一个无穷远点。

规范化齐次坐标表示即 $h=1$ 的齐次坐标表示。比如：一个 n 维向量的齐次坐标表示为$(hp_1, hp_2, \cdots, hp_n, h)$，可将其转换为$(hp_1/h, hp_2/h, \cdots, hp_n/h, h/h)$，即$(p'_1, p'_2, \cdots, p'_n, 1)$，这样就实现了规范化齐次坐标的转换。

5.1.3 二维变换矩阵

假设 xOy 面上的点 $\boldsymbol{P}(x, y)$ 变换后为点 $\boldsymbol{P}'(x', y')$。在引入规范化齐次坐标后，点 $\boldsymbol{P}$ 可以表示为一个行向量矩阵或一个列向量矩阵，即 $[x\ y\ 1]$ 或 $\begin{bmatrix} x \\ y \\ 1 \end{bmatrix}$。

因此，二维空间中某点的变换可以表示成齐次坐标矩阵与三阶矩阵 $\boldsymbol{T}_{2D}$ 的乘积，即

$$[x'\ y'\ 1] = [x\ y\ 1]\boldsymbol{T}_{2D} = [x\ y\ 1]\begin{bmatrix} a & b & p \\ c & d & q \\ l & m & s \end{bmatrix} \tag{5-1}$$

即 $\boldsymbol{P}' = \boldsymbol{P} \cdot \boldsymbol{T}_{2D}$，$\boldsymbol{T}_{2D} = \begin{bmatrix} T_1 & T_3 \\ T_2 & T_4 \end{bmatrix}$ 被称为二维齐次坐标变换矩阵，其中 $\boldsymbol{T}_1 = \begin{bmatrix} a & b \\ c & d \end{bmatrix}$，$\boldsymbol{T}_2 = [l\quad m]$，$\boldsymbol{T}_3 = \begin{bmatrix} p \\ q \end{bmatrix}$，$\boldsymbol{T}_4 = [s]$。$\boldsymbol{T}_1$ 是对图形进行比例、旋转、对称、错切等变换；$\boldsymbol{T}_2$ 是对图形进行平移变换；$\boldsymbol{T}_3$ 是对图形进行投影变换；$\boldsymbol{T}_4$ 是对图形进行整体比例变换。

当 $\boldsymbol{T}_{2D}$ 为单位矩阵时，表示二维空间中的直角坐标系。此时，$\boldsymbol{T}_{2D}$ 中的 $[1\ 0\ 0]$，$[0\ 1\ 0]$ 和 $[0\ 0\ 1]$ 分别表示 x 轴上、y 轴上的无穷远点以及坐标原点。

5.1.4 三维变换矩阵

三维图形变换包括三维几何变换和投影变换。三维几何变换包括基本几何变换和三维复合几何变换(见5.4小节)；三维投影变换包括平面几何投影和观察投影，而平面几何投影又可分为两大类，即平行投影和透视投影(分别见5.5小节和5.6小节)。

1. 三维几何变换及三维齐次坐标变换矩阵

三维图形的几何变换是指对三维图形进行平移、旋转、比例等变换。复杂图形的几何变换是通过变换矩阵对图形的点、线、面等基本元素的作用而实现的。

三维图形变换可以表示为图形点集的规范化齐次坐标矩阵与三维变换矩阵的乘积。其中三维变换矩阵的形式为

$$\boldsymbol{T}_{3D} = \begin{bmatrix} a & b & c & p \\ d & e & f & q \\ g & h & i & r \\ l & m & n & s \end{bmatrix} \tag{5-2}$$

因此，三维变换可以表示成其规范化齐次坐标矩阵和三维变换矩阵 $\boldsymbol{T}_{3D} = \begin{bmatrix} T_1 & T_3 \\ T_2 & T_4 \end{bmatrix}$ 乘积的形式，即

$$[x'\quad y'\quad z'\quad 1] = [x\quad y\quad z\quad 1]\boldsymbol{T}_{3D} = [x\quad y\quad z\quad 1]\begin{bmatrix} a & b & c & p \\ d & e & f & q \\ g & h & i & r \\ l & m & n & s \end{bmatrix}$$

其中，$\boldsymbol{T}_1=\begin{bmatrix} a & b & c \\ d & e & f \\ h & g & i \end{bmatrix}$是对空间中的某点进行对称、旋转、比例和错切变换。

$\boldsymbol{T}_2=[l \quad m \quad n]$是对空间中的某点进行平移变换。

$\boldsymbol{T}_3=\begin{bmatrix} p \\ q \\ r \end{bmatrix}$是对空间中的某点进行透视投影变换。

$\boldsymbol{T}_4=[s]$的作用是进行整体比例变换。

2. 平面几何投影

平面几何投影变换就是把三维立体图形投射到投影面上从而得到二维平面图形。在实际应用中，往往需要把三维立体图形投影到诸如显示屏幕、绘图仪的台面等这些二维的平面上来表现。

在平面几何投影中，平行投影和透视投影的本质区别在于透视投影的投影中心到投影面之间的距离是有限的；而平行投影的投影中心到投影面之间的距离是无限的。根据投影线和投影面之间的夹角，可以将平行投影分为正投影和斜投影。透视投影包括一点透视、二点透视和三点透视。详细内容见5.5小节和5.6小节。

5.2　二维基本几何变换

二维基本几何变换都是相对于坐标原点和坐标轴进行的几何变换，包含平移、比例、旋转、对称和错切等变换。

5.2.1　平移变换

平移变换是指将点P沿直线路径从一个坐标位置移到另一个坐标位置的重定位过程。将点P的坐标与平移量相加就能实现一点平移到另外一个新位置的操作。例如：对于点$P(x, y)$，将它在x轴方向和y轴方向上分别移动了T_x和T_y的距离，如图5-1所示。经过平移后，点P变换到新的一点$P'(x', y')$，并有

$$\begin{cases} x'=x+T_x \\ y'=y+T_y \end{cases} \tag{5-3}$$

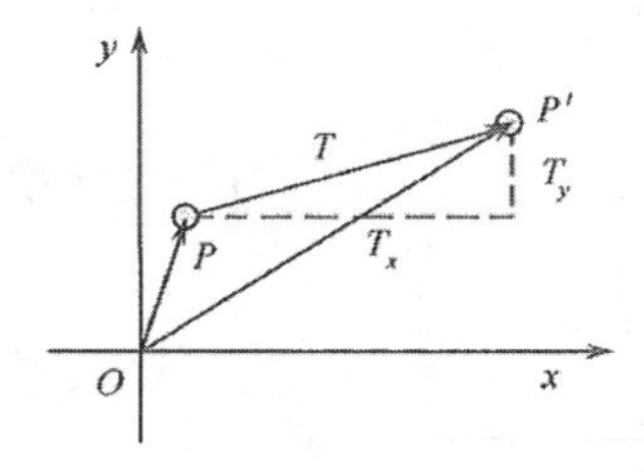

图5-1　平移变换

平移变换是一种不产生变形而移动物体的刚体变换，物体上的每个点移动相同数量的

坐标。平移变换的规范化齐次坐标形式为

$$[x' \quad y' \quad 1]=[x \quad y \quad 1]\begin{bmatrix}1 & 0 & 0\\0 & 1 & 0\\T_x & T_y & 1\end{bmatrix}=[x+T_x \quad y+T_y \quad 1] \tag{5-4}$$

5.2.2 比例变换

比例变换是指将点 $P(x, y)$在 x 轴方向上延伸 S_x 倍，在 y 轴方向上延伸 S_y 倍，其中 S_x 和 S_y 为比例系数，如图 5-2 所示。对于 P 点来说，经变换后有

$$\begin{cases}x'=xS_x\\y'=yS_y\end{cases} \tag{5-5}$$

比例变换的齐次坐标计算形式为

$$[x' \quad y' \quad 1]=[x \quad y \quad 1]\begin{bmatrix}S_x & 0 & 0\\0 & S_y & 0\\0 & 0 & 1\end{bmatrix}=[xS_x \quad yS_y \quad 1] \tag{5-6}$$

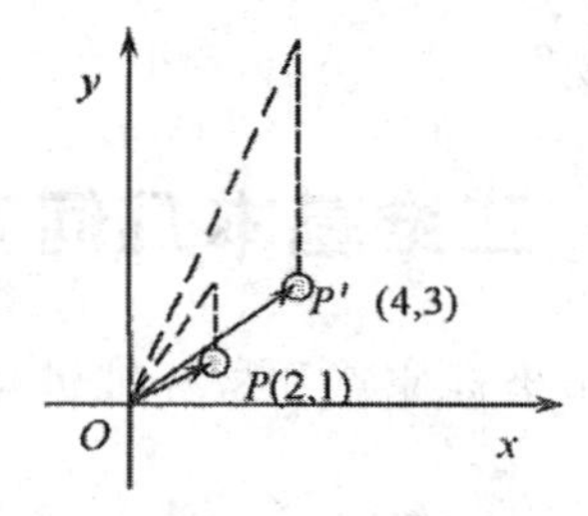

图 5-2　比例变换($S_x=2$，$S_y=3$)

比例变换可以改变物体的大小。当 $S_x=S_y>1$ 时，图形沿两个坐标轴方向等比例放大；当 $S_x=S_y<1$ 时，图形沿两个坐标轴方向等比例缩小；当 $S_x \neq S_y$ 时，图形沿两个坐标轴方向作非均匀的比例变换，此时，变换图形相对于原图会产生一些变形。

图 5-3 的部件就是经过比例变换前后得到的对比图形，部件在 x 轴方向上压缩了1/2，在 y 轴方向上压缩了 1/4。由于比例因子小于 1，所以在比例变换前后，图像变小了，同时离原点的距离也变近了。又因为 $S_x \neq S_y$，所以图形的比例也发生了改变。

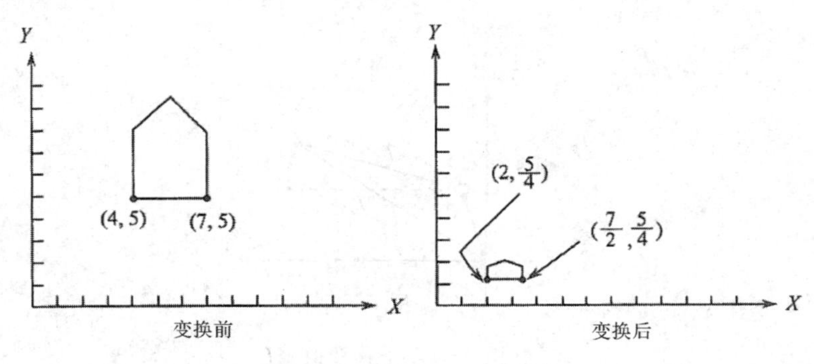

图 5-3　房子的比例变换

在上述比例变换中，若 $S_x=S_y$，则变换为整体比例变换。有以下计算形式：

$$[x' \quad y' \quad 1]=[x \quad y \quad 1]\begin{bmatrix}1&0&0\\0&1&0\\0&0&S\end{bmatrix}=[x \quad y \quad S]=[\frac{x}{S} \quad \frac{y}{S} \quad 1]$$

当 $S>1$ 时，图形整体缩小；当 $0<S<1$ 时，图形整体放大；当 $S<0$ 时，图形关于原点作对称等比变换。

5.2.3　旋转变换

旋转变换是指将 P 点绕坐标原点转动角度 θ 得到的新点 P' 的操作过程，如图 5-4 所示。

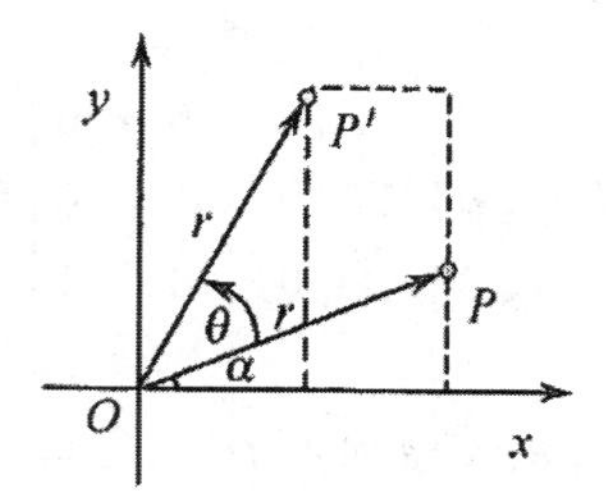

图 5-4　旋转变换

对于点 $P(x, y)$，其极坐标形式为

$$\begin{cases}x=r\cos\alpha\\y=r\sin\alpha\end{cases} \tag{5-7}$$

经过旋转变换，点 $P(x, y)$ 变换到点 $P'(x', y')$，点 $P'(x', y')$ 表示为

$$\begin{cases}x'=r\cos(\alpha+\theta)=r\cos\alpha\cos\theta-r\sin\alpha\sin\theta=x\cos\theta-y\sin\theta\\y'=r\sin(\alpha+\theta)=r\cos\alpha\sin\theta+r\sin\alpha\cos\theta=x\sin\theta+y\cos\theta\end{cases} \tag{5-8}$$

xOy 平面上，图像绕原点逆时针旋转 θ 角(正角度)的齐次坐标表示形式为

$$[x' \quad y' \quad 1]=[x \quad y \quad 1]\begin{bmatrix}\cos\theta&\sin\theta&0\\-\sin\theta&\cos\theta&0\\0&0&1\end{bmatrix}=[x\cos\theta-y\sin\theta \quad x\sin\theta+y\cos\theta \quad 1] \tag{5-9}$$

图像绕原点顺时针旋转 θ 角(负角度)的齐次坐标表示形式为

$$\begin{aligned}[x' \quad y' \quad 1]&=[x \quad y \quad 1]\begin{bmatrix}\cos(-\theta)&\sin(-\theta)&0\\-\sin(-\theta)&\cos(-\theta)&0\\0&0&1\end{bmatrix}\\&=[x \quad y \quad 1]\begin{bmatrix}\cos\theta&-\sin\theta&0\\\sin\theta&\cos\theta&0\\0&0&1\end{bmatrix}\\&=[x\cos\theta+y\sin\theta \quad -x\sin\theta+y\cos\theta \quad 1]\end{aligned} \tag{5-10}$$

在动画设计或者旋转角度较小的应用中，在不间断地旋转一个物体时，为了使旋转更加连续、逼真，每次转过的角度 θ 要很小，可以令 $\cos\theta\approx1$，$\sin\theta\approx\theta$，此时式(5-10)中的齐

次坐标矩阵为$\begin{bmatrix}x' & y' & 1\end{bmatrix}=\begin{bmatrix}x & y & 1\end{bmatrix}\begin{bmatrix}1 & \theta & 0\\ -\theta & 1 & 0\\ 0 & 0 & 1\end{bmatrix}$。

5.2.4 对称变换

在 xOy 平面上，图形作对称变换是相对于直线进行的变换，即在直线的另外一侧生成一个对称图形，所以，对称变换也称为镜像变换或者反射变换。下面简单介绍几种对称变换。

1. 关于 *x* 轴的对称变换

点 $P(x, y)$经过关于 x 轴的对称变换到点 $P'(x', y')$，则 $x'=x$，$y'=-y$，其齐次坐标形式为

$$\begin{bmatrix}x' & y' & 1\end{bmatrix}=\begin{bmatrix}x & y & 1\end{bmatrix}\begin{bmatrix}1 & 0 & 0\\ 0 & -1 & 0\\ 0 & 0 & 1\end{bmatrix}=\begin{bmatrix}x & -y & 1\end{bmatrix} \tag{5-11}$$

2. 关于 *y* 轴的对称变换

点 $P(x, y)$经过关于 y 轴的对称变换到点 $P'(x', y')$，则 $x'=-x$，$y'=y$，其齐次坐标形式为

$$\begin{bmatrix}x' & y' & 1\end{bmatrix}=\begin{bmatrix}x & y & 1\end{bmatrix}\begin{bmatrix}-1 & 0 & 0\\ 0 & 1 & 0\\ 0 & 0 & 1\end{bmatrix}=\begin{bmatrix}-x & y & 1\end{bmatrix} \tag{5-12}$$

3. 关于原点的对称变换

点 $P(x, y)$经过关于原点的对称变换到点 $P'(x', y')$，则 $x'=-x$，$y'=-y$，其齐次坐标形式为

$$\begin{bmatrix}x' & y' & 1\end{bmatrix}=\begin{bmatrix}x & y & 1\end{bmatrix}\begin{bmatrix}-1 & 0 & 0\\ 0 & -1 & 0\\ 0 & 0 & 1\end{bmatrix}=\begin{bmatrix}-x & -y & 1\end{bmatrix} \tag{5-13}$$

4. 关于直线 *y*=*x* 的对称变换

点 $P(x, y)$经过关于直线 $y=x$ 的对称变换到点 $P'(x', y')$，则 $x'=y$，$y'=x$，其齐次坐标形式为

$$\begin{bmatrix}x' & y' & 1\end{bmatrix}=\begin{bmatrix}x & y & 1\end{bmatrix}\begin{bmatrix}0 & 1 & 0\\ 1 & 0 & 0\\ 0 & 0 & 1\end{bmatrix}=\begin{bmatrix}y & x & 1\end{bmatrix} \tag{5-14}$$

5. 关于直线 *y*=−*x* 的对称变换

点 $P(x, y)$经过关于直线 $y=-x$ 的对称变换到点 $P'(x', y')$，则 $x'=-y$，$y'=-x$，其齐次坐标形式为

$$\begin{bmatrix}x' & y' & 1\end{bmatrix}=\begin{bmatrix}x & y & 1\end{bmatrix}\begin{bmatrix}0 & -1 & 0\\ -1 & 0 & 0\\ 0 & 0 & 1\end{bmatrix}=\begin{bmatrix}-y & -x & 1\end{bmatrix} \tag{5-15}$$

上述各种变换的图形见图 5－5。

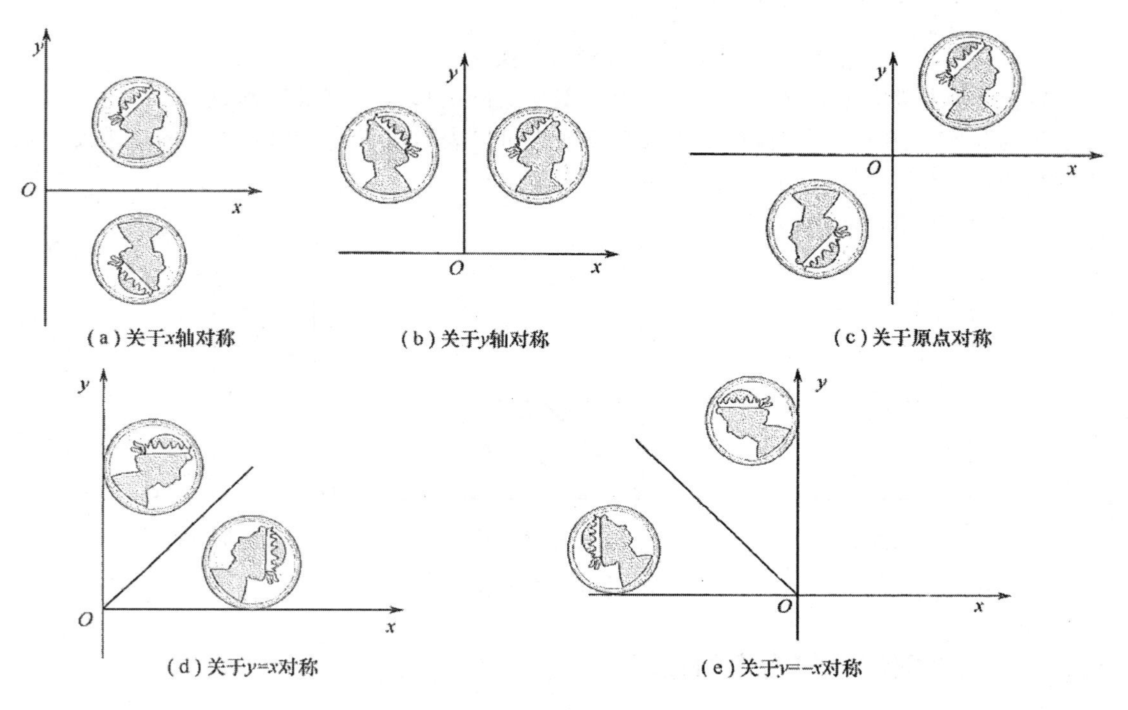

图 5－5　对称变换示例

5.2.5　错切变换

错切变换也称为剪切或者错位变换。在前面的几种变换中，变换矩阵中的非对角线元素大多数为 0，如果变换矩阵中的非对角线元素不为 0，则意味着 x，y 同时对图形的变换起作用，也就是说，变换矩阵中非对角线元素起着把图形沿 x 方向或 y 方向错切的作用。其齐次坐标表示为

$$[x' \quad y' \quad 1]=[x \quad y \quad 1]\begin{bmatrix}1 & b & 0\\ a & 1 & 0\\ 0 & 0 & 1\end{bmatrix}=[x+ay \quad bx+y \quad 1] \tag{5-16}$$

错切变换有以下几种形式：

(1) 若 $b=0$，则有 $\begin{cases}x'=x+ay\\ y'=y\end{cases}$。

此时，图形沿 x 轴方向错切，x 坐标作线性变换（当 $a>0$ 时，图形沿 x 轴正方向作错切位移；当 $a<0$ 时，图形沿 x 轴负方向作错切位移），y 坐标不变。

(2) 若 $a=0$，则有 $\begin{cases}x'=x\\ y'=bx+y\end{cases}$。

此时，图形沿 y 轴方向错切，y 坐标作线性变换（当 $b>0$ 时，图形沿 y 轴正向作错切变换；当 $b<0$ 时，图形沿 y 轴负向作错切变换），x 坐标不变。

(3) 若 $a\neq0$，$b\neq0$，则有 $\begin{cases}x'=x+ay\\y'=bx+y\end{cases}$。

此时，图形沿 x 轴和 y 轴两个方向作错切变换。

以上的分析都以点的变换为基础，但其变换矩阵的形式可以推广到直线、多边形等二维图形的几何变换中，即二维图形的几何变换均可以表示成齐次坐标与三阶的二维变换矩阵的乘积。

错切变换如图 5-6 所示。

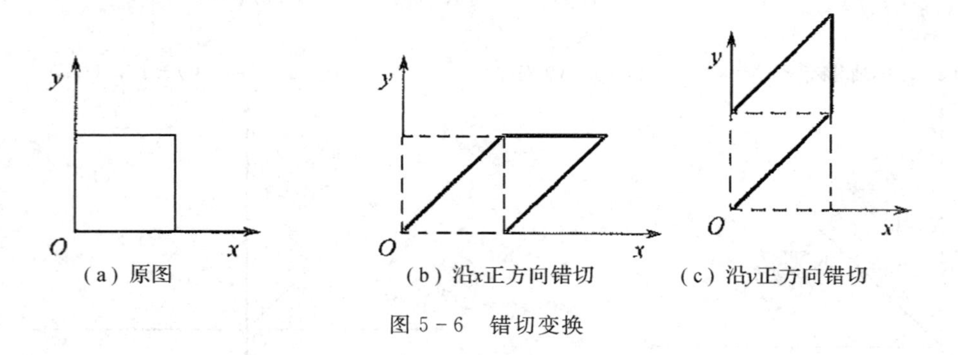

图 5-6 错切变换

5.2.6 二维图形几何变换的计算

几何变换通常可表示成 $\boldsymbol{P}'=\boldsymbol{PT}$ 的形式，其中 $\boldsymbol{P}$，$\boldsymbol{P}'$ 分别是变换前的图形的规范化齐次坐标矩阵和变换后的图形的规范化齐次坐标矩阵，$\boldsymbol{T}$ 为变换矩阵。

1. 点的变换

先将点表示为规范化齐次坐标形式，再乘以变换矩阵，其表示形式为

$$[x' \quad y' \quad 1]=[x \quad y \quad 1]\boldsymbol{T}$$

2. 直线的变换

将直线的两个端点表示为规范化齐次坐标形式，再乘以变换矩阵，就得到了新的端点的坐标，这样也就得到了新的直线。其表示形式为

$$\begin{bmatrix}x'_1 & y'_1 & 1\\x'_2 & y'_2 & 1\end{bmatrix}=\begin{bmatrix}x_1 & y_1 & 1\\x_2 & y_2 & 1\end{bmatrix}\boldsymbol{T}$$

3. 多边形的变换

将多边形的顶点表示为规范化齐次坐标形式，再乘以变换矩阵，这样就得到了新的顶点坐标值，并按新顶点的坐标和当前属性设置来生成新的多边形。以 n 个顶点的多边形为例，先将其表示成规范化齐次坐标的矩阵形式，如下：

$$\boldsymbol{P}_n=\begin{bmatrix}x_1 & y_1 & 1\\x_2 & y_2 & 1\\\cdots & \cdots & \cdots\\x_n & y_n & 1\end{bmatrix}$$

然后再乘以变换矩阵即可。其表示形式为

$$\begin{bmatrix} x'_1 & y'_1 & 1 \\ x'_2 & y'_2 & 1 \\ \cdots & \cdots & \cdots \\ x'_n & y'_n & 1 \end{bmatrix} = \begin{bmatrix} x_1 & y_1 & 1 \\ x_2 & y_2 & 1 \\ \cdots & \cdots & \cdots \\ x_n & y_n & 1 \end{bmatrix} \boldsymbol{T}$$

4. 曲线的变换

曲线的变换可以通过变换曲线上的每一点并依据这些点重新画线来完成。但对某些特殊的曲线，该过程可以得到简化。比如圆的平移和旋转，可以在平移和旋转圆心后，在新圆心上画圆。另外，对于可用参数表示的曲线或曲面图形，如果其几何变换仍然基于点，则计算量和占用的存储空间会很大，此时可以对参数表示的点、曲线或曲面直接进行几何变换，以便提高效率，这时，参数方程要用矩阵形式来描述。

5.3 复合变换

复合变换是指图形作一次以上的几何变换。一个复合变换可以看作是若干基本几何变换的组合，反过来，一组基本几何变换都可以表示成一个复合变换。

例如：经过一组基本几何变换(其变换矩阵分别为 $\boldsymbol{T}_1$，$\boldsymbol{T}_2$，$\boldsymbol{T}_3 \cdots \boldsymbol{T}_n$)后，复合变换的形式为

$$\boldsymbol{P}' = \boldsymbol{P}\boldsymbol{T} = \boldsymbol{P}\boldsymbol{T}_1\boldsymbol{T}_2\boldsymbol{T}_3\cdots\boldsymbol{T}_n = \boldsymbol{P}(\boldsymbol{T}_1\boldsymbol{T}_2\boldsymbol{T}_3\cdots\boldsymbol{T}_n) \quad (n>1) \tag{5-17}$$

不同的复合变换其变换矩阵 $\boldsymbol{T}$ 的计算方法是不一样的，接下来将介绍几种二维复合变换的变换矩阵 $\boldsymbol{T}$ 的计算方法。

5.3.1　二维复合平移变换

若点 P 经过两次连续平移变换，得到的变换矩阵为

$$\boldsymbol{T}_t = \boldsymbol{T}_{t1}\boldsymbol{T}_{t2} = \begin{bmatrix} 1 & 0 & 0 \\ 0 & 1 & 0 \\ T_{x1} & T_{y1} & 1 \end{bmatrix} \begin{bmatrix} 1 & 0 & 0 \\ 0 & 1 & 0 \\ T_{x2} & T_{y2} & 1 \end{bmatrix} = \begin{bmatrix} 1 & 0 & 0 \\ 0 & 1 & 0 \\ T_{x1}+T_{x2} & T_{y1}+T_{y2} & 1 \end{bmatrix} \tag{5-18}$$

由式(5－18)可知，二维复合平移变换的变换矩阵是由原来两个平移变换的矩阵“相加”得到的。

5.3.2　二维复合比例变换

若点 P 经过两次连续比例变换，得到变换矩阵为

$$\boldsymbol{T}_s = \boldsymbol{T}_{s1}\boldsymbol{T}_{s2} = \begin{bmatrix} S_{x1} & 0 & 0 \\ 0 & S_{y1} & 0 \\ 0 & 0 & 1 \end{bmatrix} \begin{bmatrix} S_{x2} & 0 & 0 \\ 0 & S_{y2} & 0 \\ 0 & 0 & 1 \end{bmatrix} = \begin{bmatrix} S_{x1}S_{x2} & 0 & 0 \\ 0 & S_{y1}S_{y2} & 0 \\ 0 & 0 & 1 \end{bmatrix} \tag{5-19}$$

由式(5－19)可知，二维复合比例变换的变换矩阵是由原来两个比例变换的矩阵“相乘”得到的。例如：连续两次将物体的尺寸缩小到原来的 1/2，那么，最后物体的尺寸将是原来的 1/4。

5.3.3 二维复合旋转变换

若点 P 经过两次连续旋转变换，得到的变换矩阵为

$$\boldsymbol{T}_r=\boldsymbol{T}_{r1}\boldsymbol{T}_{r2}=\begin{bmatrix}\cos\theta_1 & \sin\theta_1 & 0\\ -\sin\theta_1 & \cos\theta_1 & 0\\ 0 & 0 & 1\end{bmatrix}\begin{bmatrix}\cos\theta_2 & \sin\theta_2 & 0\\ -\sin\theta_2 & \cos\theta_2 & 0\\ 0 & 0 & 1\end{bmatrix}$$

$$=\begin{bmatrix}\cos(\theta_1+\theta_2) & \sin(\theta_1+\theta_2) & 0\\ -\sin(\theta_1+\theta_2) & \cos(\theta_1+\theta_2) & 0\\ 0 & 0 & 1\end{bmatrix} \tag{5-20}$$

由式(5-20)可知，二维复合旋转变换是由原来两个旋转变换的矩阵“相加”得到的，可以简单表示为

$$R=R_{(\theta_1)}R_{(\theta_2)}=R(\theta_1+\theta_2)$$

5.3.4 其他二维复合变换

若点 P 经过一次旋转变换，则变换矩阵为

$$\boldsymbol{R}=\begin{bmatrix}\cos\theta & \sin\theta & 0\\ -\sin\theta & \cos\theta & 0\\ 0 & 0 & 1\end{bmatrix}=\begin{bmatrix}\cos\theta & 0 & 0\\ 0 & \cos\theta & 0\\ 0 & 0 & 1\end{bmatrix}\begin{bmatrix}1 & \tan\theta & 0\\ -\tan\theta & 1 & 0\\ 0 & 0 & 1\end{bmatrix}$$

$$=\begin{bmatrix}1 & \tan\theta & 0\\ -\tan\theta & 1 & 0\\ 0 & 0 & 1\end{bmatrix}\begin{bmatrix}\cos\theta & 0 & 0\\ 0 & \cos\theta & 0\\ 0 & 0 & 1\end{bmatrix} \tag{5-21}$$

由式(5-21)可以看出：旋转变换可以看作是比例变换和错切变换的复合。

在进行复合变换时，需要特别注意矩阵相乘的顺序。由于矩阵乘法不满足交换律，通常 $\boldsymbol{T}_1\boldsymbol{T}_2\neq\boldsymbol{T}_2\boldsymbol{T}_1$，即二维几何变换中，矩阵相乘的顺序不可以交换。但在某些特殊情况下，$\boldsymbol{T}_1\boldsymbol{T}_2=\boldsymbol{T}_2\boldsymbol{T}_1$，如连续两次的旋转、平移或者比例变换等。

5.3.5 相对任意参考点的二维几何变换

5.2 小节介绍的基本几何变换都是相对于坐标原点或坐标轴进行的变换。如需要相对于某个参考点(x_f, y_f)作二维几何变换，则可以将原图形先进行平移，使得参考点和原点重合，此时相对于参考点的变换就转换为相对于原点的基本几何变换。最后再通过平移将参考点移回原来的位置。变换过程如下：

(1) 先通过平移变换，将参考点移到坐标原点，这时的平移矢量是 $-x_f$ 和 $-y_f$；

(2) 相对于原点进行二维几何变换(见 5.2 小节)；

(3) 最后进行反平移变换，将参考点反平移到原来位置，这时的平移矢量是 x_f 和 y_f。

例如：相对于点(x_f, y_f)作旋转变换，变换步骤如下：

(1) 将参考点(x_f, y_f)平移到坐标原点的变换矩阵为

$$\begin{bmatrix}1 & 0 & 0\\ 0 & 1 & 0\\ -x_f & -y_f & 1\end{bmatrix}$$

（2）相对于原点作旋转变换的变换矩阵为

$$\boldsymbol{R}=\begin{bmatrix}\cos\theta & \sin\theta & 0\\ -\sin\theta & \cos\theta & 0\\ 0 & 0 & 1\end{bmatrix}$$

（3）平移回原位置的变换矩阵为

$$\begin{bmatrix}1 & 0 & 0\\ 0 & 1 & 0\\ x_f & y_f & 1\end{bmatrix} \tag{5-22}$$

所以，相对于点(x_f, y_f)的旋转变换的变换矩阵为

$$\boldsymbol{T}_{Rf}=\begin{bmatrix}1 & 0 & 0\\ 0 & 1 & 0\\ -x_f & -y_f & 1\end{bmatrix}\begin{bmatrix}\cos\theta & \sin\theta & 0\\ -\sin\theta & \cos\theta & 0\\ 0 & 0 & 1\end{bmatrix}\begin{bmatrix}1 & 0 & 0\\ 0 & 1 & 0\\ x_f & y_f & 1\end{bmatrix}$$

$$=\begin{bmatrix}\cos\theta & \sin\theta & 0\\ -\sin\theta & \cos\theta & 0\\ x_f-x_f\cos\theta+y_f\sin\theta & y_f-y_f\cos\theta-x_f\sin\theta & 1\end{bmatrix}$$

5.3.6　相对任意方向的二维几何变换

如果对原图形作任意方向的旋转或比例变换，则可以通过以下步骤来实现：

（1）先进行一个旋转变换，使变换的方向与某个坐标轴重合；

（2）对坐标轴进行二维几何变换；

（3）最后进行反向旋转，回到原来的方向。

实现上述步骤的变换矩阵表示为

$$\boldsymbol{T}'=\begin{bmatrix}\cos\theta & \sin\theta & 0\\ -\sin\theta & \cos\theta & 0\\ 0 & 0 & 1\end{bmatrix}T\begin{bmatrix}\cos(-\theta) & \sin(-\theta) & 0\\ -\sin(-\theta) & \cos(-\theta) & 0\\ 0 & 0 & 1\end{bmatrix} \tag{5-23}$$

例　相对于直线 $y=x$ 方向进行反射变换，试写出其变换矩阵。

解　相对直线 $y=x$ 方向进行反射变换的变换矩阵为

$$\boldsymbol{T}'=\begin{bmatrix}\cos(-45^\circ) & \sin(-45^\circ) & 0\\ -\sin(-45^\circ) & \cos(-45^\circ) & 0\\ 0 & 0 & 1\end{bmatrix}\begin{bmatrix}1 & 0 & 0\\ 0 & -1 & 0\\ 0 & 0 & 1\end{bmatrix}\begin{bmatrix}\cos(45^\circ) & \sin(45^\circ) & 0\\ -\sin(45^\circ) & \cos(45^\circ) & 0\\ 0 & 0 & 1\end{bmatrix}$$

$$=\begin{bmatrix}\frac{\sqrt{2}}{2} & -\frac{\sqrt{2}}{2} & 0\\ \frac{\sqrt{2}}{2} & \frac{\sqrt{2}}{2} & 0\\ 0 & 0 & 1\end{bmatrix}\begin{bmatrix}1 & 0 & 0\\ 0 & -1 & 0\\ 0 & 0 & 1\end{bmatrix}\begin{bmatrix}\frac{\sqrt{2}}{2} & \frac{\sqrt{2}}{2} & 0\\ -\frac{\sqrt{2}}{2} & \frac{\sqrt{2}}{2} & 0\\ 0 & 0 & 1\end{bmatrix}$$

$$=\begin{bmatrix}0 & 1 & 0\\ 1 & 0 & 0\\ 0 & 0 & 1\end{bmatrix}$$

5.4 三维几何变换

三维几何变换在工程设计中有着非常重要的应用，它与物体造型和显示密切相关。5.3小节中对二维几何变换的讨论也适用于三维几何变换，但是三维几何变换更为复杂。三维几何变换同样包括平移、旋转和比例等变换。

在下面的介绍中，设三维空间中某点 $P(x, y, z)$ 经过三维几何变换后的点为 $P'(x', y', z')$。

5.4.1 三维基本几何变换

1. 平移变换

若三维空间中物体沿 x，y，z 方向移动，则物体的大小与形状不变，这种变换称为平移变换。设物体沿 x，y，z 轴移动的矢量分别为 $\boldsymbol{T}_x$，$\boldsymbol{T}_y$，$\boldsymbol{T}_z$，则 $\begin{cases} x' = x + \boldsymbol{T}_x \\ y' = y + \boldsymbol{T}_y \\ z' = z + \boldsymbol{T}_z \end{cases}$，其齐次坐标形式为

$$[x' y' z' 1] = [x\ y\ z\ 1]\boldsymbol{T}_t = [x\ y\ z\ 1]\begin{bmatrix} 1 & 0 & 0 & 0 \\ 0 & 1 & 0 & 0 \\ 0 & 0 & 1 & 0 \\ T_x & T_y & T_z & 1 \end{bmatrix}$$

$$= [x + \boldsymbol{T}_x \quad y + \boldsymbol{T}_y \quad z + \boldsymbol{T}_z \quad 1]$$

2. 旋转变换

旋转变换包括绕 x 轴旋转、绕 y 轴旋转和绕 z 轴旋转。绕每个坐标轴的三维旋转均可以看作是在另外两个坐标轴组成的二维平面上进行的二维旋转变换，将二维旋转变换组合起来就能得到总的三维旋转变换。在三维旋转中，从坐标轴向原点看去，沿逆时针方向为正向旋转角，用右手判断，大拇指指向旋转轴的正方向，四指弯曲方向为旋转正方向，即满足右手规则。相反沿顺时针方向为负向旋转角。

1）绕 z 轴旋转

绕 z 轴正向旋转 θ 角时，其坐标公式为

$$\begin{cases} x' = x\cos\theta - y\sin\theta \\ y' = x\sin\theta + y\cos\theta \\ z' = z \end{cases}$$

齐次坐标计算形式为

$$[x' y' z' 1] = [x\ y\ z\ 1]\boldsymbol{T}_{rz} = [x\ y\ z\ 1]\begin{bmatrix} \cos\theta & \sin\theta & 0 & 0 \\ -\sin\theta & \cos\theta & 0 & 0 \\ 0 & 0 & 1 & 0 \\ 0 & 0 & 0 & 1 \end{bmatrix}$$

$$=[x\cos\theta-y\sin\theta \quad x\sin\theta+y\cos\theta \quad z \quad 1] \tag{5-24}$$

2）绕 x 轴旋转

绕 x 轴正向旋转 θ 角时，其坐标公式为

$$\begin{cases} x'=x \\ y'=y\cos\theta-z\sin\theta \\ z'=y\sin\theta+z\cos\theta \end{cases}$$

齐次坐标计算形式为

$$[x'y'z'1]=[x\ y\ z\ 1]T_{rx}=[x\ y\ z\ 1]\begin{bmatrix} 1 & 0 & 0 & 0 \\ 0 & \cos\theta & \sin\theta & 0 \\ 0 & -\sin\theta & \cos\theta & 0 \\ 0 & 0 & 0 & 1 \end{bmatrix}$$

$$=[x \quad y\cos\theta-z\sin\theta \quad y\sin\theta+z\cos\theta \quad 1] \tag{5-25}$$

3）绕 y 轴旋转

绕 y 轴正向旋转 θ 角时，其坐标公式为

$$\begin{cases} x'=z\sin\theta+x\cos\theta \\ y'=y \\ z'=z\cos\theta-x\sin\theta \end{cases}$$

齐次坐标计算形式为

$$[x'y'z'1]=[x\ y\ z\ 1]\boldsymbol{T}_{ry}=[x\ y\ z\ 1]\begin{bmatrix} \cos\theta & 0 & -\sin\theta & 0 \\ 0 & 1 & 0 & 0 \\ \sin\theta & 0 & \cos\theta & 0 \\ 0 & 0 & 0 & 1 \end{bmatrix}$$

$$=[z\sin\theta+x\cos\theta \quad y \quad z\cos\theta-x\sin\theta \quad 1] \tag{5-26}$$

3. 比例变换

1）整体比例变换

整体比例变换即对 x，y，z 进行同一比例的变换，其齐次坐标计算形式为

$$[x'y'z'1]=[x\ y\ z\ 1]\boldsymbol{T}_s=[x\ y\ z\ 1]\begin{bmatrix} 1 & 0 & 0 & 0 \\ 0 & 1 & 0 & 0 \\ 0 & 0 & 1 & 0 \\ 0 & 0 & 0 & s \end{bmatrix}=[x\ y\ z\ s]=\left[\frac{x}{s}\ \frac{y}{s}\ \frac{z}{s}\ 1\right] \tag{5-27}$$

式(5-27)中，齐次坐标$[x\ y\ z\ s]$与$\left[\frac{x}{s}\ \frac{y}{s}\ \frac{z}{s}\ 1\right]$表示同一个点。当 $0<s<1$ 时，图形整体放大；当 $s\geqslant 1$ 时，图形整体缩小；当 $s<0$ 时，图形关于原点作对称等比变换。

2）局部比例变换

局部比例变换由 $\boldsymbol{T}_{3D}$中的主对角线元素决定，其他元素均为零。当对 x，y，z 方向分别用不同的比例因子进行比例变换时，其变换的齐次坐标计算形式为

$$[x'y'z'1]=[x\ y\ z\ 1]\boldsymbol{T}_s=[x\ y\ z\ 1]\begin{bmatrix}a&0&0&0\\0&e&0&0\\0&0&i&0\\0&0&0&1\end{bmatrix}$$

$$=[ax\ ey\ iz\ 1] \tag{5-28}$$

式(5-28)中，a，e，i 分别为 x，y，z 三个方向的比例因子。若 $a=e=i$，则各方向缩放比例相同；若 $a\neq e\neq i$，则各方向缩放比例不同，立体产生变形。

4. 对称变换

1）关于坐标轴的对称变换

（1）对点 P 作关于 x 轴的对称变换，则 $\begin{cases}x'=x\\y'=-y\\z'=-z\end{cases}$

其齐次坐标计算形式为

$$[x'y'z'1]=[x\ y\ z\ 1]\boldsymbol{T}_{Fx}=[x\ y\ z\ 1]\begin{bmatrix}1&0&0&0\\0&-1&0&0\\0&0&-1&0\\0&0&0&1\end{bmatrix}=[x\ -y\ -z\ 1] \tag{5-29}$$

（2）对点 P 作关于 y 轴的对称变换，则 $\begin{cases}x'=-x\\y'=y\\z'=-z\end{cases}$

其齐次坐标计算形式为

$$[x'y'z'1]=[x\ y\ z\ 1]\boldsymbol{T}_{Fy}=[x\ y\ z\ 1]\begin{bmatrix}-1&0&0&0\\0&1&0&0\\0&0&-1&0\\0&0&0&1\end{bmatrix}=[-x\ y\ -z\ 1] \tag{5-30}$$

（3）对点 P 作关于 z 轴的对称变换，则 $\begin{cases}x'=-x\\y'=-y\\z'=z\end{cases}$

其齐次坐标计算形式为

$$[x'y'z'1]=[x\ y\ z\ 1]\boldsymbol{T}_{Fz}=[x\ y\ z\ 1]\begin{bmatrix}-1&0&0&0\\0&-1&0&0\\0&0&1&0\\0&0&0&1\end{bmatrix}=[-x\ -y\ z\ 1] \tag{5-31}$$

2）关于坐标平面对称

（1）对点 P 作关于坐标平面 xOy 的对称变换，则 $\begin{cases}x'=x\\y'=y\\z'=-z\end{cases}$

其齐次坐标计算形式为

$$[x'\ y'\ z'\ 1]=[x\ y\ z\ 1]\boldsymbol{T}_{Fxy}=[x\ y\ z\ 1]\begin{bmatrix}1 & 0 & 0 & 0\\0 & 1 & 0 & 0\\0 & 0 & -1 & 0\\0 & 0 & 0 & 1\end{bmatrix}=[x\quad y\quad -z\quad 1] \tag{5-32}$$

(2) 对点 P 作关于坐标平面 yOz 的对称变换，则 $\begin{cases}x'=-x\\y'=y\\z'=z\end{cases}$

其齐次坐标计算形式为

$$[x'\ y'\ z'\ 1]=[x\ y\ z\ 1]\boldsymbol{T}_{Fyz}=[x\ y\ z\ 1]\begin{bmatrix}-1 & 0 & 0 & 0\\0 & 1 & 0 & 0\\0 & 0 & 1 & 0\\0 & 0 & 0 & 1\end{bmatrix}=[-x\ y\ z\ 1] \tag{5-33}$$

(3) 对点 P 作关于坐标平面 zOx 的对称变换，则 $\begin{cases}x'=x\\y'=-y\\z'=z\end{cases}$

其齐次坐标计算形式为

$$[x'\ y'\ z'\ 1]=[x\ y\ z\ 1]\boldsymbol{T}_{Fzx}=[x\ y\ z\ 1]\begin{bmatrix}1 & 0 & 0 & 0\\0 & -1 & 0 & 0\\0 & 0 & 1 & 0\\0 & 0 & 0 & 1\end{bmatrix}=[x\ -y\ z\ 1] \tag{5-34}$$

5.4.2　三维复合几何变换

对三维图形作一次以上的变换，称为三维复合变换。与二维复合变换类似，三维复合变换也具有类似的齐次坐标计算形式，即 $\boldsymbol{P}'=\boldsymbol{PT}=\boldsymbol{P}(\boldsymbol{T}_1\boldsymbol{T}_2\boldsymbol{T}_3\cdots\boldsymbol{T}_n)(n>1)$。

1. 相对任一参考点的三维变换

相对于参考点 $P(x,y,z)$ 作旋转、比例等变换的过程如下：

(1) 先进行平移变换，将参考点 P 移至坐标原点；

(2) 针对原点进行三维变换；

(3) 进行反平移，使得点 P 回到原来的位置。

如果比例变换的参考点为 $F(x_f,y_f,z_f)$，其变换矩阵为

$$\begin{bmatrix}1 & 0 & 0 & 0\\0 & 1 & 0 & 0\\0 & 0 & 1 & 0\\-x_f & -y_f & -z_f & 1\end{bmatrix}\begin{bmatrix}s_x & 0 & 0 & 0\\0 & s_y & 0 & 0\\0 & 0 & s_z & 0\\0 & 0 & 0 & 1\end{bmatrix}\begin{bmatrix}1 & 0 & 0 & 0\\0 & 1 & 0 & 0\\0 & 0 & 1 & 0\\x_f & y_f & z_f & 1\end{bmatrix}$$

$$=\begin{bmatrix}s_x & 0 & 0 & 0\\0 & s_y & 0 & 0\\0 & 0 & s_z & 0\\(1-s_x)x_f & (1-s_y)y_f & (1-s_z)z_f & 1\end{bmatrix}$$

与二维变换类似，相对于参考点 $F(x_f, y_f, z_f)$作比例变换、旋转变换的过程也分为以下三个步骤：

(1) 把坐标系原点平移至参考点 F；

(2) 在新坐标系下相对原点作比例、旋转变换；

(3) 将坐标系再平移回原点。

2. 绕任意轴的三维旋转变换

如图 5-7 所示，已知空间直角坐标系中有任意轴 AB，A 点坐标为(x_A, y_A, z_A)，AB 的方向数为(a, b, c)。现有空间一点 $P(x, y, z)$，绕轴 AB 逆时针旋转 θ 角后为 $P'(x', y', z')$，若旋转变换矩阵为 $\boldsymbol{T}_{rAB}$，则有

$$[x'y'z'1]=[x\ y\ z\ 1]\boldsymbol{T}_{rAB} \tag{5-35}$$

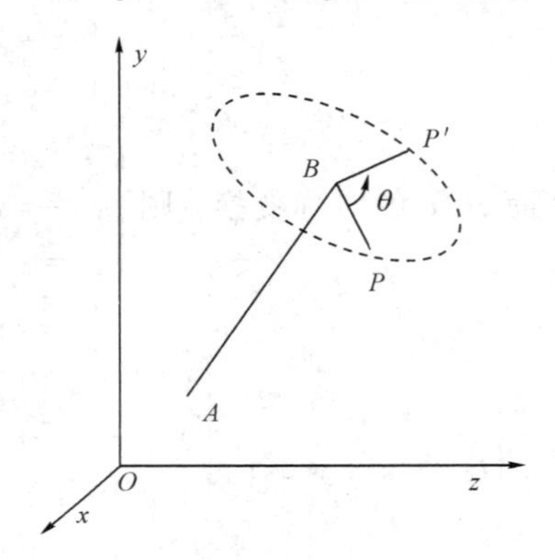

图 5-7　P 点绕 AB 轴旋转

想通过与二维复合变换类似的方法将三维旋转问题转换成一些简单变换(诸如平移、绕某个坐标轴旋转)的复合，可以有多种办法来实现。我们在这里采用先平移，然后绕坐标轴旋转，最后再作这些变换的逆变换，来实现点 A 绕任意轴 AB 的旋转。过程如下：

(1) 先平移。将点 $A(x_A, y_A, z_A)$移动到坐标原点，原来的 AB 为 OB'，如图 5-8(a)所示，其方向数不变，仍为(a, b, c)，则平移变换矩阵为

$$T_{tA}=\begin{bmatrix}1 & 0 & 0 & 0\\0 & 1 & 0 & 0\\0 & 0 & 1 & 0\\-x_A & -y_A & -z_A & 1\end{bmatrix}$$

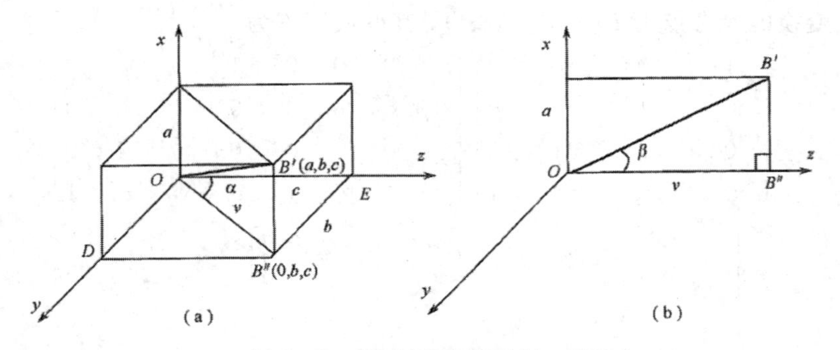

图 5-8　OB 经两次旋转与 z 轴重合

(2) 如图 5－8(b) 所示，B''为点B'在平面 yOz 上的投影，平面 $OB''B'$与 z 轴的夹角为 α。沿点 B''分别对 y 轴和 z 轴作垂线，垂足为 D 和 E，则 $\sin\alpha=\dfrac{EB''}{OB''}$，$\cos\alpha=\dfrac{OE}{OB''}$。又因为 OB'的方向数为(a，b，c)，有 $OE=c$，$EB''=b$，$OB''=v=\sqrt{b^2+c^2}$，所以有 $\cos\alpha=\dfrac{c}{v}$，$\sin\alpha=\dfrac{b}{v}$。此时，将 $OB'B''$绕 x 轴逆时针旋转 α 角，则 OB' 旋转到 xOz 平面上。$OB'B''$绕 x 轴逆时针旋转 α 角的旋转变换矩阵为

$$\boldsymbol{T}_{rx}=\begin{bmatrix}1 & 0 & 0 & 0\\ 0 & \cos\alpha & \sin\alpha & 0\\ 0 & -\sin\alpha & \cos\alpha & 0\\ 0 & 0 & 0 & 1\end{bmatrix}=\begin{bmatrix}1 & 0 & 0 & 0\\ 0 & \dfrac{c}{v} & \dfrac{b}{v} & 0\\ 0 & -\dfrac{b}{v} & \dfrac{c}{v} & 0\\ 0 & 0 & 0 & 1\end{bmatrix} \tag{5-36}$$

(3) 如图 6－8(b)所示，OB'旋转到 xOz 平面上后，OB'与 z 轴夹角为 β，由图可知

$$\cos\beta=\frac{OB''}{OB'}=\frac{v}{\sqrt{a^2+v^2}}=\frac{v}{\sqrt{a^2+b^2+c^2}}$$

$$\sin\beta=\frac{B'B''}{OB'}=\frac{a}{\sqrt{a^2+v^2}}=\frac{a}{\sqrt{a^2+b^2+c^2}}$$

将 OB'绕 y 轴顺时针旋转 β 角，则 OB'旋转到 z 轴上。令 $u=\sqrt{a^2+b^2+c^2}$，则 OB'绕 y 轴顺时针旋转 β 角的变换矩阵为

$$\boldsymbol{T}_{ry}=\begin{bmatrix}\cos(-\beta) & 0 & -\sin(-\beta) & 0\\ 0 & 1 & 0 & 0\\ \sin(-\beta) & 0 & \cos(-\beta) & 0\\ 0 & 0 & 0 & 1\end{bmatrix}=\begin{bmatrix}\cos\beta & 0 & \sin\beta & 0\\ 0 & 1 & 0 & 0\\ -\sin\beta & 0 & \cos\beta & 0\\ 0 & 0 & 0 & 1\end{bmatrix}=\begin{bmatrix}\dfrac{v}{u} & 0 & \dfrac{a}{u} & 0\\ 0 & 1 & 0 & 0\\ -\dfrac{a}{u} & 0 & \dfrac{v}{u} & 0\\ 0 & 0 & 0 & 1\end{bmatrix} \tag{5-37}$$

(4) 经过以上变换以后，AB 轴与 z 轴重合，此时绕 AB 轴的旋转转换为绕 z 轴的旋转。绕 z 轴旋转 θ 角的旋转变换矩阵为

$$\boldsymbol{T}_{rz}=\begin{bmatrix}\cos\theta & \sin\theta & 0 & 0\\ -\sin\theta & \cos\theta & 0 & 0\\ 0 & 0 & 1 & 0\\ 0 & 0 & 0 & 1\end{bmatrix} \tag{5-38}$$

(5) 最后，求 T_{tA}，T_{rx}，T_{ry}的逆变换，使 AB 回到原来的位置。

$$\boldsymbol{T}_{ry}^{-1}=\begin{bmatrix}\cos\beta & 0 & -\sin\beta & 0\\ 0 & 1 & 0 & 0\\ \sin\beta & 0 & \cos\beta & 0\\ 0 & 0 & 0 & 1\end{bmatrix}=\begin{bmatrix}\dfrac{v}{u} & 0 & -\dfrac{a}{u} & 0\\ 0 & 1 & 0 & 0\\ \dfrac{a}{u} & 0 & \dfrac{v}{u} & 0\\ 0 & 0 & 0 & 1\end{bmatrix} \tag{5-39}$$

$$T_{rx}^{-1}=\begin{bmatrix}1 & 0 & 0 & 0\\ 0 & \cos(-\alpha) & \sin(-\alpha) & 0\\ 0 & -\sin(-\alpha) & \cos(-\alpha) & 0\\ 0 & 0 & 0 & 1\end{bmatrix}=\begin{bmatrix}1 & 0 & 0 & 0\\ 0 & \dfrac{c}{v} & -\dfrac{b}{v} & 0\\ 0 & \dfrac{b}{v} & \dfrac{c}{v} & 0\\ 0 & 0 & 0 & 1\end{bmatrix} \tag{5-40}$$

$$T_{tA}^{-1}=\begin{bmatrix}1 & 0 & 0 & 0\\ 0 & 1 & 0 & 0\\ 0 & 0 & 1 & 0\\ x_A & y_A & z_A & 1\end{bmatrix} \tag{5-41}$$

经过上述的变换，可以把这个复合变换的变换矩阵 T_{rAB} 表示为

$$T_{rAB}=T_{tA}T_{rx}T_{ry}T_{rz}T_{ry}^{-1}T_{rx}^{-1}T_{tA}^{-1} \tag{5-42}$$

其中，T_{tA} 表示平移变换矩阵；T_{rx} 表示绕 x 轴的旋转变换矩阵；T_{ry} 表示绕 y 轴的旋转变换矩阵；T_{rz} 表示绕 z 轴的旋转变换矩阵；T_{tA}^{-1}，T_{ry}^{-1}，T_{rx}^{-1} 分别表示平移变换、旋转变换的逆变换矩阵。

根据上述推导，针对任意方向轴的变换均可以用以下五个步骤来完成：

(1) 通过平移变换，使任意方向轴的起点与坐标原点重合。

(2) 通过一次甚至多次旋转变换，使方向轴与某一坐标轴重合。

(3) 针对该坐标轴完成变换。

(4) 用逆旋转变换使方向轴回到它的原始方向。

(5) 用逆平移变换使方向轴回到它的原始位置。

5.5　三维平行投影变换

在三维空间中，选择一个点，记该点为投影中心，不经过这个点再定义一个平面，称该平面为投影面，从投影中心向投影面引出任意条射线，称这些射线为投影线。穿过物体的投影线将与投影面相交，在投影面上形成物体的像，称这个像为三维物体在二维投影面上的投影。这样将三维空间的物体变换到二维平面上的过程称为投影变换。

投影分类如下：

- 投影
  - 平行
    - 正投影
      - 三视图
      - 正轴测图
    - 斜投影
      - 斜等测
      - 斜二测
  - 透视
    - 一点透视
    - 二点透视
    - 三点透视

平行投影根据投影方向与投影面的夹角分为两类，即正平行投影与斜平行投影。当投影方向垂直于投影面时称为正平行投影，否则为斜平行投影。平行投影能较为精确地反映物体的实际尺寸。平行线经过平行投影后仍然保持平行。

5.5.1　正平行投影

正平行投影包括三视图和正轴测图。当投影面与某一坐标轴垂直时，得到的投影为三视图，此时投影方向与这个坐标轴的方向一致，否则得到的投影是正轴测图，如图 5－9 所示。

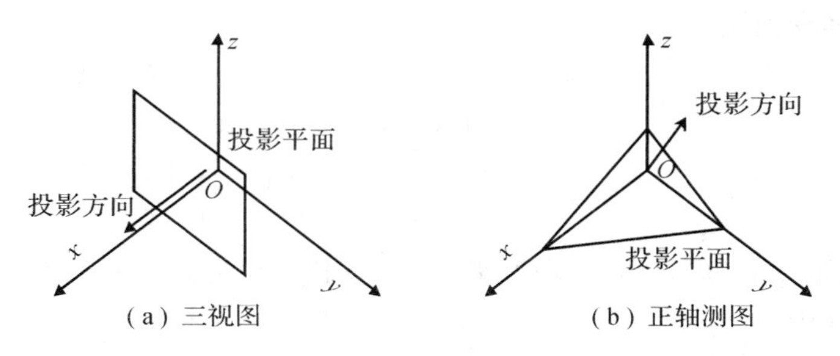

图 5－9　正平行投影

1. 三视图

工程中通常将三维坐标系 $Oxyz$ 的三个坐标平面分为：H 面（xOy 面）、V 面（xOz 面）和 W 面（yOz 面）。三维图形在 V 面上的投影称为主视图，在 H 面上的投影称为俯视图，在 W 面上的投影称为侧视图，如图 5－10 所示。

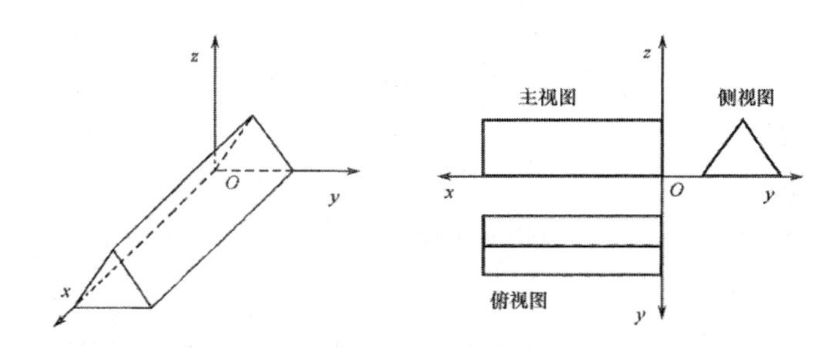

图 5－10　三维形体及三视图

1）主视图

将三维物体向 V 面（即 xOz 面）作垂直投影（即正平行投影），即得到主视图。由投影变换前后三维物体上点到主视图上点的关系，可得到主视图的投影变换矩阵 $\boldsymbol{T}_V$

$$\boldsymbol{T}_V=\boldsymbol{T}_{xOz}=\begin{bmatrix}1&0&0&0\\0&0&0&0\\0&0&1&0\\0&0&0&1\end{bmatrix} \tag{5-43}$$

因此，由三维物体到主视图的投影变换的齐次坐标计算形式为

$$[x'y'z'1]=[x\ y\ z\ 1]\boldsymbol{T}_V=[x\ 0\ z\ 1] \tag{5-44}$$

2）俯视图

将三维物体向 H 面（即 xOy 面）作垂直投影（即正平行投影），即得到俯视图。俯视图的投影变换矩阵 $\boldsymbol{T}_V$ 为

$$\boldsymbol{T}_V=\boldsymbol{T}_{xOy}=\begin{bmatrix}1&0&0&0\\0&1&0&0\\0&0&0&0\\0&0&0&1\end{bmatrix} \tag{5-45}$$

为了使俯视图与主视图都画在一个平面内，就要使 H 面绕 x 轴负向旋转 90°，即应有一个旋转变换，其变换矩阵为

$$\boldsymbol{T}_{rx}=\begin{bmatrix}1&0&0&0\\0&\cos(-90°)&\sin(-90°)&0\\0&-\sin(-90°)&\cos(-90°)&0\\0&0&0&1\end{bmatrix}=\begin{bmatrix}1&0&0&0\\0&0&-1&0\\0&1&0&0\\0&0&0&1\end{bmatrix} \tag{5-46}$$

然后将 H 面沿 z 轴方向平移一段距离 $-z_0$，这样可以使主视图和俯视图之间有一定的间距，其变换矩阵为

$$\boldsymbol{T}_{tz}=\begin{bmatrix}1&0&0&0\\0&1&0&0\\0&0&1&0\\0&0&-z_0&1\end{bmatrix} \tag{5-47}$$

因此，俯视图的投影变换矩阵是 $\boldsymbol{T}_{xOy}$，$\boldsymbol{T}_{rx}$，$\boldsymbol{T}_{tz}$ 这三个变换矩阵的乘积，即

$$\boldsymbol{T}_H=\boldsymbol{T}_{xOy}\boldsymbol{T}_{rx}\boldsymbol{T}_{tz}=\begin{bmatrix}1&0&0&0\\0&0&-1&0\\0&0&0&0\\0&0&-z_0&1\end{bmatrix} \tag{5-48}$$

其齐次坐标计算形式为

$$[x'\ y'\ z'\ 1]=[x\ y\ z\ 1]\boldsymbol{T}_H=[x\ 0\ -(y+z_0)\ 1] \tag{5-49}$$

3）侧视图

将三维物体向 W 面(即 yOz 面)作垂直投影(即正平行投影)，即得到侧视图。侧视图的投影变换矩阵 $\boldsymbol{T}_V$ 为

$$\boldsymbol{T}_V=\boldsymbol{T}_{yOz}=\begin{bmatrix}0&0&0&0\\0&1&0&0\\0&0&1&0\\0&0&0&1\end{bmatrix} \tag{5-50}$$

为了使侧视图与主视图都在一个平面内，就要使 W 面绕 z 轴正向旋转 90°，其旋转变换矩阵为

$$\boldsymbol{T}_{rz}=\begin{bmatrix}\cos90°&\sin90°&0&0\\-\sin90°&\cos90°&0&0\\0&0&1&0\\0&0&0&1\end{bmatrix}=\begin{bmatrix}0&1&0&0\\-1&0&0&0\\0&0&1&0\\0&0&0&1\end{bmatrix} \tag{5-51}$$

然后再将 W 面沿 x 轴方向平移一段距离 $-x_0$，这样可以使主视图和侧视图之间有一定的间距，其变换矩阵为

$$T_{tx}=\begin{bmatrix}1&0&0&0\\0&1&0&0\\0&0&1&0\\-x_0&0&0&1\end{bmatrix}\tag{5-52}$$

因此，侧视图的投影变换矩阵是 $\boldsymbol{T}_{yOz}$，$\boldsymbol{T}_{rz}$，T_{tx} 这三个变换矩阵的乘积，即

$$\boldsymbol{T}_W=\boldsymbol{T}_{yOz}\boldsymbol{T}_{rz}\boldsymbol{T}_{tx}=\begin{bmatrix}0&0&0&0\\-1&0&0&0\\0&0&1&0\\-x_0&0&0&1\end{bmatrix}\tag{5-53}$$

其齐次坐标计算形式为

$$[x'\ y'\ z'\ 1]=[x\ y\ z\ 1]\boldsymbol{T}_W=[-(y+x_0)\ 0\ z\ 1]\tag{5-54}$$

2. 正轴测图

若将空间立体绕某个投影面所包含的两个轴向旋转，再向该投影面作正投影，即可得到立体正轴测图，也就是说，正轴测投影是可以对任意平面作的投影。如图 5-11 所示，投影平面记为 ABC，点 E 为原点 O 在平面 ABC 面上的投影点。延长线段 BE 与 AC 交于点 D。点 F 在 OE 的延长线上，OF 为平面 ABC 的投影方向矢量，即投影矢量。

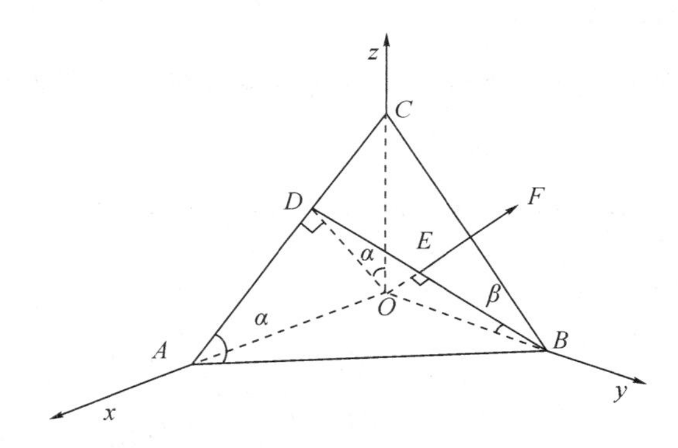

图 5-11　正轴测图的形成

进行正轴测投影的过程是：首先将投影矢量 OF 通过旋转变换到 z 轴上，即将投影平面旋转变换到与 xOy 平行。对于正投影而言，相互平行的投影面产生的三维物体投影的大小和形状不发生改变，所以只要针对 xOy 面作投影即可。最后由变换后的点的 x 和 y 坐标构造二维的正轴测图。

在图 5-11 中，$\angle COD=\angle OAC$，记为 α；$\angle EOD=\angle DBO$，记为 β。变换到 z 轴上可按以下步骤进行：先绕 y 轴顺时针旋转 α 角，其旋转变换矩阵为

$$\boldsymbol{T}_{ry}=\begin{bmatrix}\cos(-\alpha)&0&-\sin(-\alpha)&0\\0&1&0&0\\\sin(-\alpha)&0&\cos(-\alpha)&0\\0&0&0&1\end{bmatrix}=\begin{bmatrix}\cos\alpha&0&\sin\alpha&0\\0&1&0&0\\-\sin\alpha&0&\cos\alpha&0\\0&0&0&1\end{bmatrix}\tag{5-55}$$

再绕 x 轴逆时针旋转 β 角，相应的旋转变换矩阵为

$$T_{rx}=\begin{bmatrix}1 & 0 & 0 & 0\\ 0 & \cos\beta & \sin\beta & 0\\ 0 & -\sin\beta & \cos\beta & 0\\ 0 & 0 & 0 & 1\end{bmatrix} \tag{5-56}$$

这时投影矢量 OF 旋转到 z 轴，即投影平面 ABC 旋转到与 xOy 面平行，再将三维物体向 xOy 面作正投影，其投影变换矩阵为

$$T_p=\begin{bmatrix}1 & 0 & 0 & 0\\ 0 & 1 & 0 & 0\\ 0 & 0 & 0 & 0\\ 0 & 0 & 0 & 1\end{bmatrix} \tag{5-57}$$

最后，将上述三个变换矩阵相乘得到的一般正轴测图的投影变换矩阵为

$$T=T_{ry}T_{rx}T_p=\begin{bmatrix}\cos\alpha & -\sin\alpha\cdot\sin\beta & 0 & 0\\ 0 & \cos\beta & 0 & 0\\ -\sin\alpha & -\cos\alpha\cdot\sin\beta & 0 & 0\\ 0 & 0 & 0 & 1\end{bmatrix} \tag{5-58}$$

常用的正轴测图有：正等测图、正二测图和正三测图。

1）正等测图

在 x，y，z 三个方向上长度缩放率一样的正轴测图即为正等测图。由图 5－11 和正等测图的条件可知，

$$OA=OB=OC，\alpha=45°，\sin\alpha=\cos\alpha=\frac{\sqrt{2}}{2}$$

又

$$\sin\beta=\frac{OD}{BD}=\frac{OA\sin\alpha}{\sqrt{OD^2+OB^2}}=\frac{\frac{\sqrt{2}}{2}OA}{\frac{\sqrt{6}}{2}OB}=\frac{\sqrt{3}}{3}$$

$$\cos\beta=\frac{OB}{BD}=\frac{OB}{\sqrt{OD^2+OB^2}}=\frac{OB}{\frac{\sqrt{6}}{2}OB}=\frac{\sqrt{6}}{3}$$

将 α，β 的值代入式(5－58)中得到正等测图的投影变换矩阵为

$$T=\begin{bmatrix}\sqrt{2}/2 & -\sqrt{6}/6 & 0 & 0\\ 0 & \sqrt{6}/3 & 0 & 0\\ -\sqrt{2}/2 & -\sqrt{6}/6 & 0 & 0\\ 0 & 0 & 0 & 1\end{bmatrix} \tag{5-59}$$

2）正二测图

投影面与两个坐标轴之间夹角相等的正轴测图为正二测图。若投影面与 x 轴和 z 轴之间的夹角相等，在图 5－11 中，$OA=OC$，有 $\alpha=45°$，$\sin\alpha=\cos\alpha=\sqrt{2}/2$。将 α 代入式(5－58)中得到正二测图的投影变换矩阵为

$$
T=\begin{bmatrix} \sqrt{2}/2 & -\sqrt{2}/2\sin\beta & 0 & 0 \\ 0 & \cos\beta & 0 & 0 \\ -\sqrt{2}/2 & -\sqrt{2}/2\sin\beta & 0 & 0 \\ 0 & 0 & 0 & 1 \end{bmatrix} \tag{5-60}
$$

3）正三测图

投影面与三个坐标轴之间的夹角均不相等的正轴测图为正三测图，变换矩阵为式(5-58)。由上面的介绍可知，正等测图在三个坐标轴方向的距离因子相等，正二测图在两个坐标轴方向的距离因子相等，正三测图在三个坐标轴方向的距离因子都不相等。

5.5.2　斜平行投影

斜平行投影是将三维物体向一个单一的投影面作平行投影，但投影方向不垂直于投影面。常用的斜轴测图有斜等测图和斜二测图。如图 5-12 所示，斜等测图的投影方向与投影平面的夹角 $\alpha=45°$。如图 5-12(a)所示，$OP=OP'$，也就是说，在斜等测图中与投影面垂直的任意直线段，其投影长度不变。斜二测图的投影方向与投影平面的夹角 $\alpha=\mathrm{arccot}2$，很显然在图 5-12(b)中，$OP=2OP'$，也就是说，与投影面垂直的任意直线段在斜二测图中，其投影长度变为原来的一半。

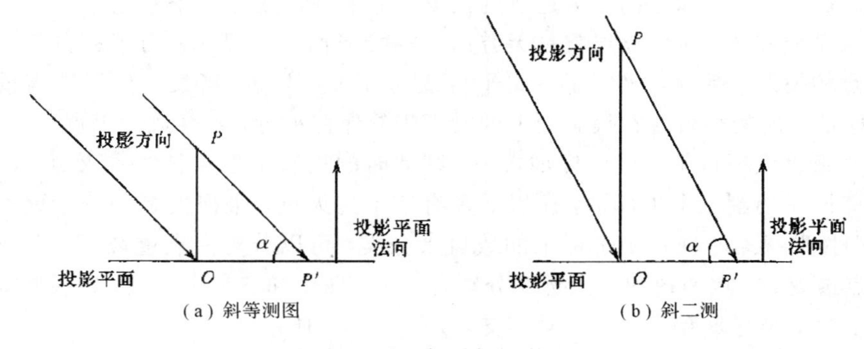

图 5-12　斜平行投影

下面我们将介绍斜轴测图的形成以及斜投影的投影变换矩阵。

如图 5-13(a)所示，xOy 平面为投影平面，点 $P(0, 0, z_P)$在 xOy 平面上的投影为点 $P'(x'_P, y'_P, 0)$，PP'与投影平面 xOy 的夹角为 α，平面 xOz 与平面 $OP'P$ 的夹角为 β，这样 $m=\cot\alpha \cdot z_P$，于是有 $x'_P=m\cos\beta$，$y'_P=m\sin\beta$。

对于图 5-13(b)，点 $Q'(x'_Q, y'_Q, 0)$是空间中任意一点 $Q(x_Q, y_Q, z_Q)$在 xOy 平面上的投影。所以，点 Q 在投影平面上的斜投影坐标为

$$
x'_Q=m\cos\beta+x_Q=z_Q\cot\alpha\cos\beta+x_Q
$$

$$
y'_Q=m\sin\beta+y_Q=z_Q\cot\alpha\sin\beta+y_Q
$$

这样就得到了斜投影的投影变换矩阵，即

$$
T=\begin{bmatrix} 1 & 0 & 0 & 0 \\ 0 & 1 & 0 & 0 \\ \cot\alpha\cos\beta & \cot\alpha\sin\beta & 0 & 0 \\ 0 & 0 & 0 & 1 \end{bmatrix} \tag{5-61}
$$

通常β取30°或45°。由图5-13可知，对于斜等测图有$\alpha=45°$，$\cot\alpha=1$；斜二测图测有$\alpha=\mathrm{arccot}2$，$\cot\alpha=1/2$。

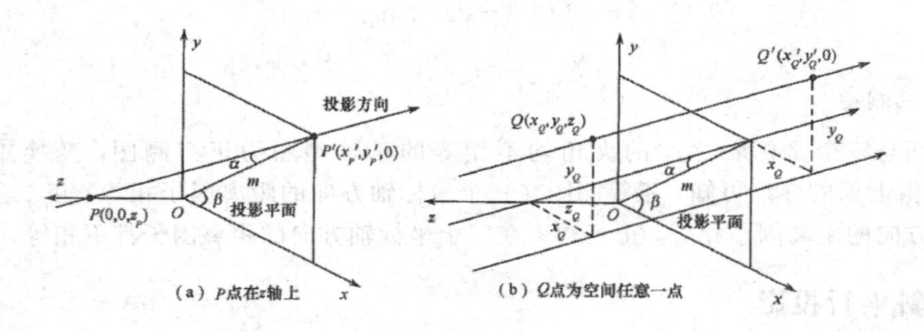

图5-13　斜平行投影

5.6　三维透视投影变换

空间中任意一点的透视投影是投影中心到空间点构成的投影线与投影平面的交点。任何一组不平行于投影平面的平行线的透视投影在投影面上将汇聚成一个点，该点称为灭点，即这组平行线在空间中的无穷远点的投影。由于平行线在三维空间中只有在无穷远处才会看起来是相交的，所以灭点就是无穷远点在投影面上的投影。由于灭点是一组平行线在无限远点的投影，所以它确定了一组平行线的方向。注意，当某个坐标轴与投影面平行时，该坐标轴方向的平行线在投影面上的投影仍然保持平行，不会成为灭点。

如果一组直线平行于三个坐标轴之一，则此时的投影汇聚点称为主灭点。因为投影平面最多只能同时切割三个坐标轴，所以最多有三个主灭点。透视投影是按主灭点的数目来分类的，即按照投影平面切割坐标轴的数目来分类，可以分为一点透视、二点透视和三点透视。一点透视、二点透视和三点透视分别有一个、两个和三个主灭点，即投影面分别与一个坐标轴、两个坐标轴和三个坐标轴相交，如图5-14所示。

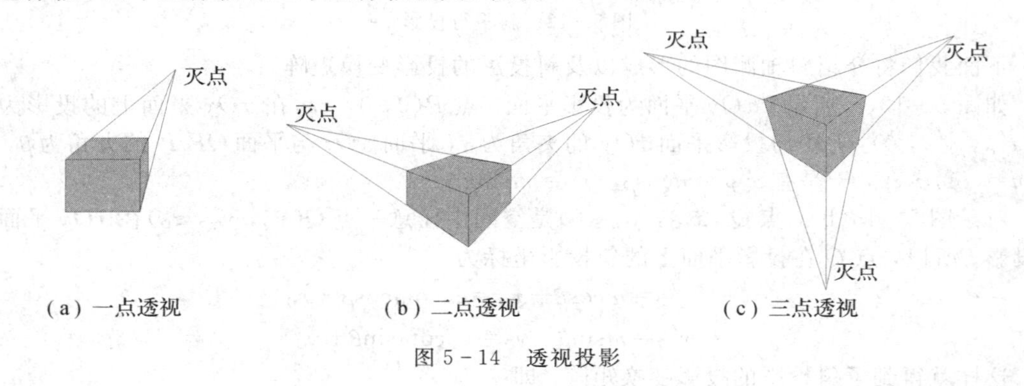

(a) 一点透视　(b) 二点透视　(c) 三点透视

图5-14　透视投影

5.6.1　一点透视

一点透视只有一个主灭点，如图5-14(a)所示。

为方便起见，假定投影中心(即视点)在z轴上($z=-d$)，投影面在xOy面上，一点透视的步骤如下：

(1) 将三维物体平移到适当位置：l，m，n。

(2) 令投影中心(即视点)在 z 轴上，进行透视变换，此时的透视变换矩阵为

$$\boldsymbol{T}=\begin{bmatrix}1 & 0 & 0 & 0\\ 0 & 1 & 0 & 0\\ 0 & 0 & 1 & \dfrac{1}{d}\\ 0 & 0 & 0 & 1\end{bmatrix}$$

(3) 向 xOy 面作正投影变换，将结果变换到 xOy 面上，则得到的一点透视变换矩阵为

$$\boldsymbol{T}_{p1}=\begin{bmatrix}1 & 0 & 0 & 0\\ 0 & 1 & 0 & 0\\ 0 & 0 & 1 & 0\\ l & m & n & 1\end{bmatrix}\begin{bmatrix}1 & 0 & 0 & 0\\ 0 & 1 & 0 & 0\\ 0 & 0 & 1 & \dfrac{1}{d}\\ 0 & 0 & 0 & 1\end{bmatrix}\begin{bmatrix}1 & 0 & 0 & 0\\ 0 & 1 & 0 & 0\\ 0 & 0 & 0 & 0\\ 0 & 0 & 0 & 1\end{bmatrix}=\begin{bmatrix}1 & 0 & 0 & 0\\ 0 & 1 & 0 & 0\\ 0 & 0 & 0 & \dfrac{1}{d}\\ l & m & 0 & 1+\dfrac{n}{d}\end{bmatrix} \tag{5-62}$$

三维物体中任意一点(x, y, z)的一点透视变换的齐次坐标计算形式为

$$\begin{aligned}[x'\ y'\ z'\ 1]&=[x\ y\ z\ 1]\begin{bmatrix}1 & 0 & 0 & 0\\ 0 & 1 & 0 & 0\\ 0 & 0 & 0 & \dfrac{1}{d}\\ l & m & 0 & 1+\dfrac{n}{d}\end{bmatrix}\\ &=\begin{bmatrix}x+l & y+m & 0 & \dfrac{d+(n+z)}{d}\end{bmatrix}\\ &=\begin{bmatrix}\dfrac{x+l}{\dfrac{d+(n+z)}{d}} & \dfrac{y+m}{\dfrac{d+(n+z)}{d}} & 0 & 1\end{bmatrix}\end{aligned} \tag{5-63}$$

5.6.2　二点透视

二点透视即投影面切割两个坐标轴，只有平行于投影面的坐标轴方向的棱线的投影仍然是互相平行的。二点透视有两个主灭点，即与投影面相交的两个坐标轴方向上的直线，它们的无穷远点在投影面上聚焦于两个点上，如图 5-14(b)所示。二点透视常常用在建筑、广告绘图和工业设计等方面。

作二点透视时，通常将物体绕 y 轴旋转一个 φ 角，使物体的主要平面不平行于画面，经过透视变换后，物体发生变形，然后向画面作正投影。但是有些物体底面往往与 xOz 面重合，通常要先将物体作适当平移，以避免物体进行透视时汇聚为一条直线。

二点透视变换的过程如下：

(1) 先将物体作适当的平移，使得投影中心有一定的高度，而且可以使物体的主要表面进行透视时不至于汇聚成一条直线。

(2) 将物体绕 y 轴旋转一个 φ 角(φ 角为锐角)，方向满足右手规则。

(3) 进行透视变换，透视变换矩阵为 $\boldsymbol{T}=\begin{bmatrix}1 & 0 & 0 & p\\0 & 1 & 0 & 0\\0 & 0 & 1 & r\\0 & 0 & 0 & 1\end{bmatrix}$。

一般地，有 $p<0$，$r<0$，这样可以使变换后的立体图形越远就越小，更符合人们的视觉。

(4) 最后向 xOy 面作正投影，得到二点透视图，二点透视的变换矩阵为

$$\boldsymbol{T}_{p2}=\begin{bmatrix}1 & 0 & 0 & 0\\0 & 1 & 0 & 0\\0 & 0 & 1 & 0\\l & m & n & 1\end{bmatrix}\begin{bmatrix}\cos\varphi & 0 & -\sin\varphi & 0\\0 & 1 & 0 & 0\\\sin\varphi & 0 & \cos\varphi & 0\\0 & 0 & 0 & 1\end{bmatrix}\begin{bmatrix}1 & 0 & 0 & p\\0 & 1 & 0 & 0\\0 & 0 & 1 & r\\0 & 0 & 0 & 1\end{bmatrix}\begin{bmatrix}1 & 0 & 0 & 0\\0 & 1 & 0 & 0\\0 & 0 & 0 & 0\\0 & 0 & 0 & 1\end{bmatrix}$$

$$=\begin{bmatrix}\cos\varphi & 0 & 0 & p\cos\varphi-r\sin\varphi\\0 & 1 & 0 & 0\\\sin\varphi & 0 & 0 & p\sin\varphi+r\cos\varphi\\l\cos\varphi+n\sin\varphi & m & 0 & p(l\cos\varphi+n\sin\varphi)+r(n\cos\varphi-l\sin\varphi)+1\end{bmatrix} \tag{5-64}$$

5.6.3 三点透视

三点透视是有三个主灭点的透视，即投影面与三个坐标轴都相交，如图 5-14(c)所示。构造三点透视图的过程如下：

(1) 先将物体作适当的平移。

(2) 进行透视变换，透视变换矩阵为 $\boldsymbol{T}=\begin{bmatrix}1 & 0 & 0 & p\\0 & 1 & 0 & q\\0 & 0 & 1 & r\\0 & 0 & 0 & 1\end{bmatrix}$。

(3) 将物体先绕 y 轴旋转 α 角，再绕 x 轴旋转 φ 角。

(4) 最后向 xOy 面作正投影，得到三点透视图，三点透视的变换矩阵为

$$\boldsymbol{T}_{p3}=\begin{bmatrix}1 & 0 & 0 & 0\\0 & 1 & 0 & 0\\0 & 0 & 1 & 0\\l & m & n & 1\end{bmatrix}\begin{bmatrix}1 & 0 & 0 & p\\0 & 1 & 0 & q\\0 & 0 & 1 & r\\0 & 0 & 0 & 1\end{bmatrix}\begin{bmatrix}\cos\alpha & 0 & -\sin\alpha & 0\\0 & 1 & 0 & 0\\\sin\alpha & 0 & \cos\alpha & 0\\0 & 0 & 0 & 1\end{bmatrix}\begin{bmatrix}1 & 0 & 0 & 0\\0 & \cos\varphi & \sin\varphi & 0\\0 & -\sin\varphi & \cos\varphi & 0\\0 & 0 & 0 & 1\end{bmatrix}\begin{bmatrix}1 & 0 & 0 & 0\\0 & 1 & 0 & 0\\0 & 0 & 0 & 0\\0 & 0 & 0 & 1\end{bmatrix}$$

$$=\begin{bmatrix}\cos\alpha & \sin\alpha\sin\varphi & 0 & p\\0 & \cos\varphi & 0 & q\\\sin\alpha & -\cos\alpha\sin\varphi & 0 & r\\l\cos\alpha+n\sin\alpha & m\cos\varphi+\sin\varphi(l\sin\varphi-n\cos\alpha) & 0 & lp+mq+nr\end{bmatrix} \tag{5-65}$$

习　题

1. 在图形几何变换中为什么要采用齐次坐标方法？
2. 写出相对于固定点 $P(h, k)$缩放变换的通用矩阵。
3. 根据一个对象点绕原点旋转的旋转变换，写出对应的矩阵表示。

4．已知二维变换矩阵 $\boldsymbol{T}_{2D}=\begin{bmatrix} a & b & p \\ c & d & q \\ l & m & s \end{bmatrix}$，如果对二维图形各点坐标进行变换，试说明矩阵 $\boldsymbol{T}_{2D}$ 中各元素在变换中的具体作用。

5．将三角形 $A(0，0)$，$B(1，1)$，$C(5，2)$分别按照下述方式旋转 45°，并写出旋转后的对应点的坐标。

(1) 绕原点；

(2) 绕 $P(-1，-1)$。

6．将点 $P(x，y)$关于原点作如下缩放变换：

(1) 在 x 轴方向缩放 a 单位；

(2) 在 y 轴方向缩放 b 单位；

(3) 同时分别在 x 轴方向缩放 a 单位，y 轴方向缩放 b 单位，写出变换的矩阵表示形式。

7．试证明两个连续的平移变换、两个连续的比例变换以及两个连续的旋转变换满足交换律。

8．证明相对于原点的旋转变换可以等价于一个比例变换和一个错切变换的复合变换。

9．试编程实现多边形的平移变换、比例变换和旋转变换。

10．将三角形 $A(0，0)$，$B(1，1)$，$C(5，2)$放大两倍，保持 $C(5，2)$不变，写出变换矩阵。

11．将类似菱形的多边形 $A(-1，0)$，$B(0，-2)$，$C(1，0)$，$D(0，2)$对直线 $y=2$ 进行对称变换，写出对称变换矩阵。

12．什么是投影变换，试给出其分类图。

13．已知三维变换矩阵 $\boldsymbol{T}_{3D}=\begin{bmatrix} a & b & c & p \\ d & e & f & q \\ g & h & i & r \\ l & m & n & s \end{bmatrix}$，如果要对三维物体各点坐标进行变换，试说明矩阵 $\boldsymbol{T}_{3D}$ 中各元素在变换中的具体作用。

14．求图 5-1 中四面体经过斜等测变换或斜二测变换($\beta=30°$)后各顶点的齐次坐标。

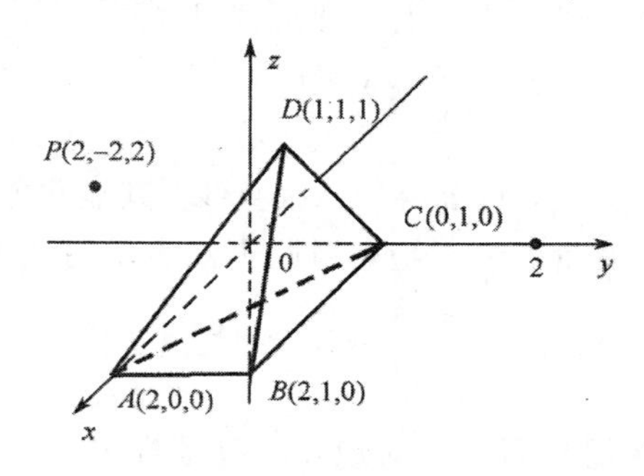

练习图 5-1

15．简述三维透视投影变换中灭点的概念。

16．简述二点透视的变换过程。

17．名词解释：齐次坐标、规范化齐次坐标、基本几何变换、复合变换、正平行投影、三视图。

第6章 曲线和曲面

自然界中的事物形态总是以曲线、曲面的形式出现的。要建立三维物体的模型，曲线和曲面是必不可少的研究内容。曲线是曲面的基础，当生成一条基本曲线后，即可运用平移、旋转等变换来生成复杂曲面，进而构造出三维形体。本章主要介绍自由曲线、曲面的基本知识和常见的表示形式。

6.1 参数表示曲线和曲面的基础知识

工程中经常遇到的曲线和曲面有两种，一种是规则曲线和曲面，如抛物线、双曲线、摆线等，这些规则曲线和曲面可以用函数方程或参数方程给出；另一种是形状比较复杂，不能用二次方程描述的曲线和曲面，称为自由曲线和曲面，如船体、车身和机翼的曲线和曲面，如何表示这些自由曲线和曲面成了工程设计与制造中遇到的首要问题。

6.1.1 曲线和曲面的表示方法

曲线和曲面的表示方法分为显式表示、隐式表示和参数表示三种，在计算机图形学中最常用的是参数表示。

1. 显式表示

显式表示是将曲线上的各点的坐标表示成方程的形式，且一个坐标变量能够用其余的坐标变量显式地表示出来。对于一个二维平面曲线，显式表示的一般形式是

$$y=f(x)$$

对于一个三维空间曲线，显式表示的一般形式是

$$\begin{cases} y=f(x) \\ z=g(x) \end{cases}$$

例如，最简单的曲线是直线，对于一条二维直线，其显式方程为 $y=kx+b$。

可见，显式表示中坐标变量一一对应，因此不能表示封闭曲线或多值曲线，如不能表示一个完整的圆弧。

2. 隐式表示

隐式表示不要求坐标变量之间一一对应，它只是规定了各坐标变量必须满足的关系。对于一个二维平面曲线，隐式表示的一般形式是

$$f(x, y)=0$$

对于一个三维空间曲线，隐式表示的一般形式是

$$f(x, y, z)=0$$

例如，对于一条二维直线，其隐式方程为：$ax+by+c=0$。

可见，隐式表示通过计算函数 $f(x, y)$或 $f(x, y, z)$的值是否大于、等于或小于零，来判断坐标点是否落在曲线外侧、曲线上或曲线内侧。

3. 参数表示

参数表示是将曲线上各点的坐标表示成参数方程的形式。假定用 t 表示参数，对于一个二维平面曲线，参数表示的一般形式是

$$P(t)=[x(t), y(t)] \quad t\in[0, 1]$$

对于一个三维空间曲线，参数表示的一般形式是

$$P(t)=[x(t), y(t), z(t)] \quad t\in[0, 1]$$

其中，参数 t 在[0，1]区间内变化，当 $t=0$ 时，对应曲线段的起点；当时 $t=1$ 时，对应曲线段的终点。

例如，对于一条二维直线，设其起点和终点分别为 P_1 和 P_2，则其参数方程为

$$P(t)=P_1+(P_2-P_1)t \quad t\in[0, 1]$$

与显式、隐式方程相比，用参数方程表示曲线和曲面更为通用，其优越性主要体现在以下几个方面：

(1) 曲线的边界容易确定。规格化的参数区间[0，1]可以很容易地指定任意一段曲线，而不必用另外的参数去定义边界。

(2) 点动成线。当参数 t 从 0 变化到 1 时，曲线段从起点变换到终点。

(3) 具有几何不变性。曲线、曲面的参数方程的形式与坐标系的选取无关，当坐标系改变时，参数方程的形式不变。

(4) 易于变换。对于参数表示的曲线、曲面进行变换时，可对其参数方程直接进行几何变换；对非参数表示的曲线、曲面进行变换时，必须对曲线、曲面上的每个点进行几何变换。

(5) 易于处理斜率为无穷大的情形。非参数方程用斜率表示变化率时，有时会出现斜率无穷大的情况；而参数方程用切矢量来表示变化率，不会出现无穷大的情况。

(6) 表示能力强。参数表示中的系数具有直观的几何意义，容易控制和调整曲线、曲面的形状。

6.1.2　位置矢量、切矢量、法矢量

1. 位置矢量

设空间曲线如图 6-1 所示，曲线上任意一点 P 的位置矢量 $P(t)$可表示为

$$P(t)=[x(t), y(t), z(t)] \quad t\in[0, 1]$$

其中，t 为参数，$x(t)$、$y(t)$、$z(t)$为 P 点的三个坐标分量。

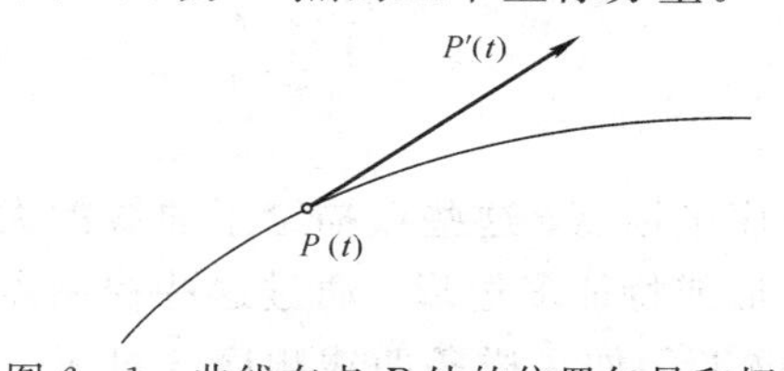

图 6-1　曲线在点 P 处的位置矢量和切矢量

2. 切矢量

将位置矢量对参数 t 求导(即对各分量的参数 t 求导)，得到

$$\boldsymbol{T}(t)=\boldsymbol{P}'(t)=\frac{\mathrm{d}P}{\mathrm{d}t}=[x'(t)\ \ y'(t)\ \ z'(t)]$$

$\boldsymbol{T}(t)$称为曲线在点 P 处的切矢量，即该点处的一阶导数。

当切矢量的值超过曲线弦长(曲线两端点之间的距离)几倍时，曲线会出现回转或过顶点等现象；当切矢量的值小于弦长许多时，会使曲线变得过于平坦。

3. 法矢量

对于空间参数曲线上任意一点，所有垂直于切矢量 $T(t)$的矢量有一束，且位于同一平面上，该平面称为法平面。若 $P''(t)$不为 0，则称 $T'(t)$方向上的单位矢量为曲线在点 P 处的主法矢量，记为 $N(t)$；称 $N(t)\times T(t)$为曲线在点 P 处的副法矢量，记为 $B(t)$。显然，单位矢量 $T(t)$、$N(t)$、$B(t)$两两垂直，构成了曲线在点 P 处的 Frenet 活动标架。其中，将 $N(t)$、$B(t)$构成的平面称为法平面，$N(t)$、$T(t)$构成的平面称为密切平面，$B(t)$、$T(t)$构成的平面称为副法平面，如图 6-2 所示。

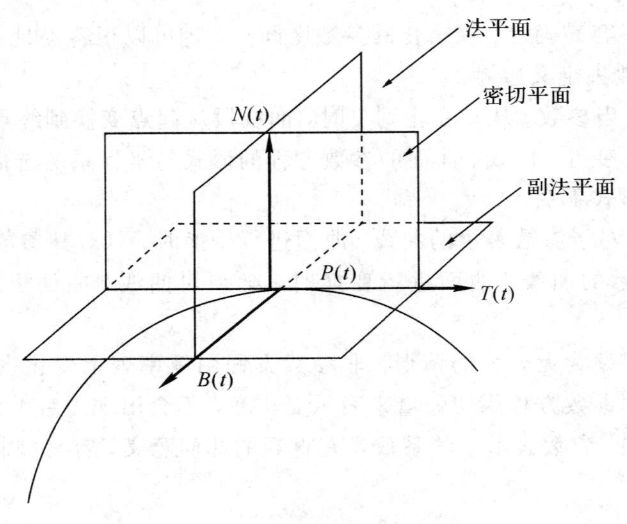

图 6-2 Frenet 活动标架

6.1.3 样条表示

样条原指通过一组指定点集而生成的平滑曲线的柔性带，使用这种方式绘制的曲线、曲面称为样条曲线、样条曲面。在计算机图形学中，样条曲线指由多项式曲线段连接而成的曲线，在每段的边界处满足特定的连续性条件；样条曲面则是利用两组正交的样条曲线进行描述。

1. 插值、逼近和拟合

指定一组称为控制点的有序坐标点，这些点描绘了曲线的大致形状；连接这组有序控制点的直线序列称为控制多边形或特征多边形。通过这些控制点，可以构造出一条样条曲线，其构造方法主要是插值和逼近。如果样条曲线顺序通过每一个控制点，则称为对这些

控制点进行插值，所构造的曲线称为插值样条曲线，如图 6-3(a)所示；如果样条曲线在某种意义下最接近这些控制点(不一定通过每个控制点)，则称为对这些控制点进行逼近，所构造的曲线为逼近样条曲线，如图 6-3(b)所示。

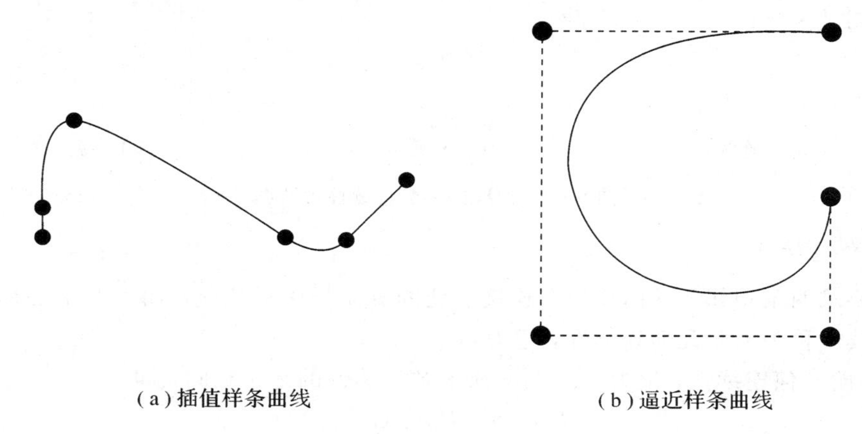

(a) 插值样条曲线　　(b) 逼近样条曲线

图 6-3　曲线的拟合

曲线的插值和逼近都可以推广到曲面。一般将插值和逼近统称为拟合。

2. 曲线的连续性

样条曲线由各个多项式曲线段连接而成，为了保证各个曲线段在连接点处是光滑的，需要满足各种连续性条件。这里讨论两种意义上的连续性：参数连续性与几何连续性。

假定参数曲线段 P_i 以参数形式进行描述：

$$P_i = P_i(t) \quad t \in [t_{i0},\ t_{i1}]$$

1) 参数连续性

若两条相邻参数曲线段在连接点处具有 n 阶连续导矢，即 n 阶连续可微，则将这类连续性称为 n 阶参数连续性，记为 C^n。

(1) 0 阶参数连续性，记为 C^0，是指两个相邻曲线段的几何位置连接，即

$$P_i(t_{i1}) = P_{(i+1)}(t_{(i+1)0})$$

如图 6-4(a)所示。

(2) 一阶参数连续性，记为 C^1，是指两个相邻曲线段不仅是 C^0 的，而且在连续点处具有相同的一阶导数，即

$$P_i(t_{i1}) = P_{(i+1)}(t_{(i+1)0}),\ \text{且}\ P'_i(t_{i1}) = P'_{(i+1)}(t_{(i+1)0})$$

如图 6-4(b)所示。

(3) 二阶参数连续性，记为 C^2，是指两个相邻曲线段不仅是 C^1 的，而且在连接点处有相同的二阶导数，即

$$P_i(t_{i1}) = P_{(i+1)}(t_{(i+1)0}),\ P'_i(t_{i1}) = P'_{(i+1)}(t_{(i+1)0}),\ \text{且}\ P''_i(t_{i1}) = P''_{(i+1)}(t_{(i+1)0})$$

如图 6-4(c)所示。

从图 6-4 中可以看到，C^n 连续的条件比 C^{n-1} 连续的条件苛刻。例如，C^2 连续能保证 C^1 连续，但反过来不行。在实际曲线、曲面造型中往往只用到 C^1 和 C^2，C^1 连续多用于数字化绘图，C^2 连续多用于精密 CAD。

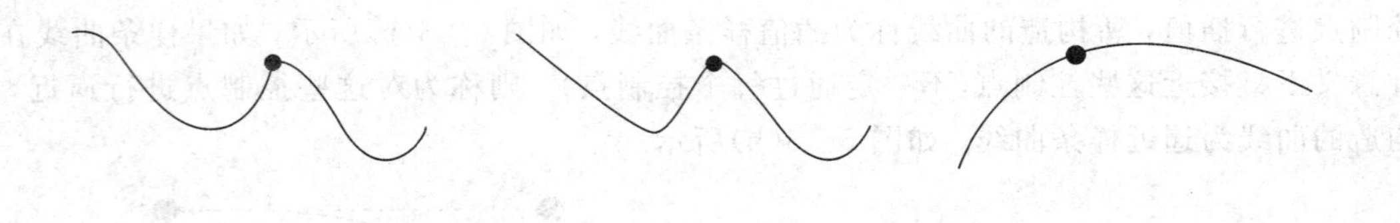

(a) C^0连续　　(b) C^1连续　　(c) C^2连续

图 6-4　曲线的参数连续性示意图

2) 几何连续性

若只要求两条相邻参数曲线段在连接点处的 n 阶导矢成比例，而不要求必须相等，则将这类连续性称为 n 阶几何连续性，记为 G^n。

(1) 0 阶几何连续性，记为 G^0，与 0 阶参数连续性的定义相同，即

$$P_i(t_{i1})=P_{(i+1)}(t_{(i+1)0})$$

(2) 1 阶几何连续性，记为 G^1，指两个相邻曲线段的一阶导数在交点处成比例，即

$$P'_{(i+1)}(t_{(i+1)0})=\alpha_i P'_i(t_{i1}) \quad (\alpha>0)$$

(3) 2 阶几何连续性，记为 G^2，指两个相邻曲线段的一阶导数、二阶导数在交点处均成比例，即

$$P''_{(i+1)}(t_{(i+1)0})=\alpha_i^2 P''_i(t_{i1})+\beta_i P'_i(t_{i1}) \quad (\beta\text{为任意常数})$$

可见，当所有的 $\alpha_i=1$，$\beta_i=0$ 时，G^2 连续就成为 C^2 连续。

比较参数连续性和几何连续性的定义可知，参数连续性的条件比几何连续性的条件更加苛刻一些。例如，C^1 连续必然能保证 G^1 连续，但反过来 G^1 连续并不能保证 C^1 连续。

6.2 Hermite 曲线

参数曲线的形式多种多样，其中最简单实用的就是参数样条曲线。参数样条曲线的次数有高有低，次数太高会导致计算复杂、存储量增大，而次数太低则会导致控制曲线的灵活性降低，曲线不连续。三次参数样条曲线在计算速度和灵活性之间提供了一个合理的折中方案，通常用于建立物体的运动路径或设计物体的外观形状。三次 Hermite 插值曲线是三次参数样条曲线的基础。

6.2.1 n 次参数多项式曲线

给定 $n+1$ 个控制点，可以得到如下方程组表示的 n 次参数多项式曲线 $p(t)$：

$$\begin{cases}x(t)=a_{xn}t^n+\cdots+a_{x2}t^2+a_{x1}t^1+a_{x0}\\ y(t)=b_{yn}t^n+\cdots+b_{y2}t^2+b_{y1}t^1+b_{y0}\\ z(t)=c_{zn}t^n+\cdots+c_{z2}t^2+c_{z1}t^1+c_{z0}\end{cases} \quad t\in[0,1] \tag{6-1}$$

将式(6-1)改写为矩阵形式为

$$p(t)=[x(t)\ y(t)\ z(t)]=[t^n\cdots\ t\ 1]\cdot\begin{bmatrix}a_{xn} & b_{yn} & c_{zn}\\ \cdots & \cdots & \cdots\\ a_{x1} & b_{y1} & c_{z1}\\ a_{x0} & b_{y0} & c_{z0}\end{bmatrix}=\boldsymbol{TC}\quad t\in[0,1]\qquad(6-2)$$

其中，$\boldsymbol{T}=[t^n\quad\cdots\quad t\quad 1]$是由 $n+1$ 个幂次形式的基函数组成的矢量矩阵；

$$\boldsymbol{C}=\begin{bmatrix}a_{xn} & b_{yn} & c_{zn}\\ \cdots & \cdots & \cdots\\ a_{x1} & b_{y1} & c_{z1}\\ a_{x0} & b_{y0} & c_{z0}\end{bmatrix}_{(n+1)\times 3}$$

是一个系数矩阵。

为了使系数矩阵 $\boldsymbol{C}$ 具有一定几何意义，将 $\boldsymbol{C}$ 分解为 $\boldsymbol{M}\cdot\boldsymbol{G}$，其中：

$\boldsymbol{G}=[\boldsymbol{G}_n\cdots\ \boldsymbol{G}_1\ \boldsymbol{G}_0]^{\mathrm{T}}$ 是几何系数矩阵，矩阵中的各个分量 $\boldsymbol{G}_i$ 均具有较为直观的几何意义；$\boldsymbol{M}$ 是一个$(n+1)\times(n+1)$阶的基矩阵，它将矩阵 $\boldsymbol{G}$ 变换成矩阵 $\boldsymbol{C}$。

经过这种分解，式(6－2)可改写为如下形式：

$$p(t)=\boldsymbol{TMG}\quad t\in[0,1]\qquad(6-3)$$

通常，将 $\boldsymbol{TM}$ 矩阵称为 n 次参数多项式曲线的基函数(或称调和函数、混合函数)。

例　直线是最基本的曲线形式。对于一条二维直线段，设其起点和终点分别为 p_1 和 p_2。已知其参数方程 $p(t)=p_1+(p_2-p_1)t\quad t\in[0,1]$，试将其转化为式(6－3)的形式。

解：　这是一个二次参数多项式曲线，首先，将参数方程转化为式(6－2)的形式：

$$p(t)=p_1+(p_2-p_1)t=[t\ 1]\begin{bmatrix}p_2-p_1\\ p_1\end{bmatrix}\quad t\in[0,1]$$

然后，将系数矩阵$\begin{bmatrix}p_2-p_1\\ p_1\end{bmatrix}$分解为

$$\begin{bmatrix}p_2-p_1\\ p_1\end{bmatrix}=\begin{bmatrix}1 & -1\\ 0 & 1\end{bmatrix}\begin{bmatrix}p_2\\ p_1\end{bmatrix}$$

故此，二维直线段的参数多项式曲线表示为

$$p(t)=[t\ 1]\begin{bmatrix}1 & -1\\ 0 & 1\end{bmatrix}\begin{bmatrix}p_2\\ p_1\end{bmatrix}\quad t\in[0,1]$$

6.2.2　三次 Hermite 曲线的定义

三次 Hermite 曲线段是一个仅依赖于端点约束，可以局部调整的三次参数样条曲线，它是以法国数学家 Charles Hermite 的名字命名的。

与式(6－1)同理，对于一段三次参数样条曲线，其位置矢量和切矢量的矩阵表示分别为

$$p(t)=[t^3\ t^2\ t\ 1]\begin{bmatrix}a_{x3} & b_{y3} & c_{z3}\\ a_{x2} & b_{y2} & c_{z2}\\ a_{x1} & b_{y1} & c_{z1}\\ a_{x0} & b_{y0} & c_{z0}\end{bmatrix}=[t^3\ t^2\ t\ 1]\cdot\begin{bmatrix}a_3\\ a_2\\ a_1\\ a_0\end{bmatrix}\qquad(6-4)$$

$$p'(t)=[3t^2\ 2t\ 1\ 0]\begin{bmatrix}a_{x3} & b_{y3} & c_{z3}\\ a_{x2} & b_{y2} & c_{z2}\\ a_{x1} & b_{y1} & c_{z1}\\ a_{x0} & b_{y0} & c_{z0}\end{bmatrix}=[3t^2\ 2t\ 1\ 0]\cdot\begin{bmatrix}a_3\\ a_2\\ a_1\\ a_0\end{bmatrix} \tag{6-5}$$

如果给定这段曲线两个端点的位置矢量为 P_0、P_1，切矢量为 R_0、R_1，即

$$\begin{cases}p(0)=P_0\\ p(1)=P_1\\ p'(0)=R_0\\ p'(1)=R_1\end{cases} \tag{6-6}$$

则称满足式(6－6)的这样一段曲线为三次 Hermite 曲线，如图 6－5 所示。

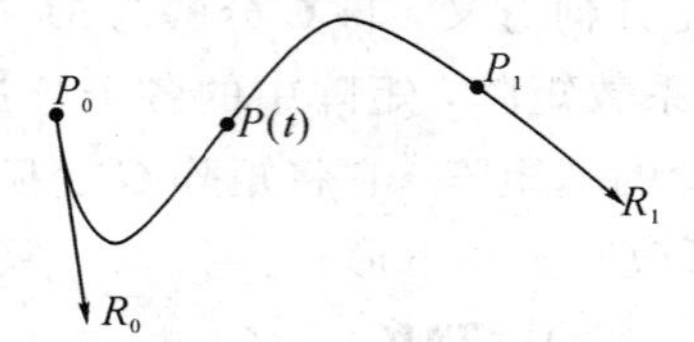

图 6－5　三次 Hermite 曲线

6.2.3　三次 Hermite 曲线的矩阵表示

将曲线的端点坐标和切矢量分别代入式(6－4)和式(6－5)，得到

$$p(0)=[0\ 0\ 0\ 1][a_3\ a_2\ a_1\ a_0]^T$$
$$p(1)=[1\ 1\ 1\ 1][a_3\ a_2\ a_1\ a_0]^T$$
$$p'(0)=[0\ 0\ 1\ 0][a_3\ a_2\ a_1\ a_0]^T$$
$$p'(1)=[3\ 2\ 1\ 0][a_3\ a_2\ a_1\ a_0]^T$$

即

$$\begin{bmatrix}p(0)\\ p(1)\\ p'(0)\\ p'(1)\end{bmatrix}=\begin{bmatrix}0 & 0 & 0 & 1\\ 1 & 1 & 1 & 1\\ 0 & 0 & 1 & 0\\ 3 & 2 & 1 & 0\end{bmatrix}\begin{bmatrix}a_3\\ a_2\\ a_1\\ a_0\end{bmatrix}$$

在两端乘以 4×4 矩阵的逆矩阵，得到

$$\begin{bmatrix}a_3\\ a_2\\ a_1\\ a_0\end{bmatrix}\begin{bmatrix}0 & 0 & 0 & 1\\ 1 & 1 & 1 & 1\\ 0 & 0 & 1 & 0\\ 3 & 2 & 1 & 0\end{bmatrix}^{-1}\begin{bmatrix}p(0)\\ p(1)\\ p'(0)\\ p'(1)\end{bmatrix}=\begin{bmatrix}2 & -2 & 1 & 1\\ -3 & 3 & -2 & -1\\ 0 & 0 & 1 & 0\\ 1 & 0 & 0 & 0\end{bmatrix}\begin{bmatrix}p(0)\\ p(1)\\ p'(0)\\ p'(1)\end{bmatrix}=\boldsymbol{M}_h\boldsymbol{G}_h$$

代入式(6－4)，得到 Hermite 曲线的矩阵表示为

$$p(t)=\boldsymbol{TM}_h\boldsymbol{G}_h=[t^3\ t^2\ t\ 1]\begin{bmatrix}2 & -2 & 1 & 1\\ -3 & 3 & -2 & -1\\ 0 & 0 & 1 & 0\\ 1 & 0 & 0 & 0\end{bmatrix}\begin{bmatrix}p(0)\\ p(1)\\ p'(0)\\ p'(1)\end{bmatrix}\quad t\in[0,\ 1] \tag{6-7}$$

通常，$\boldsymbol{T}$ 称为矢量矩阵，$\boldsymbol{M}_h$ 称为通用变换矩阵，$\boldsymbol{G}_h$ 称为 Hermite 系数，$\boldsymbol{T}\cdot\boldsymbol{M}_h$ 称为 Hermite 基函数，如图 6-6 所示。对于不同的三次 Hermite 曲线，Hermite 曲线系数也不同，而 Hermite 基函数都相同。Hermite 基函数的 4 个分量分别为

$$H_0(t)=2t^3-3t^2+1$$

$$H_1(t)=-2t^3-3t^2$$

$$H_2(t)=t^3-2t^2+t$$

$$H_3(t)=t^3-t^2$$

故此，得到三次 Hermite 曲线的几何形式为

$$p(t)=P_0H_0(t)+P_1H_1(t)+R_0H_2(t)+R_1H_3(t) \tag{6-8}$$

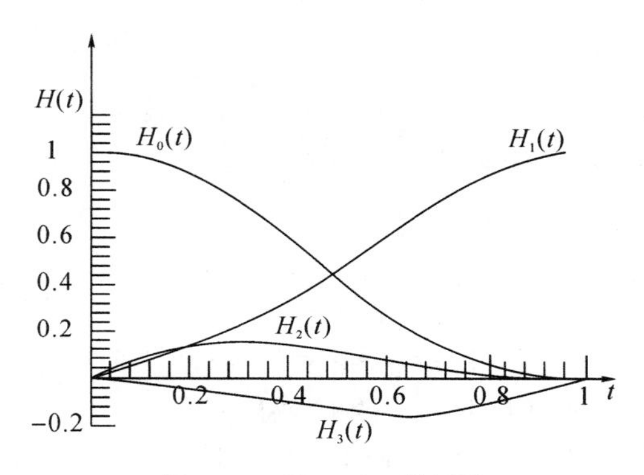

图 6-6　Hermite 基函数

注意：三次 Hermite 曲线两端点的位置矢量、切矢量的大小和方向发生改变，都会对曲线的形状产生影响。

实际应用中，常将次数较高的复杂样条曲线分解成多段子曲线进行生成。如果给定空间 $n+1$ 个控制点，则可以生成 n 段三次 Hermite 曲线。由于每段子曲线的形状只受两端点的控制，故对于每段子曲线都可以进行局部调整，从而提高设计的灵活性和自由性，降低了计算的复杂性。

6.2.4　三次 Hermite 曲线的生成

生成一段 Hermite 曲线的算法程序如下：

【程序 6-1】　绘制 Hermite 曲线。

```
#include <math.h>
#include <gl/glut.h>
#include <iostream>
using namespace std;
struct   Point2
{
     double x;
     double y;
     Point2(int px, int py) { x = px; y = py; }
```

```
};

Point2 P0(100, 200);
Point2 P1(350, 200);
Point2 derP0(200, 200);
Point2 derP1(200, 200);
/* 计算 Hermite 曲线 */
void Hermit(int n)
{
    float f1, f2, f3, f4;
    double deltaT = 1.0 / n;
    glColor3f(0.0, 0.0, 1.0);
    glBegin(GL_LINE_STRIP);
    for (int i = 0; i <= n; i++)
    {
    double T = i * deltaT;
        f1 = 2.0 * pow(T, 3) - 3.0 * pow(T, 2) + 1.0;
        f2 = -2.0 * pow(T, 3) + 3.0 * pow(T, 2);
        f3 = pow(T, 3) - 2.0 * pow(T, 2) + T;
        f4 = pow(T, 3) - pow(T, 2);
        glVertex2f(f1 * P0.x + f2 * P1.x + f3 * derP0.x + f4 * derP1.x,
            f1 * P0.y + f2 * P1.y + f3 * derP0.y + f4 * derP1.y);
    }
    glEnd();
}
void display(){
    glClear(GL_COLOR_BUFFER_BIT);

    glLineWidth(2);
    glColor3f(0.0, 1.0, 0.0);
    glBegin(GL_LINES);              //切向量
    glVertex2f(P0.x, P0.y);
    glVertex2f(P0.x + derP0.x / 4, P0.y + derP0.y / 4);
    glVertex2f(P1.x, P1.y);
    glVertex2f(P1.x - derP1.x / 4, P1.y - derP1.y / 4);
    glEnd();
    glColor3f(1.0, 0.0, 0.0);
    glPointSize(10.0f);
    glBegin(GL_POINTS);             //操控点
    glVertex2f(P0.x, P0.y);
```

```
        glVertex2f(P0.x + derP0.x / 4, P0.y + derP0.y / 4);
        glVertex2f(P1.x, P1.y);
        glVertex2f(P1.x - derP1.x / 4, P1.y - derP1.y / 4);
        glEnd();
        Hermit(20);
        glFlush();
        glutSwapBuffers();
    }
    void init()
    {
        glClearColor(1.0, 1.0, 1.0, 0.0);
        glShadeModel(GL_FLAT);
    }

    void myReshape(int w, int h)
    {
        glViewport(0, 0, (GLsizei)w, (GLsizei)h);
        glMatrixMode(GL_PROJECTION);
        glLoadIdentity();
        gluOrtho2D(0.0, (GLsizei)w, (GLsizei)h, 0.0);
        glMatrixMode(GL_MODELVIEW);
        glLoadIdentity();
    }
    int  main(int argc, char** argv)
    {
        glutInit(&argc, argv);
        glutInitDisplayMode(GLUT_DOUBLE | GLUT_RGB);
        glutInitWindowSize(450, 450);
        glutInitWindowPosition(200, 200);
        glutCreateWindow("Hermite");
        init();
        glutDisplayFunc(display);
        glutReshapeFunc(myReshape);
        glutMainLoop();
        return 0;
    }
```

实验结果如图 6－7 所示。

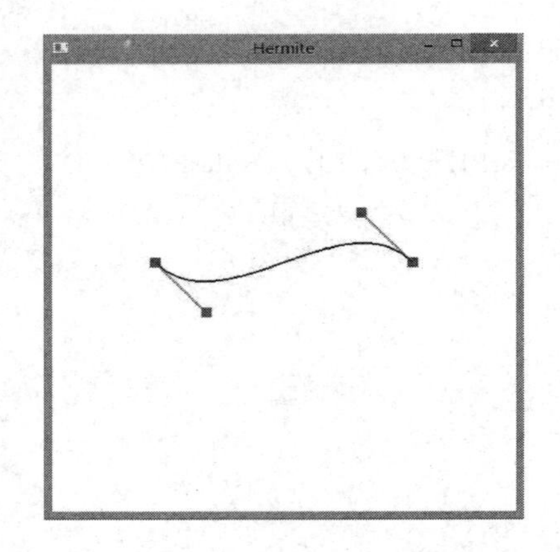

图 6-7　Hermite 曲线

6.3　Bezier 曲线

1971 年，法国雷诺(Renault)汽车公司的贝塞尔(Bezier)发明了用控制多边形定义曲线和曲面的方法。Bezier 曲线是以逼近为基础的参数多项式曲线，它能够比较直观地表示给定条件与所产生曲线之间的关系，可以通过修改输入参数方便地更改曲线的形状和次数，数学处理方法简单，易于被设计人员所接受。

6.3.1　Bezier 曲线的定义

在空间给定 $n+1$ 个控制点，其位置矢量表示为 $P_i(i=0, 1, \cdots, n)$，可以逼近生成如下的 n 次 Bezier 曲线：

$$P(t)=\sum_{i=0}^{n} P_i B_{i,n}(t) \quad t \in [0, 1] \tag{6-9}$$

其中，$B_{i,n}(t)$称为伯恩斯坦(Bernstein)基函数，它的多项式表示为

$$B_{i,n}(t)=C_n^i t^i (1-t)^{n-i}=\frac{n!}{i!\,(n-i)!} t^i (1-t)^{n-i} \quad t\in[0, 1] \tag{6-10}$$

依次用直线段连接相邻的两个控制点 P_i、$P_{i+1}(i=0, 1, \cdots, n-1)$，便得到一条 n 边的折线 $P_0P_1P_2\cdots P_n$，将这样一条 n 边的折线称为 Bezier 控制多边形(或特征多边形)，简称 Bezier 多边形。按式(6-9)所产生的 Bezier 曲线和它的控制多边形十分逼近，通常认为控制多边形是对 Bezier 曲线的大致勾画，如图 6-8 所示，因此在设计中可以通过调整控制多边形的形状来控制 Bezier 曲线的形状。

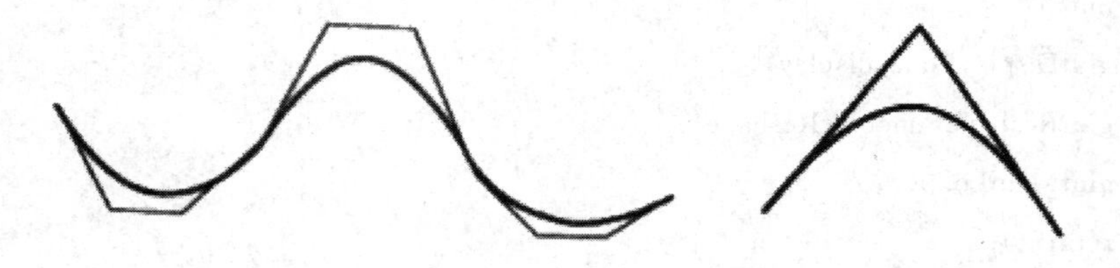

图 6-8　Bezier 曲线和它的控制多边形

由式(6－9)可以推出一次、二次和三次 Bezier 曲线的数学表示及矩阵表示。

1. 一次 Bezier 曲线($n=1$)

一次多项式有两个控制点，其数学表示及矩阵表示为

$$\begin{aligned}P(t) &= \sum_{i=0}^{1} P_i B_{i,1}(t) = P_0 B_{0,1}(t) + P_1 B_{1,1}(t)\\ &= P_0 C_1^0 t^0 (1-t)^{1-0} + P_1 C_1^1 t^1 (1-t)^{1-1}\\ &= (1-t)P_0 + tP_1\\ &= [t\ 1]\begin{bmatrix}-1 & 1\\ 1 & 0\end{bmatrix}\begin{bmatrix}P_0\\ P_1\end{bmatrix} \qquad t\in[0,1]\end{aligned} \tag{6-11}$$

显然，它是一条以 P_0 为起点、P_1 为终点的直线段。

2. 二次 Bezier 曲线($n=2$)

二次多项式有三个控制点，其数学表示及矩阵表示为

$$\begin{aligned}P(t) &= \sum_{i=0}^{2} P_i B_{i,2}(t) = P_0 B_{0,2}(t) + P_1 B_{1,2}(t) + P_2 B_{2,2}(t)\\ &= P_0 C_2^0 t^0 (1-t)^{2-0} + P_1 C_2^1 t^1 (1-t)^{2-1} + P_2 C_2^2 t^2 (1-t)^{2-2}\\ &= (t^2-2t+1)P_0 + (-2t^2+2t)P_1 + t^2 P_2\\ &= [t^2\ t\ 1]\begin{bmatrix}-1 & -2 & 1\\ -2 & 2 & 0\\ 1 & 0 & 0\end{bmatrix}\begin{bmatrix}P_0\\ P_1\\ P_2\end{bmatrix} \qquad t\in[0,1]\end{aligned} \tag{6-12}$$

显然，式(6－12)也可以改写为 $P(t)=(P_2-2P_1+P_0)t^2+2(P_1-P_0)t+P_0$，说明它是一条以 P_0 为起点、P_2 为终点的抛物线，如图 6－9 所示。

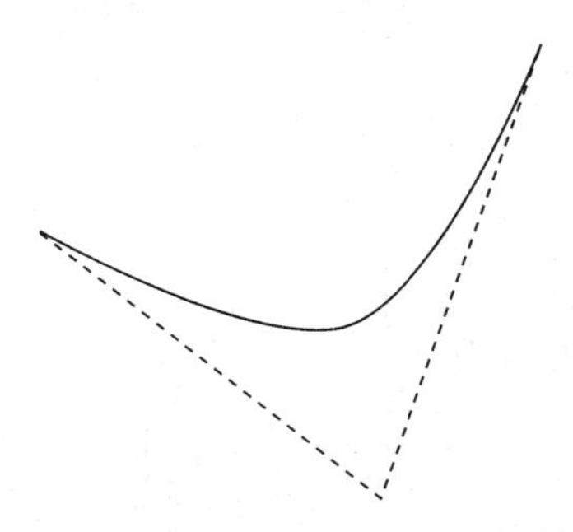

图 6－9　二次 Bezier 曲线

3. 三次 Bezier 曲线($n=3$)

三次多项式有四个控制点，其数学表示及矩阵表示为

$$\begin{aligned}P(t) &= \sum_{i=0}^{3} P_i B_{i,3}(t) = P_0 B_{0,3}(t) + P_1 B_{1,3}(t) + P_2 B_{2,3}(t) + P_3 B_{3,3}(t)\\ &= P_0 C_3^0 t^0 (1-t)^{3-0} + P_1 C_3^1 t^1 (1-t)^{3-1} + P_2 C_3^2 t^2 (1-t)^{3-2}\\ &\quad + P_3 C_3^3 t^3 (1-t)^{3-3}\\ &= (1-t)^3 P_0 + 3t(1-t)^2 P_1 + 3t^2(1-t)P_2 + t^3 P_3\end{aligned}$$

$$= [t^3\ t^2\ t\ 1]\begin{bmatrix}-1 & 3 & -3 & 1\\ 3 & -6 & 3 & 0\\ -3 & 3 & 0 & 0\\ 1 & 0 & 0 & 0\end{bmatrix}\begin{bmatrix}P_0\\ P_1\\ P_2\\ P_3\end{bmatrix} \quad t \in [0,\ 1] \tag{6-13}$$

由式(6-13)可知，三次 Bezier 曲线是一条以 P_0 为起点、P_3 为终点的自由曲线，如图6-10所示。

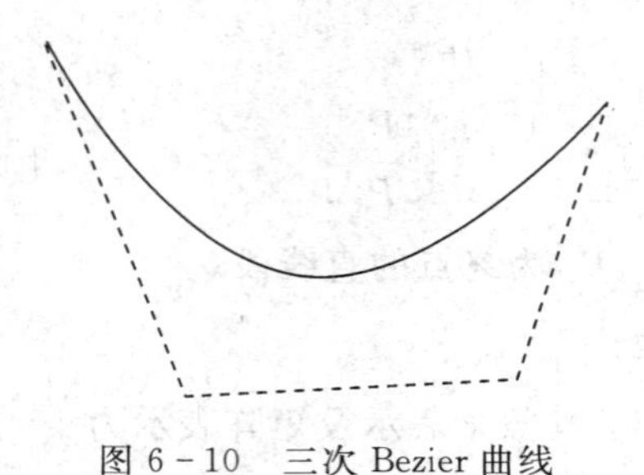

图 6-10　三次 Bezier 曲线

一般，n 次 Bezier 曲线可表示为

$$P(t)=\boldsymbol{T}\cdot\boldsymbol{M}_b\cdot\boldsymbol{G}_b=[t^n\ t^{n-1}\cdots\ t\ 1]\cdot M_{(n+1)\times(n+1)}\cdot\begin{bmatrix}P_0\\ P_1\\ \vdots\\ P_{n-1}\\ P_n\end{bmatrix} \quad t\in[0,\ 1] \tag{6-14}$$

其中，$\boldsymbol{M}_b$ 为 n 次 Bezier 曲线系数矩阵，它的第 i 列为 Bernstein(伯恩斯坦)基函数 $B_{i,n}(t)$ 按 t 降幂排列的系数；$\boldsymbol{G}_b$ $[P_0\ P_1\cdots\ P_n]^{\mathrm{T}}$ 为 n 次 Bezier 曲线的 $n+1$ 个控制点的位置矢量。

6.3.2 Bezier 曲线的性质

1. 端点性质

1) 位置矢量

三次 Bezier 曲线位置矢量表示为

$$P(0) = \sum_{i=0}^{n} P_i B_{i,n}(0) = P_0 B_{0,n}(0) + P_1 B_{1,n}(0) + \cdots + P_n B_{n,n}(0) = P_0$$

$$P(1) = \sum_{i=0}^{n} P_i B_{i,n}(1) = P_0 B_{0,n}(1) + P_1 B_{1,n}(1) + \cdots + P_n B_{n,n}(1) = P_1$$

这表明，Bezier 曲线的起点、终点与相应的控制多边形的起点、终点重合。

2) 切矢量

三次 Bezier 曲线切矢量表示为

$$B'_{i,n}(t)=\frac{n!}{i!\ (n-i)!}[it^{i-1}(1-t)^{n-i}-(n-i)(1-t)^{n-i-1}t^i]$$

$$=\frac{n(n-1)!}{(i-1)!\ [(n-1)-(i-1)]!}t^{i-1}(1-t)^{(n-1)-(i-1)}$$

$$-\frac{n(n-1)!}{i!\ ((n-1)-i)!}t^i(1-t)^{(n-1)-i}$$

$$=n(B_{i-1,\,n-1}(t)-B_{i,\,n-1}(t))$$

$$\begin{aligned}P'(t) &= n\sum_{i=0}^{n}P_i(B_{i-1,\,n-1}(t)-B_{i,\,n-1}(t))\\ &= n((P_1-P_0)B_{0,\,n-1}(t)+(P_2-P_1)B_{1,\,n-1}(t)+\cdots+(P_n-P_{n-1})B_{n-1,\,n-1}(t))\\ &= n\sum_{i=1}^{n}(P_i-P_{i-1})B_{i-1,\,n-1}(t)\end{aligned}$$

由此推出：$P'(0)=n(P_1-P_0)$，$P'(1)=n(P_n-P_{n-1})$。

这表明，Bezier 曲线在起点、终点与相应的控制多边形相切，且在起点和终点处的切线方向与控制多边形的第一条边和最后一条边的走向一致。

例如，三次 Bezier 曲线段在起始点和终止点处的一阶导数为

$$P'(0)=3(P_1-P_0),\ P'(1)=3(P_3-P_2)$$

3）二阶导矢

三次 Bezier 曲线二阶导矢表示为

$$\begin{aligned}P''(t) &= n\sum_{i=1}^{n}(P_i-P_{i-1})B'_{i-1,\,n-1}(t)\\ &= n(n-1)\sum_{i=1}^{n}(P_i-P_{i-1})[B_{i-2,\,n-2}(t)-B_{i-1,\,n-2}(t)]\\ &= n(n-1)\left[\sum_{i=2}^{n}B_{i-2,\,n-2}(t)(P_i-P_{i-1})\sum_{i=1}^{n-1}B_{i-1,\,n-2}(t)(P_i-P_{i-1})\right]\\ &= n(n-1)\left[\sum_{i=0}^{n-2}B_{i,\,n-2}(t)(P_{i+2}-P_{i+1})-\sum_{i=0}^{n-2}B_{i,\,n-2}(t)(P_{i+1}-P_i)\right]\\ &= n(n-1)\sum_{i=0}^{n-2}(P_{i+2}-2P_{i+1}+P_i)B_{i,\,n-2}(t)\end{aligned}$$

由此推出 $P''(0)=n(n-1)(P_2-2P_1+P_0)$，$P''(1)=n(n-1)(P_n-2P_{n-1}+P_{n-2})$。

这表明，Bezier 曲线在起点处的二阶导矢仅与 P_2、P_1、P_0 有关，在终点处的二阶导矢仅与 P_n、P_{n-1}、P_{n-2} 有关。

例如，三次 Bezier 曲线段在起始点和终止点处的二阶导数为

$$P''(0)=6(P_2-2P_1+P_0),\ P''(1)=6(P_3-2P_2+P_1)$$

一般来说，Bezier 曲线在起点处的 m 阶导数仅与离起点最近的 $m+1$ 个向量 P_0、P_1、…、P_m 有关；在终点处的 m 阶导数仅与离终点最近的 $m+1$ 个向量 P_n、P_{n-1}、…、P_{n-m} 有关。

2. 对称性

已知，$B_{i,\,n}(t)=B_{n-i,\,n}(1-t)$，如果将所有控制点的顺序颠倒过来，记 $P_i^*=P_{n-i}$，则根据 Bezier 曲线的定义可推出：

$$\begin{aligned}P^*(t) &= \sum_{i=0}^{n}P_i^*B_{i,\,n}(t)=\sum_{i=0}^{n}P_{n-i}B_{i,\,n}(t)=\sum_{k=n}^{0}P_kB_{n-k,\,n}(t)\\ &= \sum_{k=n}^{0}P_kB_{k,\,n}(1-t)=P(1-t)\end{aligned}$$

这表明，如果保持所有控制点的位置不变，但顺序颠倒，所得新 Bezier 曲线形状不变，但参数变化方向相反。

3. 凸包性

由 Bernstein 基函数的性质可知，$B_{i,n}(t) \geqslant 0$，$\sum_{i=0}^{n} B_{i,n}(t) \equiv 1$。

4. 几何不变性

几何不变性是指某些几何特性不随坐标变换而变化的特征。

由 Bezier 曲线的定义可知，曲线的形状仅与其控制多边形(各控制顶点的相对位置)有关，而与具体坐标系的选择无关。

5. 变差缩减性

Bezier 曲线的变差缩减性是指，若曲线的控制多边形是一个平面图形，则平面内任意直线与曲线的交点个数不多于该直线与其控制多边形的交点个数，如图 6-11 所示。

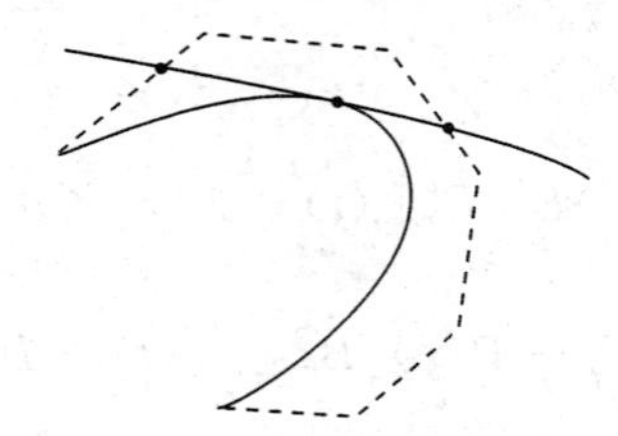

图 6-11　Bezier 曲线的变差缩减性

这一性质说明 Bezier 曲线比其控制多边形的波动小，也就是说 Bezier 曲线比其控制多边形的折线更加平滑。

6. 仿射不变性

对于任意的仿射变换 A 有

$$A([P(t)]) = A\left\{\sum_{i=0}^{n} P_i B_{i,n}(t)\right\} = \sum A[P_i] B_{i,n}(t)$$

即在仿射变换下，$P(t)$的形式不变。

6.3.3　Bezier 曲线的生成

生成一段 Bezier 曲线的算法程序如下：

【程序 6-2】　绘制 Bezier 曲线。

```
#include <math.h>
#include <gl/glut.h>

  class Point
  {
  public:
  float x, y;
  Point(float x2, float y2)
```

```
{
    x = x2;
    y = y2;
}
Point(const Point & rPoint)
{
    x = rPoint.x;
    y = rPoint.y;
}
};

Point abc[4] = { { 235.0, 353.0 }, { 72.0, 159.0 }, { 531.0, 115.0 }, { 382.0, 333.0 } };

void myInit()
{
        glClearColor(1.0, 1.0, 1.0, 1.0);
        glMatrixMode(GL_PROJECTION);
        glLoadIdentity();
        gluOrtho2D(0.0, 640, 0.0, 480.0);
}
void drawDot(Point pt)
{
        glPointSize(10.0);
        glBegin(GL_POINTS);
        glVertex2f(pt.x, pt.y);
        glEnd();
        glFlush();
}
void drawLine(Point p1, Point p2)
{
        glLineWidth(2.0f);
        glBegin(GL_LINES);
        glVertex2f(p1.x, p1.y);
        glVertex2f(p2.x, p2.y);
        glEnd();
        glFlush();
}
//四个控制点的贝塞尔曲线，即三次 Bezier 曲线
Point drawBezier(Point A, Point B, Point C, Point D, double t)
{
        Point P(0, 0);
        double a1 = pow((1 - t), 3);
        double a2 = pow((1 - t), 2) * 3 * t;
```

```
        double a3 = 3 * t*t*(1-t);
        double a4 = t*t*t;

        P.x = a1*A.x + a2*B.x + a3*C.x + a4*D.x;
        P.y = a1*A.y + a2*B.y + a3*C.y + a4*D.y;
        return P;
    }

    void myDisplay()
    {
        glClear(GL_COLOR_BUFFER_BIT);

        glColor3f(0.0, 0.0, 1.0);
        drawDot(abc[0]);                //绘制四个控制点
        drawDot(abc[1]);
        drawDot(abc[2]);
        drawDot(abc[3]);

        glColor3f(0.0, 0.0, 1.0);
        drawLine(abc[0], abc[1]);   //绘制曲线外边框
        drawLine(abc[1], abc[2]);
        drawLine(abc[2], abc[3]);

        glColor3f(1.0, 0.0, 0.0);
        Point Pold = abc[0];
        for (double t = 0.0; t <= 1.0; t += 0.01)
        {
            Point P = drawBezier(abc[0], abc[1], abc[2], abc[3], t);
            drawLine(Pold, P);
            Pold = P;
        }
        glColor3f(1.0, 0.0, 0.0);
        glFlush();
    }
    int main(int argc, char * agrv[])
    {
        glutInit(&argc, agrv);
        glutInitDisplayMode(GLUT_sinGLE | GLUT_RGB);
        glutInitWindowSize(640, 480);
        glutInitWindowPosition(100, 150);
        glutCreateWindow("Bezier Curve");
        glutDisplayFunc(myDisplay);
        myInit();
```

```
    glutMainLoop();
    return 0;
}
```

实验结果如图 6-12 所示。

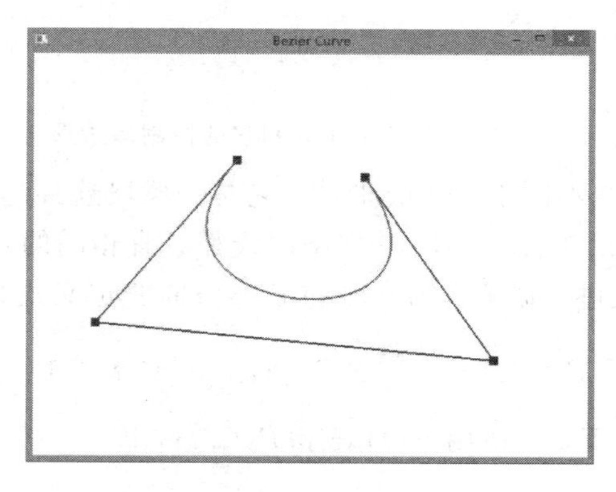

图 6-12　Bezier 曲线

6.4　B 样条曲线

Bezier 曲线虽然有许多优点，但也有如下几点不足：

(1) Bezier 曲线的阶次是由控制多边形的顶点个数决定的，n 个顶点的控制多边形产生 $n-1$ 次的 Bezier 曲线。

(2) Bezier 曲线不能做局部修改，由 Bernstein 基函数的正性可知，曲线在(0，1)区间内的任何一点都要受到全部控制顶点的影响，改变其中任何一个控制点的位置都将对整个曲线产生影响。

为了克服 Bezier 曲线的上述几点不足，1972 年，德布尔(de Boor)与考克斯(Cox)分别给出了 B 样条的标准计算方法。1974 年，美国通用汽车公司的戈登(Gorden)和里森费尔德(Riesenfeld)将 B 样条理论用于形状描述，提出了 B 样条曲线和曲面。B 样条曲线使得控制多边形顶点数与曲线的阶次无关，并可以进行局部修改，而且曲线更逼近于控制多边形。

6.4.1　B 样条曲线的定义

在空间给定 $m+n+1$ 个控制点，用向量 $P_i(i=0, 1, \cdots, m+n)$表示，称 n 次参数曲线

$$P_{i,n}(t)=\sum_{l=0}^{n}P_{i+l}F_{l,n}(t),\ 0\leqslant t\leqslant 1,\ l=0, 1, \cdots, n \tag{6-15}$$

为 n 次 B 样条的第 i 段曲线($i=0, 1, \cdots, m$)。其中，$F_{l,n}(t)$是新引进的 B 样条基函数，即

$$F_{l,n}(t)=\frac{1}{n!}\sum_{j=0}^{n-l}(-1)^j C_{n+1}^j\ (t+n-l-j)^n,\ 0\leqslant t\leqslant 1,\ l=0, 1, \cdots \tag{6-16}$$

这样一共有 $n+1$ 段 B 样条曲线，统称为 n 次 B 样条曲线。

与 Bezier 曲线定义中的控制多边形类似，依次用直线段连接两个控制点 P_{i+l} 与 P_{i+l+1} ($l=0, 1, \cdots, n-1$)，得到的折线称为第 i 段的 B 控制多边形；由第 i 段的 B 控制多边形决

定的B样条曲线称为第 i 段B样条曲线，如图6-13所示。

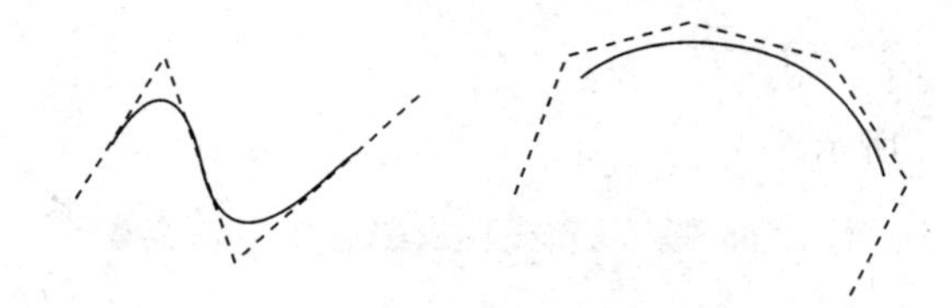

图6-13　B样条曲线和它的控制多边形

由此可见，B样条曲线不同于Bezier曲线，它是一段段连接起来的，并且这一段段的B样条曲线是自然连接的。由于任意一段B样条曲线都具有相同的几何性质，因此，取 $i=0$，即对第0段的B样条曲线进行研究，第0段的B样条曲线定义式为

$$P_{0,n}(t)=\sum_{l=0}^{n}P_lF_{l,n}(t)\quad 0\leqslant t\leqslant 1$$

在不引起混淆的情况下，直接用 $P(t)$ 表示 $P_{0,n}(t)$，即

$$P(t)=\sum_{l=0}^{n}P_lF_{l,n}(t)\quad 0\leqslant t\leqslant 1 \tag{6-17}$$

6.4.2　B样条曲线的表示及性质

在实际应用中，最常用的是二次和三次B样条曲线。下面简单地推导二次、三次B样条曲线的表示方法及其性质。至于更高层次的B样条曲线，由于表示方法及性质均可类推，故此这里不作介绍。

1. 二次B样条曲线的表示方法及其性质

1）二次B样条曲线的数学表示和矩阵表示

由(6-17)式有

$$\begin{aligned}P(t)&=\sum_{l=0}^{2}P_l\cdot F_{l,2}(t)=P_0F_{0,2}(t)+P_1F_{1,2}(t)+P_2F_{2,2}(t)\\&=\frac{1}{2}[(t+2)^2-3(t+1)^2+3t^2]P_0+\frac{1}{2}[(t+1)^2-3t^2]P_1+\frac{1}{2}t^2P_2\\&=\frac{1}{2}(t^2-2t+1)P_0+\frac{1}{2}(-2t^2+2t+1)P_1+\frac{1}{2}t^2P_2\end{aligned}$$

用矩阵形式表示为

$$P(t)=\frac{1}{2}[t^2\ t\ 1]\begin{bmatrix}1&-2&1\\-2&2&0\\1&1&0\end{bmatrix}\begin{bmatrix}P_0\\P_1\\P_2\end{bmatrix}\qquad 0\leqslant t\leqslant 1$$

2）二次B样条曲线的端点性质

(1) 位置矢量。分别令上式中 $t=0$，$t=1$，得到

$$P(0)=\frac{1}{2}(P_0+P_1),\ P(1)=\frac{1}{2}(P_1+P_2)$$

这表明二次B样条曲线的起点在向量 $\overrightarrow{P_0P_1}$ 的中点上，终点在向量 $\overrightarrow{P_1P_2}$ 的中点上，如图6-14所示。

(2) 切矢量。将 $t=0$ 和 $t=1$ 分别代入公式：$P'(t)=P_0(t-1)+P_1(-2t+1)+P_2t$，可得到

$$P'(0)=P_1-P_0 \quad P'(1)=P_2-P_1$$

这表明二次 B 样条曲线的起点切矢量为$\overrightarrow{P_0P_1}$，终点切矢量为$\overrightarrow{P_1P_2}$，如图 6-14 所示。

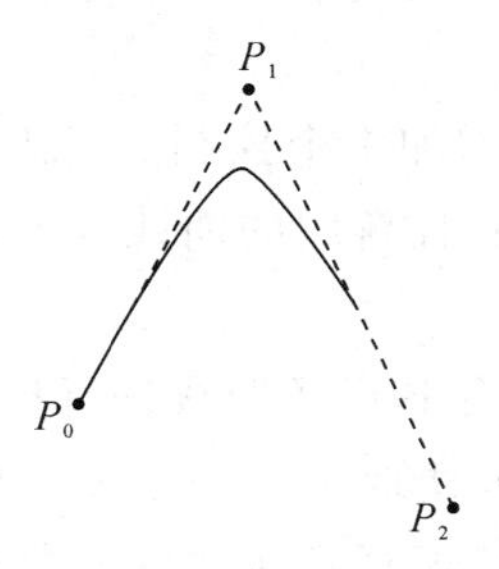

图 6-14　一个二次 B 样条曲线段

3) 二次 B 样条曲线的连续性

从上面的讨论中可知，起点的位置矢量及切矢量仅与控制点 P_0、P_1 有关，终点的位置矢量仅与控制点 P_1、P_2 有关，而且起点位置矢量及切矢量的表达式与终点位置矢量及切矢量的表达式具有完全相同的形式。从这点可以推出，两段相邻的二次 B 样条曲线在终点(起点)处是自然连接的，并具有 C^1 阶连续性。

例　在图 6-14 的基础上增加一个控制点 P_3，则将增加一段连续的二次 B 样条曲线，如图 6-15 所示。给定空间 4 个控制点 $P_i(i=0, 1, \cdots, 3)$，即 $m+n+1=4$，由于 $n=2$，故 $m=1$，所以，4 个控制点得到的二次 B 样条曲线是由 $m+1=2$ 段相邻的二次 B 样条曲线段连接而成的，并自动保持 C^1 阶连续。

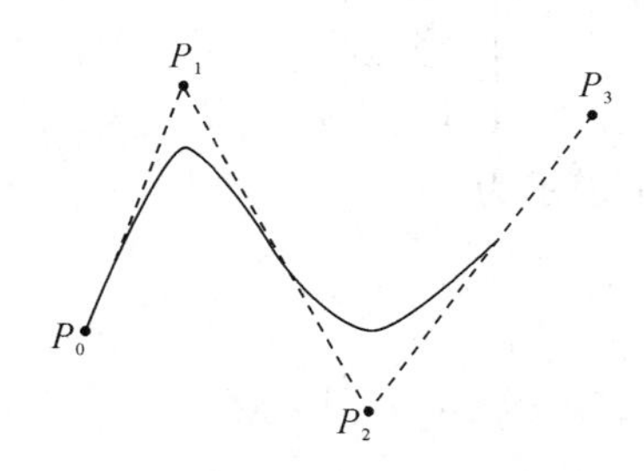

图 6-15　两个 C^1 连续二次 B 样条曲线段

这一性质可推广为：两端相邻的 n 次 B 样条曲线在终点(起点)处是自然连接的，并具有 C^{n-1} 阶连续。

4) 二次 B 样条曲线的凸包性

二次 B 样条曲线的凸包性是指，第 i 段 B 样条曲线必落在第 i 段的 B 控制多边形构成的凸包之中，这一性质从图 6-15 中显而易见。该性质可以推广至任意阶次的 B 样条曲线。

5) 二次 B 样条曲线的局部性

二次 B 样条曲线的局部性是指，每一段二次 B 样条曲线由 3 个控制点的位置矢量决定；同时，在二次 B 样条曲线中改变一个控制点的位置矢量，最多影响 3 个曲线段。

局部性是一个很重要的性质。通过改变控制点的位置，就可以实现对B样条曲线的局部修改，这一修改不会扩散到整个曲线，从而可以极大地提高设计的灵活性。

这一性质可以推广为：任意一段 n 次B样条曲线由 $n+1$ 个控制点的位置矢量决定；同时，在 n 次B样条曲线中改变一个控制点的位置矢量，最多影响 $n+1$ 个曲线段。

6）二次B样条曲线的拓展性

从图6-14中可以看出，如果增加一个控制点，就相应的增加了一段B样条曲线，此时，原有的B样条曲线不受影响，而且新增的曲线与原曲线段自动保持连续性，不需要附加任何条件。

利用拓展性和连续性可以对原有B样条曲线进行扩展，从而减少重新设计或修改的工作量。特别是，可以由多个控制点方便地生成一个低次的B样条曲线，从而降低高次计算所带来的复杂性。这一性质可以推广至任意阶次的B样条曲线。

2. 三次B样条曲线的表示方法及其性质

1）三次B样条曲线的数学表示和矩阵表示

由式(6-17)有

$$P(t)=\sum_{l=0}^{3}P_1\cdot F_{1,3}(t)=P_0\cdot F_{0,3}(t)+P_1\cdot F_{1,3}(t)+P_2\cdot F_{2,3}(t)+P_3\cdot F_{3,3}(t)$$

$$=\frac{1}{6}(-t^3+3t^2-3t+1)P_0+\frac{1}{6}(3t^3-6t^2+4)P_1+\frac{1}{6}(-3t^3+3t^2+3t+1)P_2+\frac{1}{6}t^3P_3$$

用矩阵形式表示为

$$P(t)=\frac{1}{6}[t^3\ t^2\ t\ 1]\begin{bmatrix}-1 & 3 & -3 & 1\\ 3 & -6 & 3 & 0\\ -3 & 0 & 3 & 0\\ 1 & 4 & 1 & 0\end{bmatrix}\begin{bmatrix}P_0\\ P_1\\ P_2\\ P_3\end{bmatrix}\quad 0\leqslant t\leqslant 1$$

一般地，n 次B样条曲线可表示为

$$P(t)=\boldsymbol{T}\cdot\boldsymbol{M}_B\cdot\boldsymbol{G}_B=[t^n\ t^{n-1}\cdots\ t\ 1]\cdot M_{(n+1)\times(n+1)}\cdot\begin{bmatrix}P_0\\ P_1\\ \vdots\\ P_{n-1}\\ P_n\end{bmatrix}\quad 0\leqslant t\leqslant 1\qquad(6-18)$$

其中，$\boldsymbol{M}_B$ 为 n 次B样条曲线系数矩阵，它的第 l 列为B样条基函数 $F_{l,n}(t)$ 按 t 降幂排列的系数；$\boldsymbol{G}_B=[P_0\ P_1\cdots\ P_n]^{\mathrm{T}}$ 为 n 次B样条曲线的 $n+1$ 个控制点的位置矢量。

2）三次B样条曲线的端点性质

(1) 位置矢量。分别令 $t=0$，$t=1$，得到

$$P(0)=\frac{1}{3}\left(\frac{P_0+P_2}{2}\right)+\frac{2}{3}P_1,\ P(1)=\frac{1}{3}\left(\frac{P_1+P_3}{2}\right)+\frac{2}{3}P_2$$

这表明，三次B样条曲线的起点在 $\Delta P_0P_1P_2$ 底边 $\overrightarrow{P_0P_2}$ 中线 $\overrightarrow{P_1P_1^*}$ 且离 P_1 点1/3处，终点在 $\Delta P_1P_2P_3$ 底边 $\overrightarrow{P_1P_3}$ 中线 $\overrightarrow{P_2P_2^*}$ 且离 P_2 点1/3处，如图6-16所示。

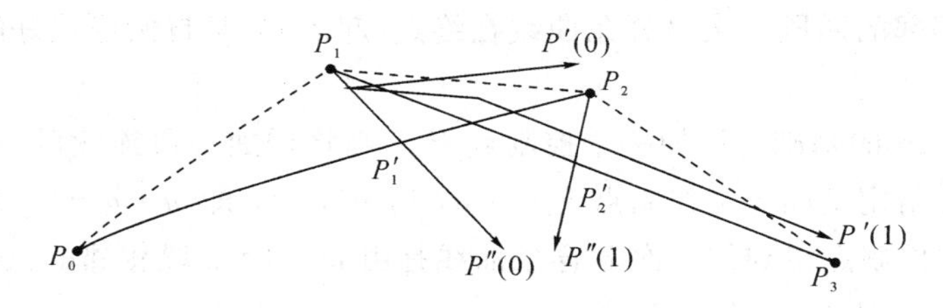

图 6 - 16　一个三次 B 样条曲线段

(2) 切矢量。将 $t=0$ 和 $t=1$ 分别代入一阶导数公式：

$$P'(t)=P_0\cdot\frac{1}{6}(-3t^2+6t-3)+P_1\cdot\frac{1}{6}(9t^2-12t)+P_2\cdot\frac{1}{6}(-9t^2+6t+3)+P_3\cdot\frac{1}{6}3t^2$$

可得到

$$P'(0)=\frac{1}{2}(P_2-P_0),\ P'(1)=\frac{1}{2}(P_3-P_1)$$

这表明，三次 B 样条曲线在起点处的切矢量 $P'(0)$ 平行于 $\Delta P_0P_1P_2$ 的底边 $\overrightarrow{P_0P_2}$，且长度为 $\overrightarrow{P_0P_2}$ 的一半；同样地，在终点处的切向量 $P'(1)$ 平行于 $\Delta P_1P_2P_3$ 的底边 $\overrightarrow{P_1P_3}$，且长度为 $\overrightarrow{P_1P_3}$ 的一半，如图 6 - 16 所示。

(3) 二阶导数。将 $t=0$ 和 $t=1$ 分别代入二阶导数公式：

$$P''(t)=\frac{1}{6}[(-6t+6)P_0+(18t-12)P_1+(-18t+6)P_2+6tP_3]$$

可得到

$$P''(0)=P_0-2P_1+P_2,\ P''(1)=P_1-2P_2+P_3$$

仍以图 6 - 16 为参考，由图中可见

$$(P_0-P_1)=\overrightarrow{P_0P_1},\ \frac{1}{2}(P_2-P_0)=\overrightarrow{P_0P_1^*}$$

又有

$$\overrightarrow{P_0P_1}+\overrightarrow{P_1P_1^*}=\overrightarrow{P_0P_1^*}$$

故此得到

$$P_1-P_0+\overrightarrow{P_1P_1^*}=\frac{1}{2}(P_2-P_0),\ \overrightarrow{P_1P_1^*}=\frac{1}{2}(P_0-2P_1+P_2)=\frac{1}{2}P''_0(0)$$

即

$$P''(0)=2\ \overrightarrow{P_1P_1^*}$$

同理可得

$$P''(1)=2\ \overrightarrow{P_2P_2^*}$$

这表明，三次 B 样条曲线在起点处的曲率为 $\Delta P_0P_1P_2$ 底边 $\overrightarrow{P_0P_2}$ 中线 $\overrightarrow{P_1P_1^*}$ 的两倍；同样地，在终点处的二阶导数为 $\Delta P_1P_2P_3$ 底边 $\overrightarrow{P_1P_3}$ 中线 $\overrightarrow{P_2P_2^*}$ 的两倍。

3) 三次 B 样条曲线的连续性

从上面的讨论可知，三次 B 样条曲线在起点处的位置矢量、切矢量和二阶导数只与控制点 P_0、P_1、P_2 有关，在终点处的位置矢量、切矢量和二阶导数只与给定的向量 P_1、P_2、P_3 有关，而且起点与终点的位置矢量、切矢量和二阶导数的表达式具有完全相同的形式。

从而可以推出，相邻的两段三次 B 样条曲线在终点(起点)处是自然连接好的，并具有 C^2 阶连续。

例 在图 6-16 的基础上增加一个控制点 P_3，则将增加一段连续的三次 B 样条曲线，如图 6-17 所示。给定空间 5 个控制点 $P_i(i=0, 1, \cdots, 4)$，即 $m+n+1=5$，由于 $n=3$，故 $m=1$，所以，5 个控制点得到的三次 B 样条曲线是由 $m+1=2$ 段相邻的三次 B 样条曲线段连接而成的，并自动保持 C^2 阶连续。

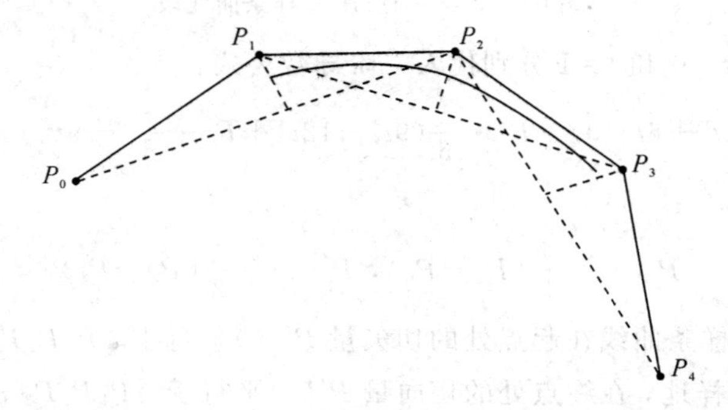

图 6-17 两个 C^2 连续三次 B 样条曲线段

三次 B 样条曲线段的局部性、凸包性和拓展性可由二次 B 样条曲线段的性质类推，这里不再赘述。

6.4.3 B 样条曲线的生成

生成一段 B 样条曲线的算法程序如下：

【程序 6-3】 绘制 B 样条曲线。

```
#include <gl/glut.h>
#include <math.h>
#include <iostream>
using namespace std;

#define NUM_POINTS 4
#define NUM_SEGMENTS (NUM_POINTS-3)

struct Point2
{
    double x;
    double y;
    Point2() { x = 0; y = 0; }
    Point2(int px, int py) { x = px; y = py; }
    void SetPoint2(int px, int py) { x = px; y = py; }
};

Point2 vec[NUM_POINTS];
```

```
/*绘制B样条曲线*/
void Bspline(int n)
{
    float f1, f2, f3, f4;
    float deltaT = 1.0 / n;
    float T;
    glBegin(GL_LINE_STRIP);
    for (int num = 0; num < NUM_SEGMENTS; num++)
    {
        for (int i = 0; i <= n; i++)
        {
            T=i * deltaT;

            f1=(-pow(T, 3) + 3 * pow(T, 2) - 3 * T + 1) / 6.0;
            f2= (3 * pow(T, 3) - 6 * pow(T, 2) + 4) / 6.0;
            f3=(-3 * pow(T, 3) + 3 * pow(T, 2) + 3 * T + 1) / 6.0;
            f4=pow(T, 3) / 6.0;
            glVertex2f(f1 * vec[num].x + f2 * vec[num + 1].x + f3 * vec[num + 2].x
            + f4 * vec[num + 3].x,
            f1 * vec[num].y + f2 * vec[num + 1].y + f3 * vec[num + 2].y + f4 * vec
            [num + 3].y);
        }
    }
    glEnd();
}

void display()
{
    glClear(GL_COLOR_BUFFER_BIT);
    glLoadIdentity();
    glLineWidth(1.5f);
    glColor3f(1.0, 0.0, 0.0);
    glBegin(GL_LINE_STRIP);
    for (int i = 0; i < NUM_POINTS; i++)
    {
        glVertex2f(vec[i].x, vec[i].y);
    }
    glEnd();
    glPointSize(10.0f);
    glColor3f(0.0, 0.0, 1.0);
    glBegin(GL_POINTS);
    for (int i = 0; i < NUM_POINTS; i++)
    {
```

```
        glVertex2f(vec[i].x, vec[i].y);
    }
    glEnd();
    Bspline(20);
    glFlush();
    glutSwapBuffers();
}

void init()
{
    glClearColor(1.0, 1.0, 1.0, 0.0);
    glShadeModel(GL_FLAT);
    vec[0].SetPoint2(50, 400);
    vec[1].SetPoint2(100, 80);
    vec[2].SetPoint2(300, 100);
    vec[3].SetPoint2(350, 300);
}

void reshape(int w, int h)
{
    glViewport(0, 0, (GLsizei)w, (GLsizei)h);
    glMatrixMode(GL_PROJECTION);
    glLoadIdentity();
    gluOrtho2D(0.0, (GLsizei)w, (GLsizei)h, 0.0);
    glMatrixMode(GL_MODELVIEW);
    glLoadIdentity();
}

int main(int argc, char * * argv)
{
    glutInit(&argc, argv);
    glutInitDisplayMode(GLUT_RGBA | GLUT_DOUBLE);
    glutInitWindowSize(500, 500);
    glutInitWindowPosition(200, 200);
    glutCreateWindow("B-Spline Curve");
    init();
    glutDisplayFunc(display);
    glutReshapeFunc(reshape);
    glutMainLoop();
    return 0;
}
```

实验结果如图 6-18 所示。

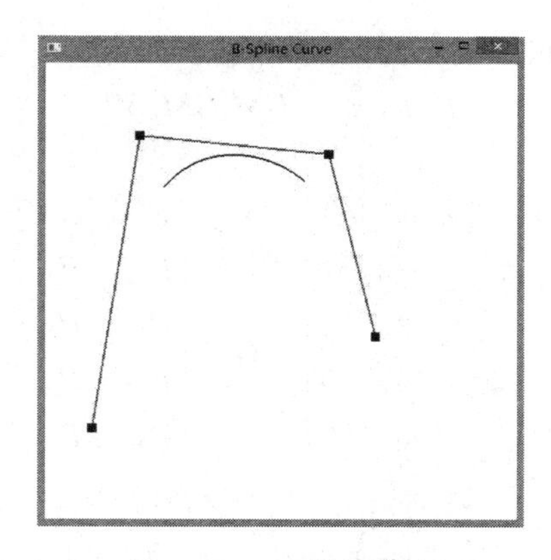

图 6－18　B 样条曲线

6.5　Bezier 曲面

6.5.1　Bezier 曲面的定义及性质

1. Bezier 曲面的定义

6.3 小节已经介绍过，Bezier 曲线段是由空间的控制多边形的顶点控制的，而 Bezier 曲面片则是由控制多面体的顶点控制的。

一般地，在空间给定$(n+1)\times(m+1)$个点 P_{ij} $(i=0, 1, \cdots, n; j=0, 1, \cdots, m)$，则可逼近生成一个 $n\times m$ 次的 Bezier 曲面片，其定义为

$$P(u, v)=\sum_{i=0}^{n}\sum_{j=0}^{m}P_{ij}(u)B_{i,m}(v)\quad u, v\in[0, 1] \tag{6-19}$$

将 P_{ij} 称为 $P(u, v)$的控制顶点；把由两组多边形 $P_{i0}P_{i1}\cdots P_{im}$ $(i=0, 1, \cdots, n)$和 $P_{0j}P_{1j}\cdots P_{nj}$ $(j=0, 1, \cdots, m)$组成的网格称为 $P(u, v)$的控制多面体(控制网格)，记为$\{P_{ij}\}$。同样，$P(u, v)$是对$\{P_{ij}\}$的逼近，$\{P_{ij}\}$是 $P(u, v)$大致形状的勾画。

由 16 个控制顶点构成的控制网格可绘制一个双三次(3×3 次)Bezier 曲面片，如图 6－19所示。

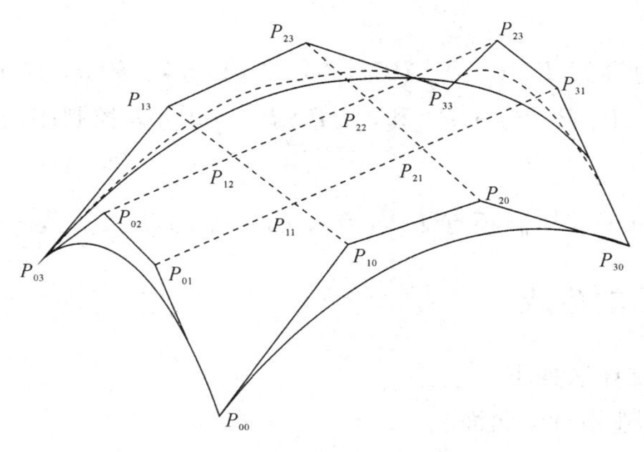

图 6－19　一个双三次 Bezier 曲面片

双三次 Bezier 曲面片的矩阵表示为

$$P(u, v)=\boldsymbol{U}\boldsymbol{M}_b\boldsymbol{G}\boldsymbol{M}_b^{\mathrm{T}}\boldsymbol{V}^{\mathrm{T}} \tag{6-20}$$

其中，

$$\boldsymbol{U}=[u^3\ u^2\ u\ 1] \quad \boldsymbol{V}=[v^3\ v^2\ v\ 1]$$

$$\boldsymbol{M}_b=\begin{bmatrix} -1 & 3 & -3 & 1 \\ 3 & -6 & 3 & 0 \\ -3 & 3 & 0 & 0 \\ 1 & 0 & 0 & 0 \end{bmatrix} \quad \boldsymbol{G}=\begin{bmatrix} P_{00} & P_{01} & P_{02} & P_{03} \\ P_{10} & P_{11} & P_{12} & P_{13} \\ P_{20} & P_{21} & P_{22} & P_{23} \\ P_{30} & P_{31} & P_{32} & P_{33} \end{bmatrix}$$

2. Bezier 曲面的性质线

Bezier 曲面的许多性质与 Bezier 曲线完全一致，如端点性质、凸包性、对称性等，这里只作简单回顾。

1）端点性质

由式(6-19)可得

$$P_{00}=P(0, 0),\ P_{0m}=P(0, 1),\ P_{n0}=P(1, 0),\ P_{nm}=P(1, 1)$$

其中，控制点 P_{00}、P_{0m}、P_{n0}、P_{nm} 正是曲面 $P(u, v)$ 的 4 个角点。

通过计算 Bezier 曲面在 4 个角点上关于 u 方向和 v 方向上的一阶偏导向量，可得

$$\left.\frac{\partial P(u, v)}{\partial v}\right|_{\substack{u=0\\v=0}}=3(P_{01}-P_{00})$$

$$\left.\frac{\partial P(u, v)}{\partial v}\right|_{\substack{u=0\\v=1}}=3(P_{31}-P_{30})$$

$$\left.\frac{\partial P(u, v)}{\partial v}\right|_{\substack{u=1\\v=0}}=3(P_{03}-P_{02})$$

$$\left.\frac{\partial P(u, v)}{\partial v}\right|_{\substack{u=1\\v=1}}=3(P_{33}-P_{32})$$

上式表明，在各角点沿 u 方向的切向量恰好就是沿着该方向并与角点相连的控制网格上一条边的 3 倍；同理，在各角点沿 v 方向的切向量恰好就是沿该方向并与角点相连的控制网格上一条边的 3 倍。

2）边界线的位置

$P(u, v)$ 的 4 条边界线 $P(0, v)$、$P(u, 0)$、$P(1, v)$、$P(u, 1)$ 分别是以 $P_{00}P_{01}P_{02}\cdots P_{0m}$，$P_{00}P_{10}P_{20}\cdots P_{m0}$，$P_{n0}P_{n1}P_{n2}\cdots P_{nm}$ 和 $P_{0m}P_{1m}P_{2m}\cdots P_{nm}$ 为控制多边形的 Bezier 曲线。

3）凸包性

曲面片 $P(u, v)$ 位于其控制顶点 P_{ij} ($i=0, 1, \cdots, n$; $j=0, 1, \cdots, m$) 的凸包内。

6.5.2 Bezier 曲面的生成

Bezier 曲面的生成算法如下：

【程序 6-4】 绘制 Bezier 曲面。

```
#include <GL/glut.h>
```

```
GLfloat ctrlpoints[4][4][3] = {
    { { -3, 0, 4.0 }, { -2, 0, 2.0 }, { -1, 0, 0.0 }, { 0, 0, 2.0 } },
    { { -3, 1, 1.0 }, { -2, 1, 3.0 }, { -1, 1, 6.0 }, { 0, 1, -1.0 } },
    { { -3, 2, 4.0 }, { -2, 2, 0.0 }, { -1, 2, 3.0 }, { 0, 2, 4.0 } },
    { { -3, 3, 0.0 }, { -2, 3, 0.0 }, { -1, 3, 0.0 }, { 0, 3, 0.0 } }
};

void display(void)
{
    int i, j;
    glClear(GL_COLOR_BUFFER_BIT | GL_DEPTH_BUFFER_BIT);
    glColor3f(0.0, 0.0, 0.0);
    glPushMatrix();
    glRotatef(85.0, 1.0, 1.0, 1.0);
    for (j = 0; j <= 20; j++)
    {
        glBegin(GL_LINE_STRIP);
        for (i = 0; i <= 20; i++)
          glEvalCoord2f((GLfloat)i / 20.0, (GLfloat)j / 20.0); //调用求值器
        glEnd();
        glBegin(GL_LINE_STRIP);
        for (i = 0; i <= 20; i++)
          glEvalCoord2f((GLfloat)j / 20.0, (GLfloat)i / 20.0); //调用求值器
        glEnd();
    }
    glPopMatrix();
    glFlush();
}

void init(void)
{
    glClearColor(1.0, 1.0, 1.0, 0.0);
    //下行的代码用控制点定义 Bezier 曲面函数
    glMap2f(GL_MAP2_VERTEX_3, 0, 1, 3, 4, 0, 1, 12, 4, &ctrlpoints[0][0][0]);
    glEnable(GL_MAP2_VERTEX_3); //激活该曲面函数
    glOrtho(-5.0, 5.0, -5.0, 5.0, -5.0, 5.0); //构造平行投影矩阵
}

int main(int argc, char * * argv)
{
    glutInit(&argc, argv);
    glutInitDisplayMode(GLUT_sinGLE | GLUT_RGB | GLUT_DEPTH);
    glutInitWindowSize(500, 500);
```

```
    glutInitWindowPosition(100, 100);
    glutCreateWindow("Bezier Surface");
    init();
    glutDisplayFunc(display);
    glutMainLoop();
    return 0;
}
```

实验结果如图 6-20 所示。

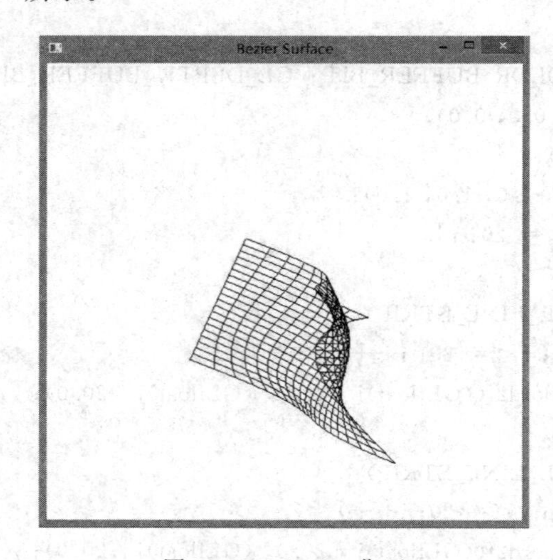

图 6-20　Bezier 曲面

6.6　B 样条曲面

与 Bezier 曲面是 Bezier 曲线的拓展一样，B 样条曲面也是由 B 样条曲线拓展而来的。在空间给定$(n+1)\times(m+1)$个点 $P_{ij}(i=0, 1, \cdots, n; j=0, 1, \cdots, m)$，则可逼近生成一个 $n\times m$ 次的 B 样条曲面片，定义为

$$P(u, v)=\sum_{i=0}^{n}\sum_{j=0}^{m}P_{ij}F_{i,n}(u)F_{i,m}(v) \quad u, v\in[0, 1] \tag{6-21}$$

同样地，称 P_{ij} 为 B 样条曲面 $P(u, v)$的控制顶点；如果用一系列直线段将相邻的 P_{ij} 一一连接起来，则可得到一张空间网格，称为 B 样条曲面的控制多面体(控制网格)，记为$\{P_{ij}\}$。同样，$P(u, v)$是对$\{P_{ij}\}$的逼近，$\{P_{ij}\}$是 $P(u, v)$大致形状的勾画。相比于 Bezier 曲面，B 样条曲面更加逼近于控制网格。

由 16 个控制顶点构成的控制网格可绘制一个双三次(3×3 次)B 样条曲面片，它的矩阵表示为

$$P(u, v)=\boldsymbol{U}\boldsymbol{M}_B\boldsymbol{G}\boldsymbol{M}_B^{\mathrm{T}}\boldsymbol{V}^{\mathrm{T}} \tag{6-22}$$

其中，

$$\boldsymbol{U}=[u^3\ u^2\ u\ 1] \quad \boldsymbol{V}=[v^3\ v^2\ v\ 1]$$

$$\boldsymbol{M}_B=\frac{1}{6}\begin{bmatrix}-1 & 3 & -3 & 1\\ 3 & -6 & 3 & 0\\ -3 & 0 & 3 & 0\\ 1 & 4 & 1 & 0\end{bmatrix}\quad \boldsymbol{G}=\begin{bmatrix}P_{00} & P_{01} & P_{02} & P_{03}\\ P_{10} & P_{11} & P_{12} & P_{13}\\ P_{20} & P_{21} & P_{22} & P_{23}\\ P_{30} & P_{31} & P_{32} & P_{33}\end{bmatrix}$$

前面已经讨论得知，B 样条曲线的起点、终点不与其控制多边形的起点、终点重合。同样地，双三次 B 样条曲面片的 4 个角点不在其控制网格的 4 个顶点处。

通过计算得到

$$P(0,\ 0)=\frac{1}{36}[(P_{00}+4P_{10}+P_{20})+4(P_{01}+4P_{11}+P_{21})+(P_{02}+4P_{12}+P_{22})]$$

由上式可知，角点 $P(0,\ 0)$的位置向量仅与 $\boldsymbol{G}$ 矩阵中的 9 个元素有关，而与其余的 7 个元素无关。同理可推出，双三次 B 样条曲面片的每一个角点向量都仅与 $\boldsymbol{G}$ 矩阵中的某 9 个元素相关，并在排列上非常有规律，如图 6 - 21 所示。

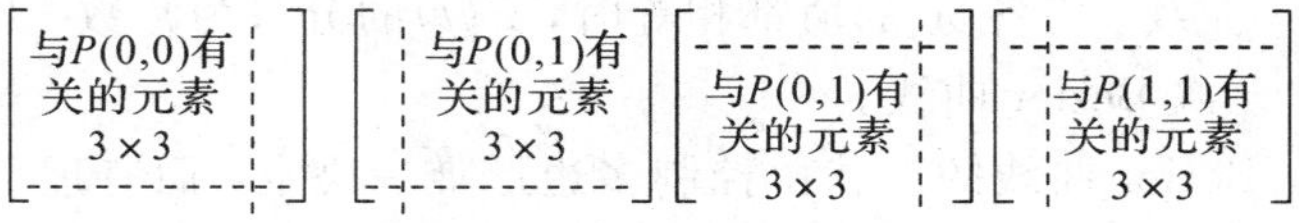

与$P(0,0)$有关的元素 3×3　　与$P(0,1)$有关的元素 3×3　　与$P(0,1)$有关的元素 3×3　　与$P(1,1)$有关的元素 3×3

图 6 - 21　角点位置与 $\boldsymbol{G}$ 矩阵的关系

进一步研究可以证明，双三次 B 样条曲面在每一个角点的各种一阶偏导向量和二阶偏导向量也仅与上述 9 个元素有关，而与其他 7 个元素无关。

6.4 小节已经介绍，两个相邻的三次 B 样条曲线段能自动保持 C^2 阶连续。将这一点推广到两个相邻的双三次 B 样条曲面片可以得到相似的结果。B 样条曲面的其余性质也可以从 B 样条曲线段的性质推广而来。

6.7　有理样条曲线

有理函数是两个多项式之比，而有理样条(Rational Spline)是两个样条函数之比。例如，有理 B 样条曲线可以用向量描述为

$$P(t)=\frac{\sum_{k=0}^{n}\omega_k P_k B_{k,\ d}(t)}{\sum_{k=0}^{n}\omega_k B_{k,\ d}(t)}\tag{6-23}$$

其中，P_k 是 $n+1$ 个控制点位置，参数 ω_k 是控制点的权因子。一个特定的 ω_k 值越大，曲线就越靠近该控制点 P_k。当所有权因子都设为 1 时，得到标准 B 样条曲线，因为此时式(6 - 23)中的分母为 1(混合函数之和)。

有理样条与非有理样条相比有两个优点。第一，有理样条提供了二次曲线的精确表达式，如圆和椭圆。对于非有理样条，表达式为多项式，仅能逼近二次曲线。这使图形设计包可仅用一个表达式——有理样条来模拟所有曲线形状，无需用一个曲线函数库去处理不同的设计形状。第二，有理样条对于透视观察变换是不变的。这意味着可以对有理曲线上的控制点应用一个透视观察变换来得到曲线的正确视图。而另一方面，非有理样条关于透视观察变换是可变的。通常，图形设计包用非均匀节点向量表达式来构造有理 B 样条，这种

样条称为NURBS(Non-Uniform Rational B-Spline)。

齐次坐标表达式可用于有理样条，这是因为分母可以看成是在控制点四维表达式中的齐次因子。这样，一个有理样条可以看作是四维非有理样条投影到三维空间中。

6.7.1 有理 Bezier 曲线

称下列参数曲线为以 P_0，P_1，…，P_n 为控制多边形，以 ω_0，ω_1，…，ω_n 为权的 n 次有理 Bezier 曲线。

$$P(t)=\frac{\sum_{i=0}^{n}\omega_i P_i B_{i,n}(t)}{\sum_{i=0}^{n}\omega_i B_{i,n}(t)}\quad(0\leqslant t\leqslant 1)$$

为使分母不为0，一般要求权 $\omega_i>0$。易知 $P(t)$ 具有下列性质：

(1) 包含 Bezier 曲线。当各 ω_i 的值都相等时，$P(t)$ 的分母为常数，$P(t)$ 化为以 $P_0P_1\cdots P_n$ 为控制多边形的 n 次 Bezier 曲线。

(2) 形状灵活。Bezier 曲线的形状由控制多边形唯一决定，而有理 Bezier 曲线则不同。控制多边形确定后，还可以通过调整权的值改变曲线形状，因而显得更加灵活。

(3) 良好的端点性质。与 Bezier 曲线一样，有理 Bezier 曲线也以 P_0，P_1，…，P_n 为端点与边 $P_0P_1\cdots P_{n-1}P_n$ 相切，即

$$P_0=P(0),\ P_n=P(1)$$

$$P_0'=\frac{\omega_1}{\omega_0(P_1-P_0)},\ P_n'=\frac{\omega_{n-1}}{\omega_n(P_n-P_{n-1})}$$

(4) 良好的几何性质。有理 Bezier 曲线与 Bezier 曲线一样，具有凸包性、保凸性、变差不变性、几何不变性和良好的交互能力等性质。

(5) 易离散生成。有理 Bezier 曲线也有与 Bezier 曲线类似的离散生成算法，只不过控制多边形的割角过程变得复杂了。

二次有理 Bezier 曲线可以表示圆和椭圆等二次曲线和更复杂的曲线。二次有理 Bezier 曲线：

$$P(t)=\frac{\omega_0P_0(1-t)^2+2\omega_1P_1t(1-t)+\omega_2P_2t^2}{\omega(1-t)^2+2\omega_1t(1-t)+\omega_2t^2}$$

是二次曲线，如图 6-22 所示。

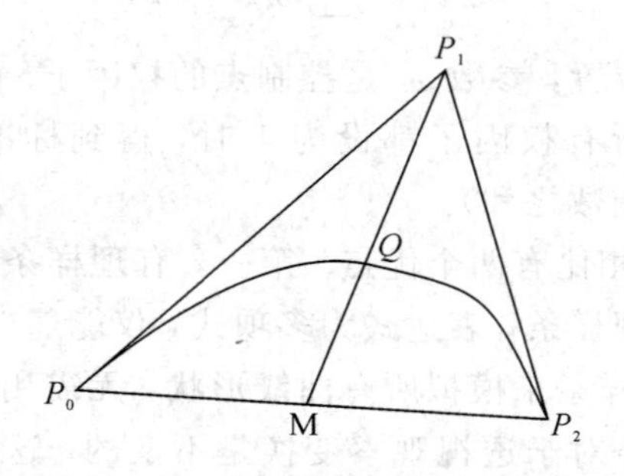

图 6-22 二次有理 Bezier 曲线

有理 Bezier 曲线具有以下特点。

（1）具有不变量。

$$R=\frac{\omega_1^2}{\omega_0\omega_2}$$

上式是 $P(t)$ 的不变量。同一个控制多边形 $P_0P_1P_2$ 定义的两条二次有理 Bezier 曲线，如果 R 值相同，则它们重合为同一条曲线。R 是具有几何意义的量。

记 $P(t)$ 与三角形 $P_0P_1P_2$ 底边 P_0P_2 上的中线 MP_1 的交点为 Q，则 R 为 MQ 与 QP_1 长度比的平方，即

$$R=\frac{|MQ|^2}{|QP_1|^2}$$

（2）依变量分类。

$P(t)$ 的类型由 R 的值决定。

$R<1$，$P(t)$ 为椭圆段；

$R=1$，$P(t)$ 为抛物线段；

$R>1$，$P(t)$ 为曲线段；

（3）圆弧的表示。

$P(t)$ 为圆弧的充要条件为 $\triangle P_0P_1P_2$ 为等腰三角形，即 $|P_0P_1|=|P_1P_2|$，$R=\cos^2\theta$。其中 θ 为 $\triangle P_0P_1P_2$ 的底角，一般可取 $\omega_0=\omega_2=1$，$\omega_1=\cos\theta$，如图 6－23 所示。

（4）整圆的表示。

如图 6－24 所示，设 $P_1P_3P_5P_7$ 为圆外切正方形，P_0、P_2、P_4、P_6 为切点。按上述方法可以用以 $P_0P_1P_2$、$P_2P_3P_4$、$P_4P_5P_6$ 和 $P_6P_7P_0$ 为控制多边形的四段二次有理 Bezier 曲线来表示圆。

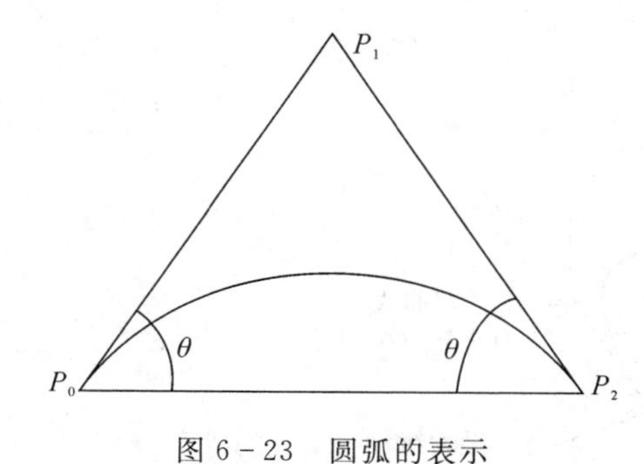

图 6－23　圆弧的表示

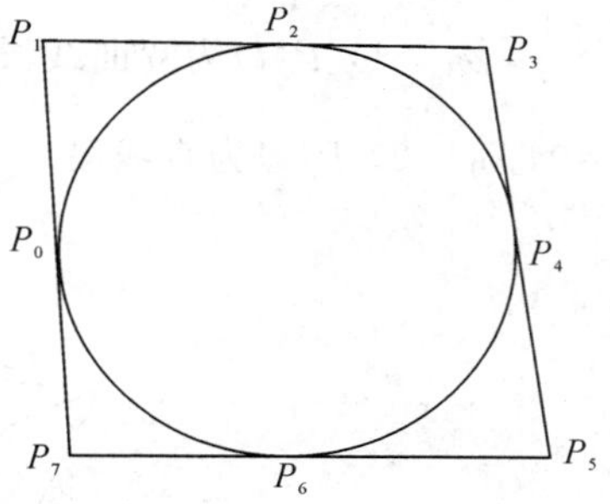

图 6－24　整圆的表示

6.7.2　有理 B 样条曲线

B 样条曲线也可以推广到有理的形式。在 t 轴上的分割 $T=\{t_i\}(i=-\infty\sim+\infty)$ 给定后，称下列参数曲线为以 P_0，P_1，…，P_n 为控制多边形，以 ω_0，ω_1，…，ω_n 为权的 k 阶（或 $k-1$ 阶）的有理 B 样条曲线。

$$P(t)=\frac{\sum_{i=0}^{n}\omega_iP_iB_{i,k}(t)}{\sum_{i=0}^{n}\omega_iB_{i,k}(t)}t_k\leqslant t\leqslant t_{n+1}，(n\geqslant k)\tag{6-24}$$

一般取 $\omega_i>0$，使 $P(t)$ 的分母不为 0。

B 样条曲线是分段多项式，有理 B 样条曲线是分段有理多项式，它在各节点 t_i 处具有与 B 样条曲线同样的连续性，同时它具有与 B 样条曲线同样的凸包性、几何不变性、保凸性、变差缩减性、局部调整性、造型灵活性等性质。

B 样条曲线是有理 B 样条曲线的特例，即各权 ω_i 全相等的有理 B 样条曲线。

有理 Bezier 曲线也是有理 B 样条曲线的特例。在分割 T 中，若 t_k，t_{k+1} 都为 $k-1$ 重节点，即 $t_1<t_2=t_3=\cdots=t_k<t_{k+1}=t_{k+2}=\cdots=t_{2k-1}<t_{2k}$，且 $n=k$，则式(6-24)表示的是 $k-1$ 的有理 Bezier 曲线。

二次有理 B 样条曲线也可以表示圆、椭圆等二次曲线和更复杂的曲线。

若在有理 B 样条曲线公式(6-24)中取权函数为下列值：

$$\omega_0=\omega_2=1,\ \omega_1=\frac{r}{1-r},\ 0\leqslant r\leqslant 1$$

则二次有理 B 样条表达式为

$$P(t)=\frac{P_0B_{0,3}(t)+\left[\dfrac{r}{1-r}\right]P_1B_{1,3}(t)+P_2B_{2,3}(t)}{B_{0,3}(t)+\left[\dfrac{r}{1-r}\right]B_{1,3}(t)+B_{2,3}(t)}$$

然后用下列参数 r 值可得各种二次曲线，如图 6-25 所示。

$r<\frac{1}{2}$，$\omega_1<1$，$P(t)$ 为椭圆段；

$r=\frac{1}{2}$，$\omega_1=1$，$P(t)$ 为抛物线段；

$r>\frac{1}{2}$，$\omega_1>1$，$P(t)$ 为双曲线段；

$r=0$，$\omega_1=0$，$P(t)$ 为直线段。

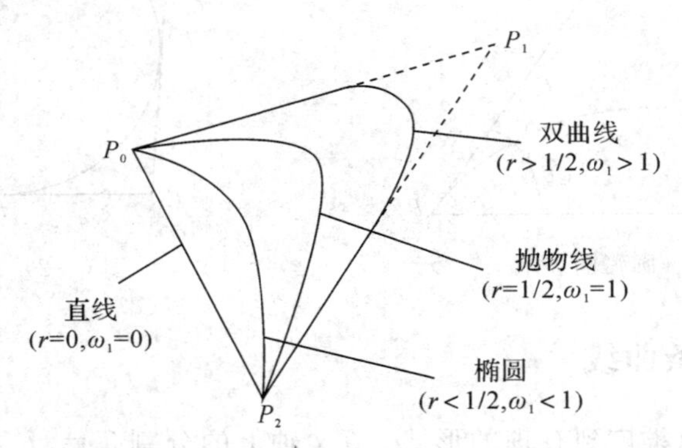

图 6-25　由不同有理样条权因子 ω_i 值生成的二次曲线段

设 $\omega_1=\cos\phi$，选控制点为

$$P_0=(0,\ 1)\qquad P_1=(1,\ 1)\qquad P_2=(1,\ 0)$$

可以产生 xy 平面上第一象限中的 $\frac{1}{4}$ 单位圆弧，如图 6-26 所示。单位圆的其他部分可以由不同控制点位置而得。用几何变换可以产生 xy 平面上的整个圆。

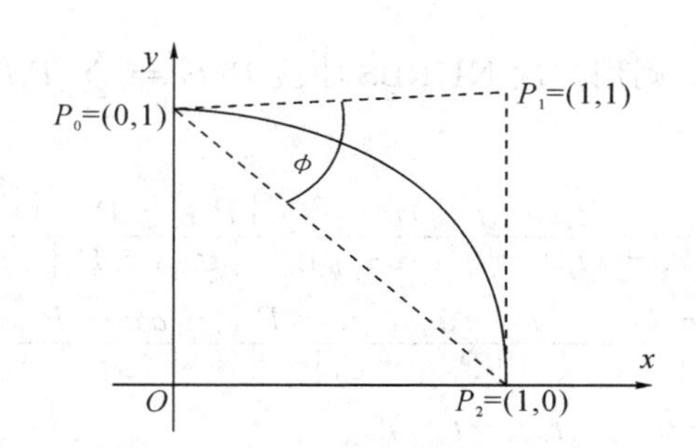

图 6-26　xy 平面中第一象限上的圆弧

6.7.3　非均匀有理 B 样条(NURBS)曲线

均匀 B 样条函数的特点是节点的参数轴的分布是等距的，因而由不同节点矢量生成的 B 样条基函数所绘制的形状是相同的。在构造每段曲线时，若采用均匀 B 样条函数，由于各段所用的基函数都一样，故计算简便。非均匀 B 样条函数其节点参数沿参数轴的分布是不等距的，因而不同节点矢量形成的 B 样条函数各不相同，需要单独计算，其计算量比 B 样条函数大得多。尽管如此，近年来 NURBS 仍有较快的发展和较为广泛的应用，主要原因如下：

(1) 对标准的解析形状(如圆锥曲线、二次曲面、回转面等)和自由曲线、曲面提供了统一的数学表示，无论是解析形状还是自由格式的形状均有统一的表示参数，便于工程数据库的存取和应用。

(2) 可通过控制点和权因子来灵活地改变形状。

(3) 对插入节点、修改、分割、几何插值等的处理工具比较有力。

(4) 具有透视投影变换和仿射变换的不变性。

(5) 非有理 B 样条、有理及非有理 Bezier 曲线是 NURBS 的特例表示。

NURBS 曲线是由分段有理 B 样条多项式基函数定义的，形式是

$$P(t)=\frac{\sum_{i=0}^{n}\omega_i B_{i,k}(t)}{\sum_{i=0}^{n}\omega_i B_{i,k}(t)}=\sum_{i=0}^{n}P_i R_{i,k}(t) \tag{6-25}$$

其中，P_i 是特征多边形顶点位置矢量，$B_{i,k}(t)$ 是 k 次 B 样条基函数，ω_i 是相应控制点 P_i 的权因子，节点向量中节点个数 $m=n+k+1$，n 为控制点数，k 为 B 样条基函数的次数。

节点矢量 $T=\{\underbrace{\alpha,\cdots,\alpha}_{k+1\text{个}},t_{k+1},\cdots,t_n,\underbrace{\beta,\cdots,\beta}_{k+1\text{个}}\}$，对于非周期函数，若有一个正实数 d，对全部 $k\leqslant j\leqslant n$，存在 $t_{j+1}-t_j=d$，则称 T 为均匀节点矢量，否则为非均匀节点矢量。

在实际应用中取 $\alpha=0$、$\beta=1$。由式(6-25)和节点矢量 T 定义的 $t\in[0,1]$区间上的整条 NURBS 曲线与 Bezier 曲线相似，即曲线过起点、终点，且起点、终点的切矢量是控制多边形的第一条和最后一条边。

二次 NURBS 曲线可用于表示圆锥曲线。

若特征多边形的顶点为 P_i、P_{i+1}、P_{i+2}，节点矢量为 $P_{i+2}\{t_i,t_{i+1},\cdots,t_{i+5}\}$，且 $t_i=t_{i+1}$

$=t_{i+2}<t_{i+3}=t_{i+4}=t_{i+5}$，则用二次 NURBS 曲线 $P(t)=\sum_{i=0}^{n}P_iB_{i,k}(t)$ 表示圆锥曲线的充要条件如下：

(1) $\dfrac{w_i[(t_{i+4}-t_{i+3})w_{i+1}+(t_{i+3}-t_{i+2})w_{i+2}]}{w_{i+2}[(t_{i+3}-t_{i+2})w_i+(t_{i+2}-t_{i+1})w_{i+1}]}=\dfrac{|P_{i+2}-P_{i+1}|}{|P_{i+1}-P_i|}$；

(2) $\dfrac{|[(t_{i+4}-t_{i+3})w_i+(t_{i+2}-t_{i+1})w_{i+2}]w_{i+1}P_{i+1}+aw_{i+2}P_{i+2}-bw_iP_i|^2}{|P_{i+1}-P_i|^2}$

$$=\frac{4bw_i^2w_{i+1}^2(t_{i+3}-t_{i+1})(t_{i+4}-t_{i+2})}{a}$$

其中，$a=(t_{i+3}-t_{i+2})w_i+(t_{i+2}-t_{i+1})w_{i+1}$

$b=(t_{i+4}-t_{i+3})w_{i+1}+(t_{i+3}-t_{i+2})w_{i+2}$

$t_{i+2}<t_{i+3}$

并且有心圆锥曲线的半径为

$$r_0=\frac{2(w_{i+1}w_{i+2})^2(t_{i+3}-t_{i+1})(t_{i+4}-t_{i+2})|P_{i+2}-P_{i+1}|^3}{b^3w_i|(P_{i+1}-P_i)\times(P_{i+2}-P_{i+1})|}$$

圆锥曲线的形状因子为

$$C_{sf}=\frac{(t_{i+3}-t_{i+1})(t_{i+4}-t_{i+2})w_{i+1}^2}{[(t_{i+3}-t_{i+2})w_i+(t_{i+2}-t_{i+1})w_{i+1}][(t_{i+4}-t_{i+3})w_{i+1}+(t_{i+3}-t_{i+2})w_{i+2}]}$$

当 $C_{sf}<1$ 时，$P(t)$为椭圆(圆是椭圆的特例)；$C_{sf}=1$ 时，$P(t)$为抛物线；$C_{sf}>1$ 时，$P(t)$为双曲线，对应图形与图 6－25 类似。

若二次 NURBS 函数的节点矢量 $T=\{0, 0, 0, 1, 1, 1\}$，则其转变为二次有理 Bezier 函数，进而可用二次有理 Bezier 函数表示圆锥曲线。

若二次 NURBS 函数的节点矢量为均匀节点矢量，即 $t_{i+1}-t_i=d$(常数)，为简化讨论，令 $d=1$，则其转变为二次有理 B 样条函数，此时可用二次有理 B 样条函数来表示圆锥曲线。

目前应用 NURBS 中还有如下一些难以解决的问题：

(1) 比一般的曲线定义方法更费存储空间和处理时间。

(2) 权因子选择不当会造成形状畸变。

(3) 对搭接、重叠形状的处理相当麻烦。

(4) 像点的映射这类算法在 NURBS 情况下会变得不太稳定。

6.7.4 NURBS 曲线的生成

NURBS 曲线的生成算法如下：

【程序 6－5】 绘制 NURBS 曲线。

```
#include <GL/glut.h>
#include <stdlib.h>

  //控制点
  GLfloat ctrlpoints[4][3] = {
  { -4.0, -4.0, 0.0 }, { -2.0, 4.0, 0.0 },
```

```
{ 2.0, -4.0, 0.0 }, { 4.0, 4.0, 0.0 } };

void init(void)
{
glClearColor(1.0, 1.0, 1.0, 1.0);
glShadeModel(GL_FLAT);
//定义一维求值器
glMap1f(GL_MAP1_VERTEX_3, 0.0, 1.0, 3, 4, &ctrlpoints[0][0]);
//启动求值器
glEnable(GL_MAP1_VERTEX_3);
}

void display(void)
{
int i;

glClear(GL_COLOR_BUFFER_BIT);
glColor3f(1.0, 0.0, 0.0);
glLineWidth(3.0f);
glBegin(GL_LINE_STRIP);
for (i = 0; i <= 30; i++)
    glEvalCoord1f((GLfloat)i / 30.0); //执行求值器，每执行一次产生一个坐标 glEnd
();

//绘制 4 个控制点
glPointSize(10.0);
glColor3f(0.0, 0.0, 1.0);
glBegin(GL_POINTS);
for (i = 0; i < 4; i++)
    glVertex3fv(&ctrlpoints[i][0]);
glEnd();
glFlush();
}

void reshape(int w, int h)
{
glViewport(0, 0, (GLsizei)w, (GLsizei)h);
glMatrixMode(GL_PROJECTION);
glLoadIdentity();
if (w <= h)
    glOrtho(-5.0, 5.0, -5.0 * (GLfloat)h / (GLfloat)w,
    5.0 * (GLfloat)h / (GLfloat)w, -5.0, 5.0);
else
```

```
        glOrtho(-5.0 * (GLfloat)w / (GLfloat)h,
        5.0 * (GLfloat)w / (GLfloat)h, -5.0, 5.0, -5.0, 5.0);
    glMatrixMode(GL_MODELVIEW);
    glLoadIdentity();
    }

    int main(int argc, char * * argv)
    {
    glutInit(&argc, argv);
    glutInitDisplayMode(GLUT_sinGLE | GLUT_RGB);
    glutInitWindowSize(500, 500);
    glutInitWindowPosition(100, 100);
    glutCreateWindow("NURBS 曲线");
    init();
    glutDisplayFunc(display);
    glutReshapeFunc(reshape);
    glutMainLoop();
    return 0;
  }
```

实验结果如图 6 - 27 所示。

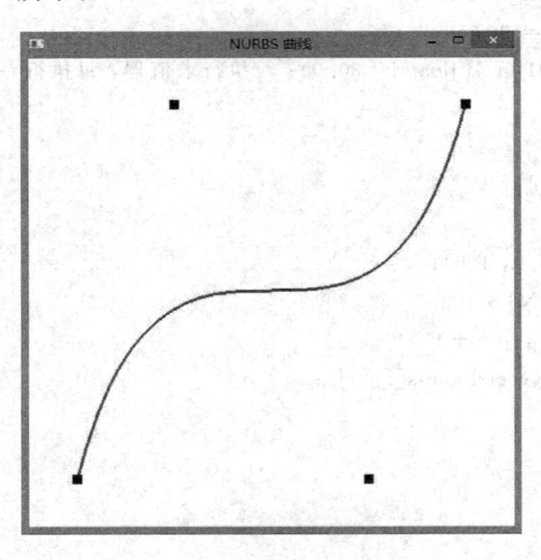

图 6 - 27　NURBS 曲线

6.7.5　NURBS 曲面的生成

NURBS 曲面的生成算法如下：

【程序 6 - 6】　绘制 NURBS 曲线。

```
#include <windows.h>
#include <gl/glut.h>
#include <math.h>
```

```
GLUnurbsObj *pNurb = NULL; // NURBS对象指针
GLint nNumPoints = 4; // 4×4
GLfloat ctrlPoints[4][4][3]= {{{-6.0f, -6.0f, 0.0f}, // u = 0, v = 0
{-6.0f, -2.0f, 0.0f}, //              v = 1
{-6.0f,   2.0f, 0.0f}, //             v = 2
{-6.0f,   6.0f, 0.0f}}, //            v = 3
{{-2.0f, -6.0f, 0.0f}, // u = 1       v = 0
{-2.0f, -2.0f, 8.0f}, //              v = 1
{-2.0f,   2.0f, 8.0f}, //             v = 2
{-2.0f,   6.0f, 0.0f}}, //            v = 3
{{2.0f, -6.0f,    0.0f }, // u =2     v = 0
{2.0f, -2.0f,    8.0f }, //           v = 1
{2.0f,   2.0f,    8.0f }, //          v = 2
{2.0f,   6.0f,    0.0f }}, //         v = 3
{{6.0f, -6.0f, 0.0f}, // u = 3        v = 0
{6.0f, -2.0f, 0.0f}, //               v = 1
{6.0f,   2.0f, 0.0f}, //              v = 2
{6.0f,   6.0f, 0.0f}}}; //            v = 3
GLfloat Knots[8] = {0.0f, 0.0f, 0.0f, 0.0f, 1.0f, 1.0f, 1.0f, 1.0f};
static GLfloat xRot =0.0f;
static GLfloat yRot =0.0f;

void DrawPoints(void) //绘制控制点
{
int i, j;
glPointSize(5.0f);
glColor3ub(255, 0, 0);
glBegin(GL_POINTS);
for(i = 0; i < 4; i++)
    for(j = 0; j < 4; j++)
        glVertex3fv(ctrlPoints[i][j]);
glEnd();
}

void Initial()
{
glClearColor(1.0f, 1.0f, 1.0f, 1.0f );
//定义 NURBS 参数
pNurb = gluNewNurbsRenderer();
gluNurbsProperty(pNurb, GLU_SAMPLING_TOLERANCE, 25.0f);
gluNurbsProperty(pNurb, GLU_DISPLAY_MODE,
    (GLfloat)GLU_OUTLINE_POLYGON);
}
```

```
    void ReDraw(void)
    {
    glColor3ub(0, 0, 220);
    glClear(GL_COLOR_BUFFER_BIT | GL_DEPTH_BUFFER_BIT);
    glMatrixMode(GL_MODELVIEW);
    glPushMatrix();
    glRotatef(330.0f, 1.0f, 0.0f, 0.0f);
    glRotatef(xRot, 1.0f, 0.0f, 0.0f);
    glRotatef(yRot, 0.0f, 1.0f, 0.0f);
    gluBeginSurface(pNurb);
    gluNurbsSurface(pNurb,               // NURBS对象指针
    8,                                   // 参数化u方向上的结点数目
    Knots,                               // 参数化u方向上递增的结点值的数组
    8,                                   // 参数化v方向上的结点数目
    Knots,                               // 参数化v方向上递增的结点值的数组
    4 * 3,                               // 参数化u方向上相邻控制点之间的偏移量
    3,                                   // 参数化v方向上相邻控制点之间的偏移量
    &ctrlPoints[0][0][0],                // 包含曲面控制点的数组
    4,                                   // 参数化u方向上的阶数
    4,                                   // 参数化v方向上的阶数
    GL_MAP2_VERTEX_3);                   // 曲面的类型
gluEndSurface(pNurb);

DrawPoints();
glPopMatrix();
glutSwapBuffers();
}

void SpecialKeys(int key, int x, int y)
{
if(key == GLUT_KEY_UP)          xRot -= 5.0f;
if(key == GLUT_KEY_DOWN)        xRot += 5.0f;
if(key == GLUT_KEY_LEFT)        yRot -= 5.0f;
if(key == GLUT_KEY_RIGHT)       yRot += 5.0f;
if(xRot >356.0f)                xRot = 0.0f;
if(xRot <-1.0f)                 xRot = 355.0f;
if(yRot >356.0f)                yRot = 0.0f;
if(yRot <-1.0f)                 yRot = 355.0f;
glutPostRedisplay();
}

void ChangeSize(int w, int h)
```

```
{
if(h == 0)  h = 1;
glViewport(0, 0, w, h);
glMatrixMode(GL_PROJECTION);
glLoadIdentity();
gluPerspective (45.0f, (GLdouble)w/(GLdouble)h, 1.0, 40.0f);
glMatrixMode(GL_MODELVIEW);
glLoadIdentity();
glTranslatef (0.0f, 0.0f, -20.0f);
}

int main(int argc, char * argv[])
{
glutInit(&argc, argv);
glutInitDisplayMode(GLUT_DOUBLE | GLUT_RGB | GLUT_DEPTH);
glutCreateWindow("NURBS 曲面");
glutReshapeFunc(ChangeSize);
glutDisplayFunc(ReDraw);
glutSpecialFunc(SpecialKeys);
Initial();
glutMainLoop();
return 0;
}
```

实验结果如图 6 - 28 所示。

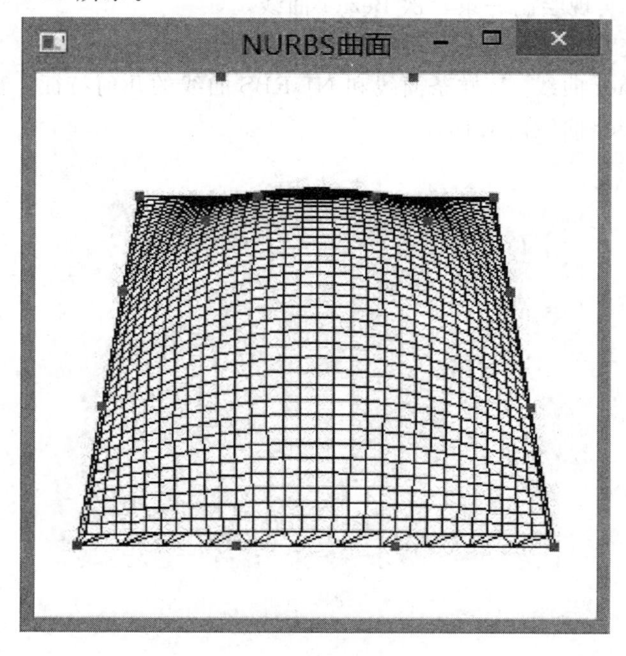

图 6 - 28　NURBS 曲面

习　题

1. 给定型值点之间曲线上的点称为(　　)。

A. 曲线的拟合　　B. 曲线的差值

C. 曲线的逼近　　D. 曲线的离散

2. 几何形状上与给定型值点列的连线相近似的曲线称为(　　)。

A. 曲线的拟合　　B. 曲线的插值

C. 曲线的逼近　　D. 曲线的离散

3. 在三次B样条曲线中，改变一个控制点的位置，最多影响(　　)个曲线段。

A. 1　　B. 2　　C. 3　　D. 4

4. 名词解释：控制多边形、参数连续性、几何不变性、凸包性、对称性。

5. 用参数方程形式描述曲线/曲面有什么优点？

6. 何为曲线的插值、逼近和拟合？

7. 用参数表示的方法描述自由曲线或曲面的优点。为什么通常用三次参数方程来表示自由曲线？

8. 请给出Hermite形式曲线的曲线段 i 与曲线段 $i-1$ 及曲线段 $i+1$ 实现 C^1 连续的条件。

9. Bezier曲线具有哪些特征？

10. B样条曲线具有哪些特征？

11. B样条曲线与Bezier曲线之间如何互相转化？

12. 上机编程，实现绘制一条二次Bezier曲线。

13. 编程实现交互式地绘制三次Hermite曲线。

14. 试比较Bezier曲线、B样条曲线和NURBS曲线的几何特征。

15. 试证明Bezier曲线的对称性。

第 7 章　真实感图形技术

真实感图形绘制是计算机图形学研究的重要内容之一。真实感图形绘制是借助数学、物理、计算机等学科的知识在计算机二维显示屏上产生三维场景的逼真图像、图形的过程。真实感图形绘制在人们日常的工作、学习和生活中已经有了非常广泛的应用，如在计算机辅助设计、多媒体教育、虚拟现实系统、计算机可视化、动画制作等许多方面，都可以看到真实感图形在其中发挥的重要作用，而且人们对于计算机在视觉感受方面的要求越来越高，这就需要研究更多更逼真的真实感图像生成算法。

7.1　概　　述

7.1.1　真实感图形生成流程

真实感图形是综合利用数学、物理学、计算机科学以及其他科学技术在计算机图形设备上生成的，像彩色照片那样逼真的图形。基于该项技术，设计人员在设计图纸时就可以浏览产品的形状和结构，以便设计者检查他们设计的产品外观并进行交互修改。如果说在 20 世纪 80 年代，计算机真实感图形还主要局限在高等院校、科研院所的实验室里，那么，进入 20 世纪 90 年代以来，通过高科技电影、电视广告、电子游戏等媒体，真实感图形已经越来越深入到人们的日常生活中，人们完全可以在办公室或家庭电脑上生成自己喜爱的具有真实感的图形。

实际的需要使得真实感图形的显示在应用中具有重要的意义：仿真显示在作战模拟、仿真训练方面起到不容忽视的作用；真实感动画的制作可以生成各种灵活生动的故事和场景；真实感图形绘制带来美观的产品造型、包装设计图案、艺术广告、装饰画等；在计算机辅助设计和制造中，对图形的高度真实感的要求也越来越多。

在计算机图形设备上生成的真实感图形，必须经过以下基本步骤：

(1) 构建模型。构建模型是用数学方法建立实体的三维几何描述，并以数据的形式存储到计算机系统中。实体的几何模型将直接影响图形的复杂性和图形生成的复杂度。

(2) 投影变换。实体的模型是在世界坐标系中建立的，需要将其转换到三维观察坐标系中，即将三维几何模型经过一定变换转为二维平面透视投影图，并选择所期望的观察实体的视点、视方向、视域。

(3) 消隐处理。确定实体的所有可见轮廓，用消隐技术去除视景之外的和实体上不可见的面，以增强图形的立体感。

(4) 光照处理。根据光照模型，计算可见场景的颜色或将特定的花纹图案映射到场景表面，并将它转换成适合图形设备的颜色值，从而确定投影画面上每一像素的颜色，最终生成真实感图形。

在计算机系统中生成真实感图形的流程如图 7－1 所示。

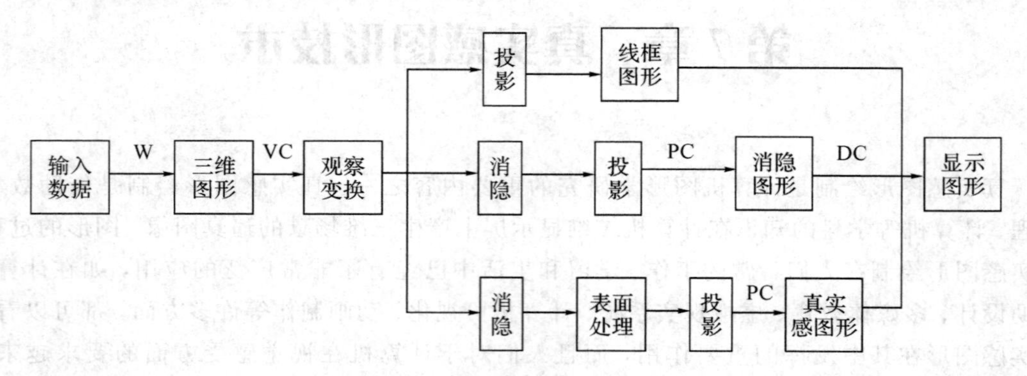

图 7－1　三维真实感图形生成流程

7.1.2　真实感图形特点

1. 真实感图形的特点

所谓真实感图形，主要指在屏幕上显示的图形效果能迷惑观察者，使他认为这是极其逼真的真实图景。要生成一幅具有高度真实感的图形应当考虑照射物体的光源类型、物体表面的性质以及光源与物体的相对位置、物体以外的环境等。一般来说，真实感的图形应具有以下特点：

(1) 能反映物体表面颜色和亮度的细微变化。

(2) 能表现物体表面的质感。

(3) 能通过光照下的物体阴影极大地改善场景的深度感与层次感。

(4) 能模拟透明物体的透明效果和镜面物体的镜像效果。

2. 影响真实感图形的因素

决定一个物体外观的因素主要有以下几点：

(1) 物体本身的几何形状。自然界中物体的形状是很复杂的，有些可以表示成多面体，有些可以表示成曲面体，有些很难用简单的数学函数来表示(如云、水、雾、火等)。

(2) 物体表面的特征。这包括材料的粗糙度、感光度、表面颜色和纹理等。对于透明体，还要包括物体的透光性。例如纸和布的不同在于它们是不同类型的材料，而同样是布，又可通过布的质地、颜色和花纹来区分。

(3) 照射物体的光源。从光源发出的光有亮有暗，光的颜色有深有浅，我们可以用光的波长(即颜色)和光的强度(即亮度)来描述。光源还有点光源、线光源、面光源和体光源之分。

(4) 物体与光源的相对位置。

(5) 物体周围的环境。物体周围的环境通过对光的反射和折射，形成环境光，在物体表面上产生一定的照度，还会在物体上形成阴影。

真实感图形技术的关键在于充分考虑上述影响物体外观的因素，建立合适的光照模型，并通过显示算法将物体在显示器上显示出来。目前，计算机图形学中用于提高图形真实感的技术主要有：光线跟踪技术、辐射度方法、纹理映射技术等。

7.2 消隐技术

7.2.1 消隐的定义和分类

对于一个不透光的三维物体，人不能一眼看到它的全部表面。投影方向给定后，从一个视点沿投影方向观察这个三维物体时，由于物体表面的遮挡，只能看到该物体表面上的部分点、线、面，而其余部分则被这些可见部分遮挡住，成为不可见的线(面)。通常，将这些不可见的线(面)称为隐藏线(面)。如果观察的是若干个三维物体，则物体之间还可能因彼此遮挡而部分不可见。

由于投影变换失去了深度信息，不仅使得图形失去立体感，而且往往还会导致一幅图产生二义性(如图 7－2 所示)。要消除二义性，就必须在绘制时消除被遮挡的不可见的线或面，习惯上称作消除隐藏线和隐藏面，或简称为消隐，经过消隐得到的投影图形称为物体的真实图形。

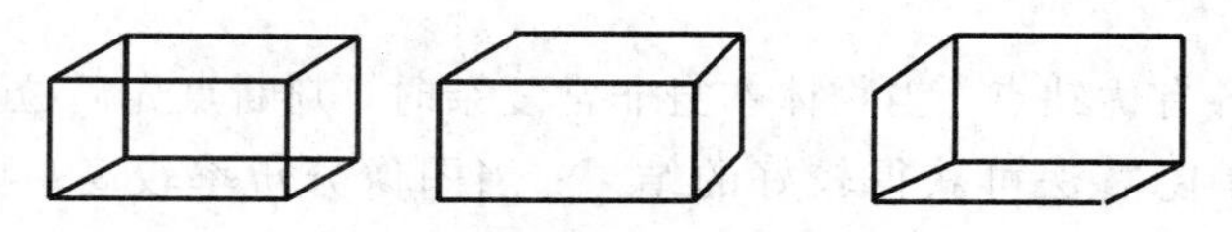

图 7－2　长方体线框投影图的二义性

从消隐的对象或从应用的角度看，消隐分为线消隐和面消隐两类。

(1) 线消隐：消隐对象是物体上的边，消除的是物体上不可见的边，当用笔式绘图仪或其他画线设备绘制图形时，主要使用这种算法。

(2) 面消隐：消隐对象是物体上的面，消除的是物体上不可见的面，当用光栅扫描显示器绘制图形时，主要使用这种算法。

目前，线(面)消隐的方法很多。在离散法的几何造型系统中，隐藏线的消除只涉及判断直线和平面之间的相互关系的问题，因此消隐算法比较简单。然而，由于曲面被离散为一系列平面，消隐时，每段线段必须和许多平面进行前后位置判断，故此算法的时间复杂度较高。如系统使用的是连续性，则消隐算法以代数方程的求解为基础，不将曲面离散为平面，而直接将线段与曲面进行比较。

从消隐空间看，消隐分为物体空间的消隐和图像空间的消隐。

(1) 物体空间的消隐。物体空间是需要消隐的物体所在的三维空间。物体空间的消隐方法是将三维物体直接放置在三维坐标系中，通过将物体的每一个面与其他每一个面比较，求出所有点、边、面之间的遮挡关系，从而确定物体的哪些线(面)是可见的。其算法描述如下：

For (空间中的每一个物体)

```
{
  将其与空间中的其他物体比较，确定遮挡关系；
  显示该物体表面的可见部分；
}
```

如果有 k 个物体，则一般情况下，每一个物体都需与其自身和其他 $k-1$ 个物体一一进行比较，以决定物体位置的前后关系，因此算法的复杂度正比于 k^2。

(2) 图像空间的消隐。图像空间是物体显示时所在的屏幕坐标空间。图像空间的消隐方法是将三维物体投影到二维平面上，并确定其像素位置和颜色，然后再判断哪一个像素是距离视点可见的，将最前面的像素值输出即可。其算法描述如下：

```
For (窗内的每一个物体)
{
  确定距视点最近的物体，以该物体表面的颜色来显示像素；
}
```

如果有 k 个物体，屏幕上有 $m \times n$ 个像素点，则每一个像素都需要与 k 个物体一一进行比较。因此，算法复杂度正比于 $m \times n \times k$。可见，这类算法的复杂度与图像的显示分辨率有很大关系，而与物体的复杂度无关。即使 $m \times n$ 很大，但像素间的比较很简单，而且可以利用相邻像素间的连贯性简化计算，因此在光栅扫描显示系统中实现时，有时效率反而较高。

上述两类算法各有优缺点，当物体本身非常复杂时，判断点先后位置关系的时间很长，用基于图像空间的消隐算法可获得较好的结果；当图像分辨率较高、物体计算较简单时，用基于物体空间的消隐算法可获得更好的效果。目前实用的消隐算法经常将物体空间方法和图像空间方法结合使用，首先利用物体空间方法删去消隐对象中一部分肯定不可见的面，然后再对其余面利用图像空间方法细细分析。

7.2.2 Z缓冲区算法

Z缓冲区算法又叫深度缓冲区算法，它是一种最简单的隐藏面消除算法。该算法最早由 Catmull 于 1974 年提出，属于典型的图像空间消隐算法。

Z缓冲区算法需要两个缓冲器：深度缓冲器和帧缓冲器。两个缓冲器对应两个数组：深度数组 $ZB(x, y)$ 和属性数组 $FB(x, y)$。前者存放图像空间每个可见像素的 z 坐标，后者用来存储图像空间每个可见像素的属性(光强或颜色)值。

1. 算法基本思想

Z缓冲区算法的基本思想是：将投影平面每个像素所对应的所有面片(平面或曲面)的深度进行比较，然后取离视线最近面片的属性值作为该像素的属性值。

算法通常沿着观察坐标系的 z 轴来计算各物体表面距观察平面的深度，它对场景中的各个物体表面单独进行处理，且在各面片上逐点进行。物体的描述转化为投影坐标系之后，多边形面上的每个点 (x, y, z) 均对应于观察平面上的正投影点 (x, y)。因而，对于观察平面上的每个像素点 (x, y)，其深度的比较可通过它们 z 值的比较来实现。对于右手坐标系，

z 值最小的点应是可见的。如图 7－3 所示，在观察平面上，面 $S2$ 相对其他面 z 值最小，因此它在该位置(x，y)可见。

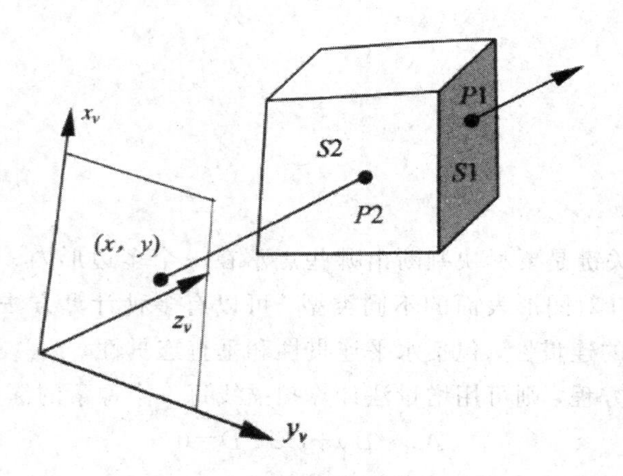

图 7－3　Z 缓冲区算法基本思想

2. 算法描述

初始时，深度缓冲器所有单元均置为最小 z 值，帧缓冲器各单元均置为背景色，然后逐个处理多边形表中的各面片。每扫描一行，计算该行各像素点(x，y)所对应的深度值 $z(x, y)$，并将结果与深度缓冲器中该像素单元所存储的深度值 ZB(x，y)进行比较。

若 $z>$ZB(x，y)，则 ZB(x，y)$=z$，同时将该像素的属性值 $I(x, y)$写入帧缓冲器，即 FB(x，y)$=I(x, y)$；否则不变。也可用背面剔除法进行预处理，即背面不参加处理，以提高消隐的效率。

Z 缓冲器算法步骤如下：

```
{
    for (x < 0;   x < xmax; x++)
    {
        for (y < 0;   y < ymax; y++)
        {
            FB(x, y)单元设置为背景色;
            ZB(x, y)单元设置为最小值;
        }
    }
    for (每一个多边形)
    {
        扫描转换该多边形;
        for (多边形所覆盖的每个像素(x, y))
        {
            计算该多边形在该像素的深度值 z(x, y);
            if (z(x, y) > ZB(x, y))
            {
```

```
                用z(x, y)替换ZB(x, y)的值;
                用多边形在(x, y)处的颜色值替换FB(x, y)的值;
            }
        }
    }
}
```

3. 深度值的计算

Z缓冲器算法的关键是要尽快判断出哪些点落在一个多边形内，并尽快完成多边形中各点深度值的计算。针对图形表面的不同类型，可以有多种计算方法。计算中通常需要应用多边形中点与点间的连贯性，包括水平连贯性和垂直连贯性。

若已知多边形的方程，则可用增量法计算扫描线每一个像素的深度。设平面方程为

$$Ax+By+Cz+D=0$$

则多边形面上的点(x, y)所对应的深度值为

$$z=\frac{-(Ax+By+D)}{C} \quad C\neq 0 \tag{7-1}$$

由于所有扫描线上相邻点间的水平间距为1个像素单位，扫描线行与行之间的垂直间距也为1，因此可以利用这种连贯性来简化计算过程，如图7-4所示。

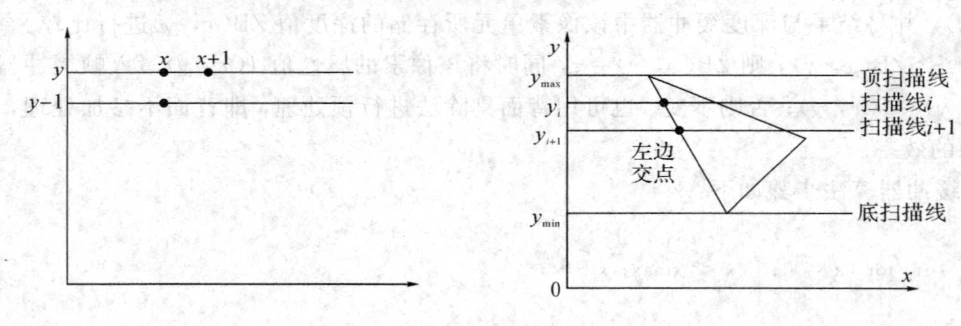

图7-4　深度计算

若已计算出(x, y)点的深度值为z_i，沿x方向相邻连贯点$(x+1, y)$的深度值z_{i+1}可由下式计算：

$$z_{i+1}=\frac{-(A(x+1)+By+D)}{C}=z_i-\frac{A}{C} \tag{7-2}$$

沿着y方向的计算应先计算出y坐标的范围，然后从上至下逐个处理各个面片。由最上方的顶扫描线出发，沿多边形左边界递归计算边界上各点的坐标：

$$x_{i+1}=x_i-\frac{1}{m} \tag{7-3}$$

这里m为该边的斜率，沿该边的深度也可以递归计算出来，即

$$z_{i+1}=\frac{-\left[A\left(x_i-\frac{1}{m}\right)+B(y_i-1)+D\right]}{C}=z_i+\frac{\frac{A}{m}+B}{C} \tag{7-4}$$

如果该边是一条垂直边界，则计算公式简化为

$$z_{i+1}=z_i+\frac{B}{C} \tag{7-5}$$

对于每条扫描线，首先根据公式(7－4)计算出与其相交的多边形最左边的交点所对应的深度值，然后，该扫描线上所有的后续点由公式(7－2)计算出来。

所有的多边形处理完毕后，即得消隐后的图形。

4. Z 缓冲区算法的特点

Z 缓冲区算法的最大优点在于简单，它可以轻而易举地处理隐藏面以及显示复杂曲面之间的交线。画面可任意复杂，因为图像空间的大小是固定的，因此计算量最多随画面复杂度线性增长。

Z 缓冲区算法的主要缺点是，深度数组和属性数组需要占用很大的内存。以深度数组为例，对于 800×600 的显示分辨率，需要 48 万个单元的缓冲器存放深度值，如每个单元需要 4 个字节，则需要 1.92 兆字节。

一个减少存储需求的方案是，每次只针对场景的一部分进行处理，这样只需要一个较小的深度数组。处理完一部分之后，该数组再用于下一部分场景的处理。

随着计算机硬件的高速发展，Z 缓冲区算法已被硬件化，成为最常用的一种消隐方法。对其进行优化，可得到扫描线深度缓存算法。

7.2.3　画家算法

1972 年，M. E. Newell 等人受画家由远及近作画的启发，提出了基于优先级队列的物体空间的消隐算法，也称为深度排序算法。该算法是把物体空间和图像空间结合起来消除隐藏面的方法。假设一个画家要作一幅画，画中远处有山，近处有房子，房子的前面有树。画家在纸上先画出远处的山，再画房子，最后画树，通过这样的作画顺序正确地处理了画中物体的相互遮挡关系。

1. 算法的基本思想

画家算法的基本思想和画家作画过程类似，具体是：

(1) 先把屏幕设置成背景色。

(2) 把物体各个面按其距离观察点的远近进行排序，距观察点远者放在表头，距观察点近者放在表尾，如此构建一个按深度远近排序的表，该表称为深度优先级表。

(3) 按照从表头到表尾(由远到近)的顺序逐个绘制物体。由于距离观察者近的物体在表尾，最后画出，它覆盖了远处的物体，最终在屏幕上产生了正确的遮挡关系。

2. 深度优先级表的建立方法

画家算法看起来十分简单，但关键是如何对画面中的物体按深度排序，建立深度优先表。下面介绍一种针对多边形的排序方法。

假设视点在 z 轴正向无穷远处，视线沿着 z 轴负向看过去。如果 z 值大，则离观察点近；而 z 值小，则离观察点远。

设每个多边形有一些顶点，这些顶点各有一个 z 坐标，取出其 z 坐标最小的记为 $z_{\min}$，最大的记为 $z_{\max}$，这样每一多边形都有自己的 $z_{\max}$ 和 $z_{\min}$，如图 7－5 所示。

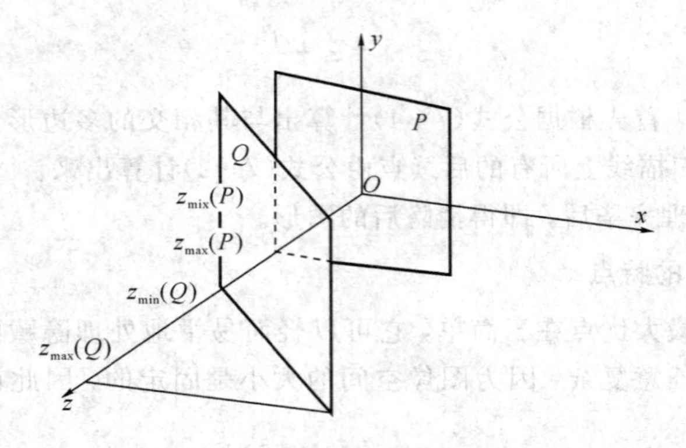

图 7-5　多边形的深度定义

假设 z_{min} 最小的多边形为 P，它暂时成为优先级别最低的一个多边形。对其他任意多边形 Q，其对多边形 P 的相对位置关系如图 7-6 所示。

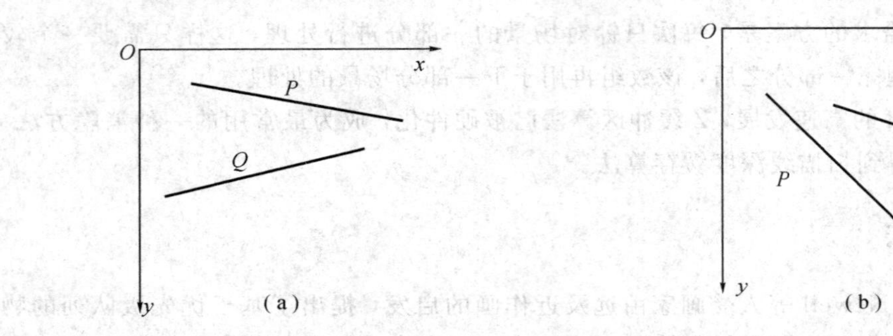

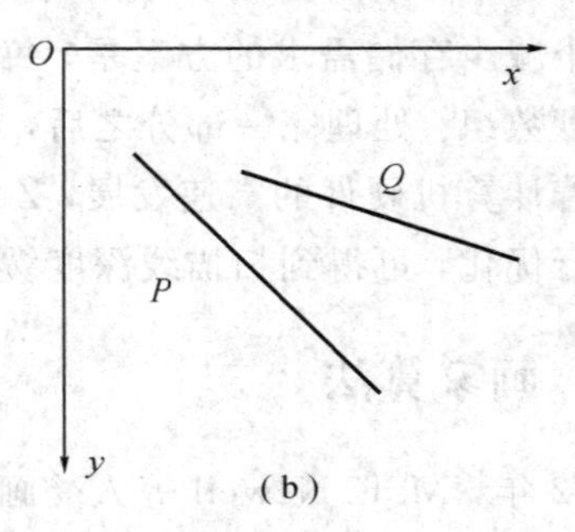

图 7-6　多边形的重叠关系

对多边形深度优先表的建立需考虑以下几种情况。

(1) P 和 Q 深度不重叠。若 $z_{max}(P)<z_{min}(Q)$，P 和 Q 多边形深度不重叠，则 P 不会遮挡 Q，如图 7-7(a)所示。

(2) P 和 Q 深度重叠，但不遮挡。若 $z_{max}(P)>z_{min}(Q)$ 而 $z_{min}(P)>z_{max}(Q)$，P 和 Q 多边形深度重叠，如图 7-8(b)所示，需要作投影重叠测试，先按以下五种情况考虑，如图 7-8所示。

① P 和 Q 多边形在 xOy 平面上投影的包围盒在 x 方向上不相交，如图 7-7(a)所示。

② P 和 Q 多边形在 xOy 平面上投影的包围盒在 y 方向上不相交，如图 7-7(b)所示。

③ P 和 Q 多边形在 xOy 平面上投影不相交，如图 7-7(c)所示。

④ P 多边形的各个点均在 Q 多边形远离视点的一侧，如图 7-7(d)所示。

⑤ Q 多边形的各个点均在 P 多边形靠近视点的一侧，如图 7-7(e)所示。

在检测的过程中，以上五项只要成立一项，多边形 P 和 Q 就是不遮挡的。

(3) P 和 Q 深度重叠，同时相互遮挡。如果(2)中的五项都不成立，则表明存在交叉覆盖的情况，如图 7-8 所示。图 7-8(a)和 7-8(b)均有交叉覆盖或循环遮挡的情况。如图 7-8(a)中，P 在 Q 的前面，Q 在 R 的前面，而 R 反过来又在 P 的前面；在图 7-8(b)中，P 在 Q 的前面，而 Q 又在 P 的前面。这种情况下均无法直接建立确定的深度优先表。

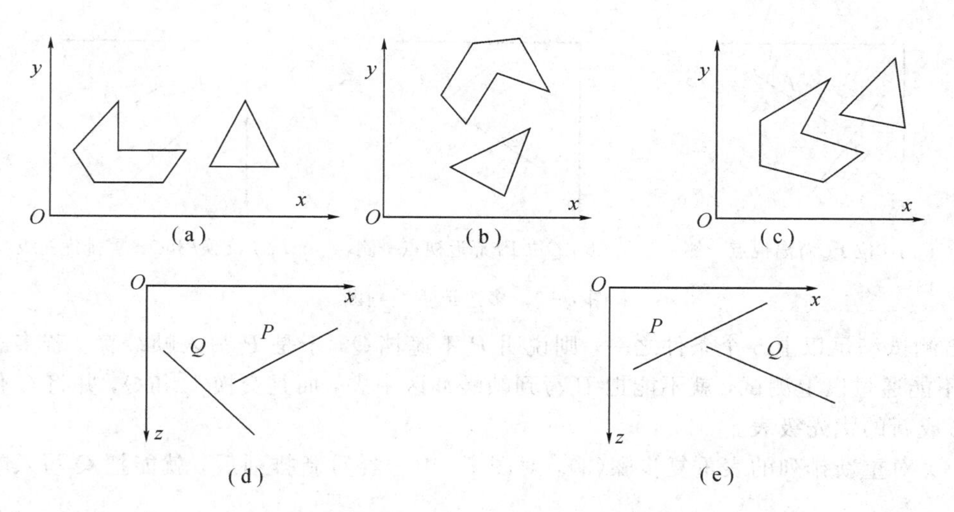

图 7－7　多边形 P 和 Q 的相互关系

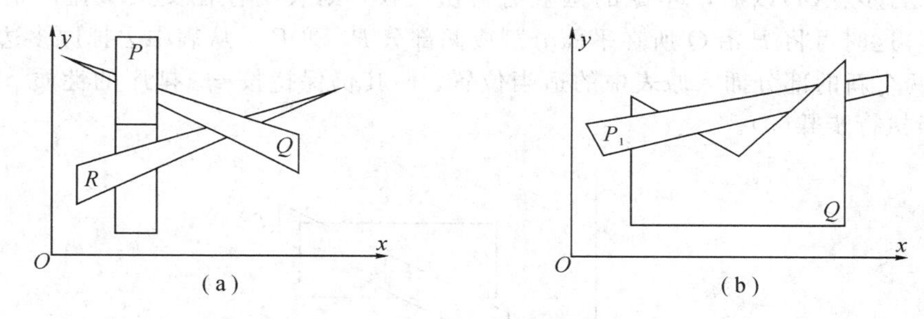

图 7－8　多边形 P 和 Q 的相互关系

对于可将 P 沿 Q 所在平面分割成两部分 P_1 和 P_2，从表中去掉原多边形 P，而将 P 的这两个新的部分插入原表中的适当位置，使其仍保持按 $z_{\min}$ 排序的性质。

3. 算法的实现步骤

(1) 对每个多边形顶点求 $z_{\min}$。以 $z_{\min}$ 为排序的关键码，建立深度排序表。表中第一个多边形是最小的 $z_{\min}$，记该多边形为 P，同时，设该视点位于 z 轴方向的无穷远处，P 多边形则是距离视点最远的多边形。

(2) 取第二个多边形 Q。

(3) 检查多边形 P 和 Q 的关系。

① 如果 $z_{\max}(P)<z_{\min}(Q)$，则 P 不遮挡 Q，于是 P 写入帧缓存。

② 若 $z_{\max}(P)>z_{\min}(Q)$ 而 $z_{\min}(P)<z_{\max}(Q)$ 条件成立，确定多边形 P 是否真正遮挡 Q，可以进行以下测试：

a. P 和 Q 的外接最小包围盒在 X 方向不相交。

b. P 和 Q 的外接最小包围盒在 Y 方向不相交。

c. P 是否全部位于 Q 所在平面的背离视点的一侧，如图 7－9(a)所示。

d. Q 是否全部位于 P 所在平面的靠近视点的一侧，如图 7－9(b)所示。

e. P 和 Q 在显示屏幕上的投影是否可以分离。

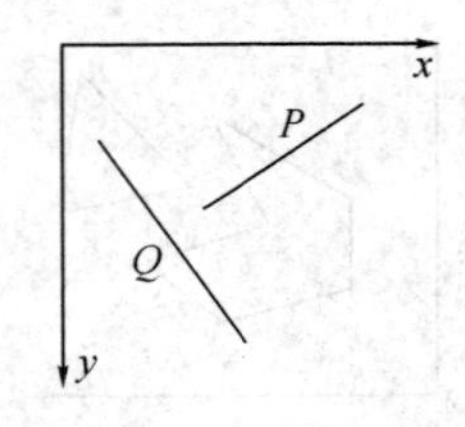

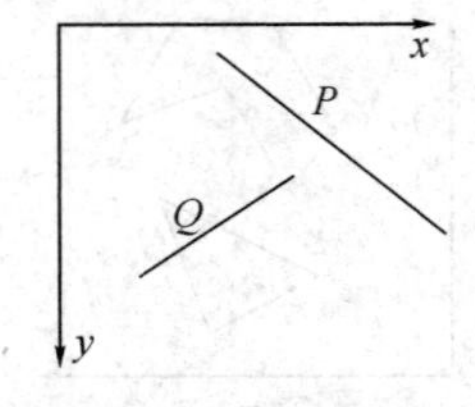

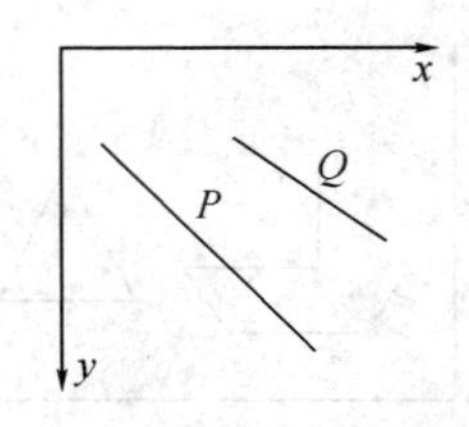

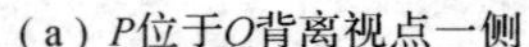

(a) P位于Q背离视点一侧　　(b) Q位于P靠近视点一侧　　(c) 交换P和Q，重排优先级

图 7-9　多边形重叠判断

若测试满足以上 5 个条件之一，则说明 P 不遮挡 Q，于是 P 写入帧缓存。若多边形 P 和 Q 不能通过以上测试，就不能把 P 写到帧缓冲区中去，而是交换 P 和 Q，并将 Q 作上记号，形成新的优先级表。

(4) 对重新排列的表重复步骤(3)，对图 7-9(c)经重新排列后，就能把 Q 写入帧缓冲区中。

(5) 执行步骤(4)以后，若 Q 的位置需再次交换，则表明存在交叉覆盖的情况，如图 7-10所示，这时可将 P 沿 Q 所在平面分割成两部分 P_1 和 P_2，从表中去掉原多边形 P，而将 P 的这两个新的部分插入原表中的适当位置，使其仍保持按 z_{min} 排序的性质。对新形成的表，重新执行步骤(3)。

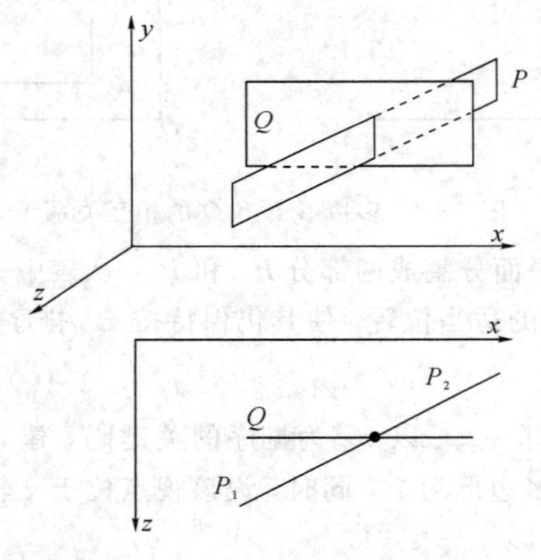

图 7-10　多边形相交的处理

4. 算法特点

画家算法有如下几个特点：

(1) 画家算法同时在物体空间和图像空间中进行处理，即在物体空间中排序以确定优先级；而显示结果在算法运行之际就要不断地写入图像空间的帧缓冲区中。

(2) 画家算法利用几何关系来判断可见性，而不是像在 Z 缓冲区算法中那样，逐个像素地进行比较。因此，画家算法利用了多边形深度的相关性，可见性判别是根据整个多边形来进行的。

(3) 画家算法适用于解决图形的动态显示问题，例如空间飞行器的飞行模拟，当飞行器在空中飞行时，飞行场景中的物体是不变的，改变的只是视点，因此只要事先把不同视点的景物的优先队列算出，然后再实时地采用画家算法来显示图形，就可以实现图形的快

速消隐与显示。

7.2.4　隐藏面消隐算法实例

消除隐藏面的算法实例模型程序如下：

【程序 7-1】　生成隐藏面的实例模型。

```
#include <GL/glut.h>
#include <math.h>
#include <stdio.h>

  static GLfloat spin = 0.0;
  const float X = 0.525731112119133606;
  const float Z = 0.850650808352039932;

  static GLfloat vdata[12][3] = {
                  { -X, 0.0, Z }, { X, 0.0, Z }, { -X, 0.0, -Z },
                  { X, 0.0, -Z }, { 0.0, Z, X }, { 0.0, Z, -X },
                  { 0.0, -Z, X }, { 0.0, -Z, -X }, { Z, X, 0.0},
                  { -Z, X, 0.0 }, { Z, -X, 0.0 }, { -Z, -X, 0.0 }
                };
static GLuint tindices[20][3] = {
                  { 1, 4, 0 }, { 4, 9, 0 }, { 4, 5, 9 }, { 8, 5, 4},
                  { 1, 8, 4 }, { 1, 10, 8 }, { 10, 3, 8}, {8, 3, 5 },
                  { 3, 2, 5}, { 3, 7, 2 }, { 3, 10, 7 }, { 10, 6, 7 },
                  { 6, 11, 7 }, { 6, 0, 11 }, { 6, 1, 0 }, { 10, 1, 6 },
                  { 11, 0, 9 }, { 2, 11, 9 }, { 5, 2, 9 }, { 11, 2, 7 },
                };
  void normallize(float v[3])
  {
    GLfloat d = sqrt(v[0] * v[0] + v[1] * v[1] + v[2] * v[2]);
    if (d == 0.0)
  {
    printf("zero length vector");
    return;
  }
  v[0] /= d;
  v[1] /= d;
  v[2] /= d;
}

void normcrossprod(float v1[3], float v2[3], float out[3])
{
    out[0] = v1[1] * v2[2] - v1[2] * v2[1];
```

```
    out[1] = v1[2] * v2[0] - v1[0] * v2[2];
    out[2] = v1[0] * v2[1] - v1[1] * v2[0];
    normallize(out);
}

void drawModel()
{
    int i, j;
    GLfloat d1[3], d2[3], norm[3];
    glBegin(GL_TRIANGLES);
    for (i = 0; i < 20; i++)
    {
        for (j = 0; j < 3; j++)
        {
            d1[j] = vdata[tindices[i][0]][j] - vdata[tindices[i][1]][j];
            d2[j] = vdata[tindices[i][1]][j] - vdata[tindices[i][2]][j];
        }
        normcrossprod(d1, d2, norm);
        glNormal3fv(norm);
        glColor3f(norm[0], norm[1], norm[2]);
        glVertex3fv(&vdata[tindices[i][0]][0]);
        glVertex3fv(&vdata[tindices[i][1]][0]);
        glVertex3fv(&vdata[tindices[i][2]][0]);
    }
    glEnd();
    glFlush();
}

void display(void)
{
    glClear(GL_COLOR_BUFFER_BIT | GL_DEPTH_BUFFER_BIT);
    glPushMatrix();
    glRotatef(spin, 1, 0, -1);
    glRotatef(-spin, 0, -1, 0);
    drawModel();
    glPopMatrix();
    glutSwapBuffers();
}

void spinDisplay(void)
{
    spin += 2.0;
    if (spin > 360.0)
```

```
    {
        spin -= 360.0;
    }
    glutPostRedisplay();
}

void init(void)
{
    glClearDepth(1.0);
    glClearColor(0.0, 0.0, 0.0, 0.0);
    glEnable(GL_DEPTH_TEST);
    glShadeModel(GL_FLAT);
}

void reshape(int w, int h)
{
    glViewport(0, 0, (GLsizei)w, (GLsizei)h);
    glMatrixMode(GL_PROJECTION);
    glLoadIdentity();
    glOrtho(-1.5, 1.5, -1.5, 1.5, -1.0, 1.0);
    glMatrixMode(GL_MODELVIEW);
    glLoadIdentity();
}

void mouse(int button, int state, int x, int y)
{
    switch (button)
    {
    case GLUT_LEFT_BUTTON:
        if (state == GLUT_DOWN)
        {
            glutIdleFunc(spinDisplay);
        }
        break;
    case GLUT_MIDDLE_BUTTON:
    case GLUT_RIGHT_BUTTON:
        if (state == GLUT_DOWN)
        {
            glutIdleFunc(NULL);
        }
    default:
        break;
    }
```

```
}

int main(int argc, char * * argv)
{
    glutInit(&argc, argv);
    glutInitDisplayMode(GLUT_DOUBLE | GLUT_RGB | GLUT_DEPTH);
    glutInitWindowSize(500, 500);
    glutInitWindowPosition(100, 100);
    glutCreateWindow("隐藏面消隐实例");
    init();
    glutDisplayFunc(display);
    glutReshapeFunc(reshape);
    glutMouseFunc(mouse);
    glutMainLoop();
 }
```

实验结果如图 7-11 所示。

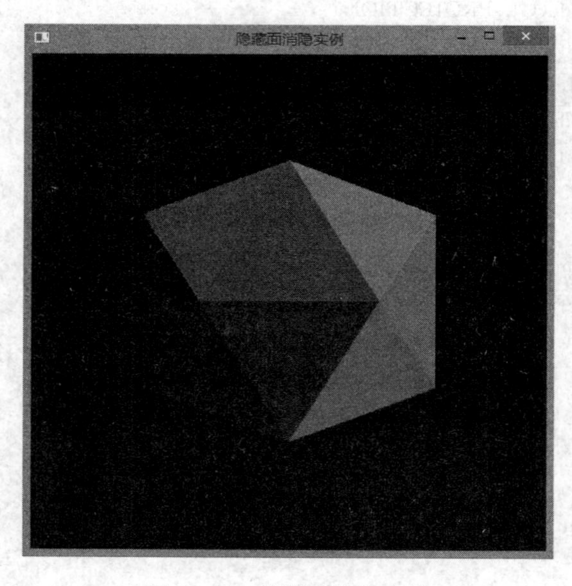

图 7-11 隐藏面消隐实例

7.3 颜色模型

由于真实感图形系统最终生成的是一副能显示在显示器(或其他输出设备)上的彩色图像，因此，真实感图形的绘制效果依赖于对景物颜色的准确表达。颜色属于物理学和生理心理学的范畴，它是光(电磁能)经过与周围环境相互作用后到达人眼，并经过一系列物理和化学变化转化为人眼所能感知的电脉冲的结果。因此，颜色的形成是一个复杂的物理和心理相互作用的过程，它涉及光的传播特性、人眼结构及人脑心理感知等内容。

7.3.1　物体的颜色

颜色是一种波动的光能形式，从光学角度看，光在本质上是电磁波。将不同波长的光波组合在一起就能产生我们视为颜色的效果。英国科学家牛顿(Newton)于 1666 年通过三棱镜实验证明了白光是所有可见光的组合。他发现，把太阳光经过三棱镜折射，然后投射到白色屏幕上，会显现出一条像彩虹一样美丽的白色光带谱，依次是红、橙、黄、绿、青、蓝、紫 7 种单色光，如图 7-12 所示，这种现象称为色散。这条依次按波长顺序排列的彩色光带就称为光谱(Spectrum)。

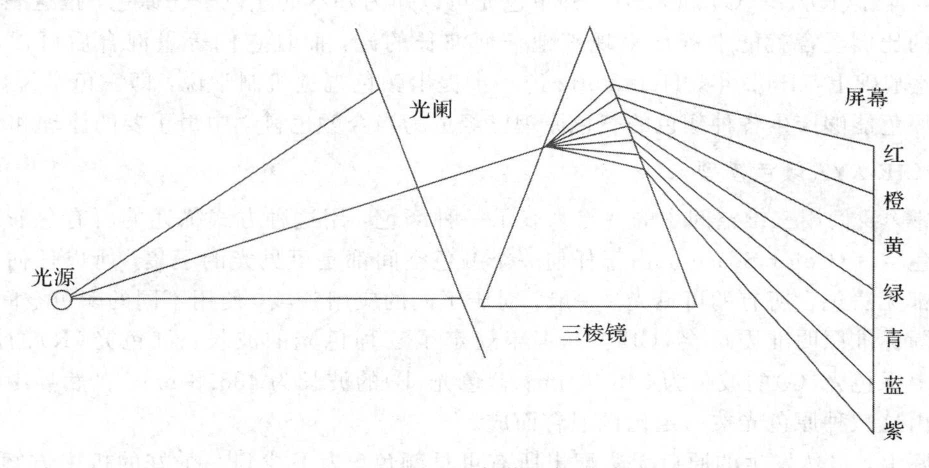

图 7-12　色散现象

颜色是外来的光刺激作用于人的视觉器官而产生的主观感觉。因而物体的颜色不仅取决于物体本身，还与光源、周围环境的颜色有关。如红光照在物体上能使其带有红色成分，红色物体能使其附近物体泛红等。不仅如此，物体颜色还与人们心理系统有关。

从心理学和视觉的角度出发，颜色有如下 3 个特征：色调(Hue)、饱和度(Saturation)和亮度(Lightness)。所谓色调，是一种颜色区别于其他颜色的因素，也就是平常所说的红、绿、蓝、紫等。饱和度是指颜色的纯度，如鲜红色饱和度高，而粉红色的饱和度低。亮度是颜色的相对明暗程度。

从物理光学的角度出发，颜色可以用主波长(Dominant Wavelength)、纯度(Purity)和明度(Luminance)来定义。主波长是所见彩色光中占支配地位的光波长度。纯度是光谱纯度的量度，即纯色光中混有白色光的多少。而明度反映了光的明亮程度，即光的强度。

由于颜色是因外来光刺激而使人产生的某种感觉，所以我们有必要了解一些光的知识。从根本上讲，光是人的视觉系统能够感知到的电磁波，它的波长为 380～780 nm，正是这些电波使人产生了对红、橙、黄、绿、青、蓝、紫等颜色的感觉。光可以由光谱能量 $P(\lambda)$ 来表示，其中 $P(\lambda)$是波长，当一束光的各种波长的能量大致相等时，我们称其为白光；否则，称其为彩色光；若一束光中，只包含一种波长的能量，其他波长都为零时，称其为单色光。

事实上，可以用主波长、纯度和明度来简洁地描述任何光谱分布的视觉效果。但是由实验结果得知，光谱与颜色的对应关系是多对一的，也就是说，具有不同光谱分布的光产生的颜色感觉有可能是一样的。我们称两种光的光谱分布不同而颜色相同的现象为"异谱同色"。由于这种现象的存在，所以必须采用其他定义颜色的方法，使光本身与颜色一一对应。

7.3.2 颜色空间

1. 三色理论

1802 年，Young 提出一种假设，某一种波长的光可以通过三种不同波长的光混合而复现出来，且红(R)、绿(G)、蓝(B)三种单色光可以作为基本的颜色——原色，把这三种光按照不同的比例混合就能准确地复现其他任何波长的光，而且它们等量混合后可以产生白光。在此基础上，1862 年，Helmholtz 进一步提出颜色视觉机制学说，即三色学说。目前，用三种原色能够产生各种颜色的三色原理已经成为当今颜色科学中最重要的原理和学说。

2. CIE XYZ 颜色模型

通常，我们用三维空间中的一点来表示一种颜色，用这种方式描述的所有色彩的集合称为颜色空间(Color Space)，由于任何一个颜色空间都是可见光的子集，所以任何一个颜色空间都无法包含所有的可见光。一般，对于不同的应用领域，使用不同的颜色空间。

国际标准照明准委员会(CIE)1931 年规定了三种色光的波长：红色光(R)的波长为 700 nm；绿色光(G)的波长为 546.1 nm；蓝色光(B)的波长为 435.8 nm。自然界中各种颜色都能由这三种原色光按一定比例混合而成。

实际上，自然发生的原色无法配出所有可见颜色，为了找到一个好的折中方案，国际照明协会于 1931 年定义了三种虚构的(不能实现的)原色，即 X、Y 和 Z。它们是对三种真实存在的原色进行仿射变换的结果，为的是使每一种单一波长的光的颜色(即光谱色)都可以在没有负权值的前提下表示为 CIE 原色的线性组合。

7.3.3 常用颜色模型

所谓颜色模型，是指某个三维空间中的一个可见光子集，它包含某个颜色域的所有颜色。例如，RGB 颜色模型就是三维直角坐标颜色系统的一个单位正方体。颜色模型的用途是在某个颜色领域内方便地指定颜色，由于每一个颜色域都是可见光的子集，所以任何一个颜色模型都无法包含所有的可见光。大多数的彩色图形显示设备一般都是使用红、绿、蓝三原色，真实感图形学中主要的颜色模型也是 RGB 模型。但是红、绿、蓝颜色模型用起来不太方便，它与直观的颜色概念(如色调、饱和度和亮度等)没有直接的联系。因此，在本节中，除了讨论 RGB 颜色模型外，还要介绍常见的 CMY、HSV 等颜色模型。

1. RGB 颜色模型

RGB 颜色模型通常用于彩色阴极射线等彩色光栅图形显示设备中，它是我们使用最多、最熟悉的颜色模型。RGB 颜色模型采用三维直角坐标系。红、绿、蓝原色是加性原色，各个原色混合在一起可以产生复合色，如图 7-13 所示。RGB 颜色模型通常采用如图7-14 所示的单位立方体来表示。在正方体的主对角线上，各原色的强度相等，产生由暗到明的白色，也就是不同的灰度值。(0, 0, 0)为黑色，(1, 1, 1)为白色。正方体的其他六个角点

分别为红、黄、绿、青、蓝和品红。需要注意的一点是，RGB 颜色模型所覆盖的颜色域取决于显示设备荧光点的颜色特征，是与硬件相关的。

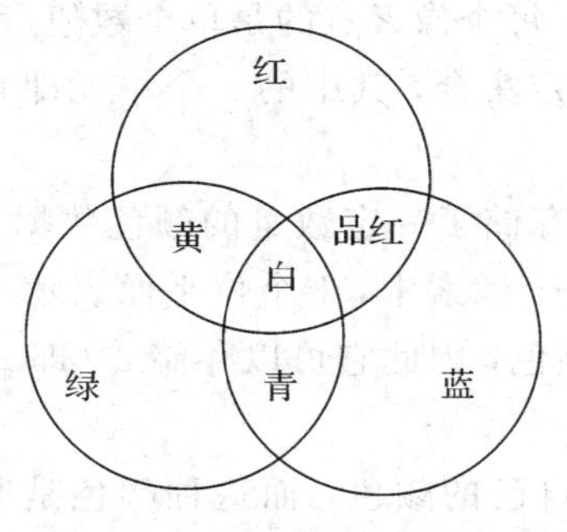

图 7－13　RGB 三原色混合效果

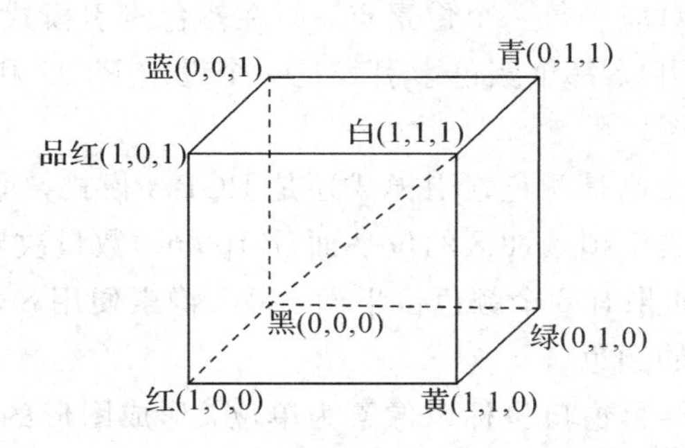

图 7－14　RGB 立方体

2. CMY 颜色模型

以红、绿、蓝的补色青(Cyan)、品红(Magenta)、黄(Yellow)为原色构成的是 CMY 颜色模型，常用于从白光中滤去某种颜色，又被称为减性原色系统，如图 7－15 所示。CMY 颜色模型通常采用图 7－16 所示的单位立方体来表示。CMY 坐标系的子空间与 RGB 颜色模型所对应的子空间几乎完全相同，差别仅仅在于前者的原点为白，而后者的原点为黑。前者是定义在白色中减去某种颜色来定义一种颜色，而后者是通过在黑色中加入颜色来定义一种颜色。

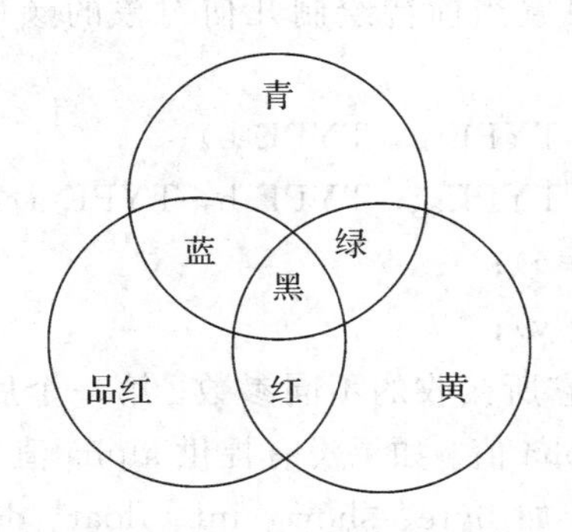

图 7－15　CMY 三原色混合效果

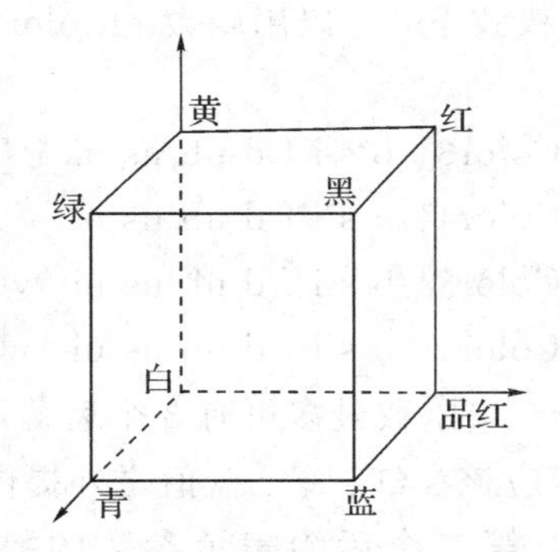

图 7－16　CMY 立方体

了解 CMY 颜色模型对于我们认识某些印刷硬拷贝设备的颜色处理很有帮助，因为在印刷行业中，基本上都使用这种颜色模型。当我们在纸面上涂青色颜料时，该纸面就不反射红光。因为青色颜料从白光中滤去了红光，也就是说，青色是白色减去红色。品红颜色吸收绿色，黄色吸收蓝色。假如在纸面上涂了黄色和品红色，那么纸面上将呈现红色，因为白光吸收了蓝光和绿光，只能反射红光。如果在纸面上涂了黄色、品红和青色，那么所有的红、绿、蓝光都被吸收，表面将呈现黑色。

7.3.4　OpenGL 中的颜色模型

1. 计算机颜色

OpenGL 也采用了 RGB 颜色模式，并且增添了 alpha 分量(或 A)，因此称为 RGBA 颜色模式。RGBA 模式也是 OpenGL 的默认模式。每一个像素点的颜色信息既允许以 RGBA 方式存储，也可以以颜色索引的方式存储，即颜色索引模式。RGBA 模式中的 R、G、B、A 数值对应于每一个像素点，而在颜色索引模式中，对应于每个像素点的是单个数值(称为颜色索引)。每个颜色索引表是一个设定 R、G 和 B 值的特定集合，其中的一个单元即是一个颜色图。

无论是颜色索引模式还是 RGBA 模式，每个像素都存储了一定数量的颜色数据。这个数量是由帧缓冲区的位平面(Bitplane)数量决定的。在每个像素中，1 个位平面表示 1 位数据。如果有 8 个颜色位平面，每个像素使用 8 位来表示颜色，因此它可以存储 2^8(即 256)种不同的颜色。

屏幕窗口坐标以像素为单位，形成图形的像素都有自己的颜色，而这种颜色是通过用一系列 OpenGL 函数来设置的。

2. 在 RGBA 模式下设定颜色

在 RGBA 模式下，每个像素的颜色与其他像素的颜色独立。但是，在颜色索引模式下，具有相同索引值的每个像素在它们的位平面中共享相同的颜色映射位置。如果颜色映射表中有一个项目进行了修改，则使用这种颜色的所有像素的颜色也随之发生变化。

在 RGBA 模式下，硬件为 R、G、B 和 A 成分保留一定数量的位平面，但每种成分的位平面数量并不一定相同。R、G、B 的值一般以整数而不是浮点数的形式存储，并且根据可用的位数进行缩放，以便于存储和提取。

RGBA 模式下，可以用函数 glColor * ()来设置当前待绘制几何对象的颜色，其原型如下：

```
void glColor3{ b s i f d ub us ui }(TYPE r, TYPE g, TYPE b);
void glColor4{ b s i f d ub us ui }(TYPE r, TYPE g, TYPE b, TYPE a);
void glColor3{ b s i f d ub us ui }v(TYPE *v);
void glColor4{ b s i f d ub us ui }v(TYPE *v);
```

glColor * ()函数最多可有 3 个后缀，以区分它所接收的不同参数。第一个后缀是 3 或 4，表示是否应该在红、绿、蓝值之外提供一个 alpha 值。如果没有提供 alpha 值，它会自动设置为 1.0。第二个后缀表示参数的数据类型，如 byte、short、int、float、double、unsignedbyte、unsignedshort 或 unsignedint。第三个后缀是可选的 v，表示参数是否为一个特定数据类型的数组指针。r、g、b 分别表示红、绿、蓝三种颜色组合，参数 a 表示融合度的数值。

3. 在索引模式下设定颜色

在颜色索引模式下，OpenGL 使用一个颜色映射表(或称颜色查找表，类似于使用调色板)来混合颜料，根据颜色编号来绘制场景。画家的索引调色板提供了空间，可用于混合颜料。

在颜色索引模式下，同时可用的颜色数量受限于颜色映射表的大小以及可用的位平面数量。颜色映射表的大小是由专用硬件决定的。颜色映射表的大小总是 2 的整数次方，一般为 256(2^8)～4096(2^{12})，其中指数就是它所使用的位平面的数量。如果颜色映射表共有 2^n 个索引项以及 m 个可用的位平面，则可用的颜色值的数量就是 2^n 和 2^m 中较小的那个。

颜色索引模式下使用的函数为 glIndex()，其原型如下：

void glIndex{ s i f d }(TYPE c)；

void glIndex{ s i f d }v(TYPE c)；

这些函数用于从颜色索引表中选取颜色，当前颜色索引值存于 c 中。索引表可由用户自己定义，当索引值发生变化后，相应像素点的颜色也会发生变化。

4. 指定着色模型

直线或填充多边形可以用一种颜色进行绘制(单调着色)，也可以用多种颜色进行绘制(平滑着色，也称 Gouraud 着色)。在单调着色模型下，整个图源的颜色就是它的任何一个顶点的颜色。在平滑着色模型下，每个顶点都是单独进行处理的。如果图元是直线，线段的颜色将根据两个顶点的颜色进行均匀插值。如果图元是多边形，多边形的内部颜色是所有顶点颜色的均匀插值。可以用 glShadeModel()函数指定所需的着色模型，该函数的原型如下：

void glShadeModel(GLenum mode)；

其中，mode 参数可以是 GL_SMOOTH 或 GL_FLAT，GL_SMOOTH 为默认值。

7.3.5　颜色模型算法实例

颜色模型算法程序如下：

【程序 7－2】　生成颜色模型算法程序。

```
#include <gl/glut.h>

void init(void)
{
    glClearColor(1.0, 1.0, 1.0, 0.0);
    glShadeModel(GL_SMOOTH);
}

void triangle(void)
{
    glBegin(GL_TRIANGLES);
        glColor3f(1.0f, 0.0f, 0.0f);
        glVertex2f(5.0f, 5.0f);
        glColor3f(0.0f, 1.0f, 0.0f);
        glVertex2f(25.0f, 5.0f);
        glColor3f(0.0f, 0.0f, 1.0f);
        glVertex2f(5.0f, 25.0f);
    glEnd();

    glBegin(GL_TRIANGLES);
    glColor3f(1.0f, 1.0f, 0.0f);
    glVertex2f(26.0f, 25.0f);
```

```
        glColor3f(0.0f, 1.0f, 1.0f);
        glVertex2f(26.0f, 5.0f);
        glColor3f(1.0f, 0.0f, 1.0f);
        glVertex2f(6.0f, 25.0f);
        glEnd();
    }

    void display(void)
    {
        glClear(GL_COLOR_BUFFER_BIT);
        triangle();
        glFlush();
    }

    void reshape(int w, int h)
    {
        glViewport(0, 0, (GLsizei)w, (GLsizei)h);
        glMatrixMode(GL_PROJECTION);
        glLoadIdentity();
        if (w <= h)
        {
            gluOrtho2D(0.0, 30.0, 0.0, 30.0 * (GLfloat)h / (GLfloat)w);
        }
        else
        {
            gluOrtho2D(0.0, 30.0 * (GLfloat)w / (GLfloat)h, 0.0, 30.0);
        }
        glMatrixMode(GL_MODELVIEW);
        }

        int main(int argc, char * * argv)
        {
            glutInit(&argc, argv);
            glutInitDisplayMode(GLUT_RGB | GLUT_SINGLE);
            glutInitWindowSize(500, 500);
            glutInitWindowPosition(100, 100);
            glutCreateWindow("OpenGL 颜色函数");
            init();
            glutDisplayFunc(&display);
            glutReshapeFunc(reshape);
            glutMainLoop();
        }
```

运行结果如图 7－17 所示。

图 7－17　颜色模型

7.4　简单的光照模型

当光照射到物体表面时，光线可能被吸收、反射和透射，被物体吸收的部分转化为热。反射、透射的光进入人的视觉系统时，在物体的可见面上将会产生自然光照现象，甚至产生立体感。在计算机图形学中为表达自然光照现象，需要根据光学物理的有关定律建立一个数学模型去计算景物表面上任意一点投向观察者眼中的光亮度的大小。这个数学模型就称为光照明模型(Illumination Model)。

光照模型包含许多因素，如物体的类型、物体相对于光源与其他物体的位置以及场景中所设置的光源属性、物体的透明度、物体的表面光亮程度，甚至物体的各种表面纹理等。不同形状、颜色、位置的光源可以为一个场景带来不同的光照效果。一旦确定出物体表面的光学属性参数、场景中各面的相对位置关系、光源的颜色和位置、观察平面的位置等信息，就可以根据光照模型计算出物体表面上某点在观察方向上所透射的光强度值。

计算机图形学中的光照模型可以由描述物体表面光强度的物理公式推导出来，但这使得计算过程相当复杂。为了减少相关计算，常常采用简化的光照计算的经验模型。在这一节里，我们将讨论计算物体表面光强度的一些简单办法，即简单的局部光照模型。

7.4.1　基本的光学原理

光照到物体表面时，物体会对光发生反射(Reflection)、透射(Transmission)、吸收(Absorption)、衍射(Diffraction)、折射(Refraction)和干涉(Interference)。通常观察不透明、不发光物体时，人眼观察到的是从物体表面得到的反射光，它是由场景中的光源和其他物体表面的反射光共同作用产生的。如果一个物体能从周围物体获得光照，那么即使它不处于光源的直接照射下，其表面也可能是可见的。

点光源是最简单的光源，它的光线由光源向四周发散，在实际生活中很难找到真正的点光源。当一种点光源距离场景足够远(如太阳)，或者一个光源的大小比场景的大小要小得多(如蜡烛)时，通常可以把这样的光源近似地看成点光源模型。在本节中，若无特别说明，所有光源均假定为一个带有坐标位置和光强度的点光源。

当光线照射到不透明物体表面时，部分被反射，部分被吸收。物体表面的材质类型决定了反射光线的强弱。表面光滑的材质将反射较多的入射光，而较暗的表面则吸收较多的入射光。对于一个透明的表面，部分入射光会被反射，另一部分被折射。

粗糙的物体表面往往将反射光向各个方向散射，这种光线散射的现象称为漫反射(Diffuse Reflection)。非常粗糙的材质表面产生的主要是漫反射，因此，从各个视角观察到的光亮度的变化非常小。通常所说的物体颜色实际上就是入射光线被漫反射后表现出来的颜色。相反，表面非常光滑的物体表面会产生强光反射，称为镜面反射(Specular Reflection)。

简单光照明模型模拟物体表面对直接光照的反作用，包括镜面反射和漫反射，而物体间的光反射作用没有被充分考虑，仅仅用一个与周围物体、视点、光源位置都无关的环境光(Ambient Light)常量来近似表示。可以用如下等式表示：

入射光＝环境光＋漫反射光＋镜面反射光

7.4.2 环境光

环境光是指光源间接对物体的影响，是在物体和环境之间多次反射，最终达到平衡时的一种光。我们近似地认为同一环境下的环境光的光强分布是均匀的，它在任何一个方向上的分布都相同。例如，透过厚厚云层的阳光就可以称为环境光。在简单光照明模型中，我们用一个常数来模拟环境光，用式子表示为

$$I_e = K_a I_a \tag{7-6}$$

其中，K_a 是物体对环境光的反射系数，与物体表面性质有关；I_a 是入射的环境光光强，与环境的明暗度有关。

7.4.3 漫反射光

环境光反射是全局漫反射光照效果的一种近似。漫反射光是由物体表面的粗糙不平引起的，它均匀地向各方向传播，与视点无关。记入射光强为 I_p，物体表面上点 P 的法向为 $\boldsymbol{N}$，从点 P 指向光源的向量为 $\boldsymbol{L}$，两者间的夹角为 θ，如图 7-18 所示。

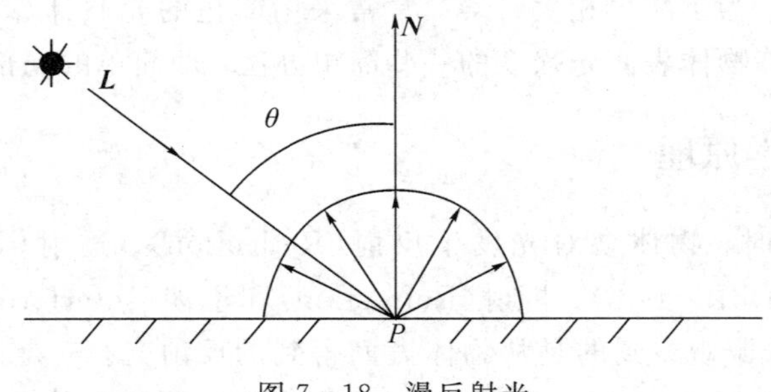

图 7-18　漫反射光

由 Lambert 余弦定律得漫发射光强为

$$I_d = I_p K_d \cos(\theta),\ \theta \in (0,\ \frac{\pi}{2}) \tag{7-7}$$

其中，K_d 是与物体有关的漫反射系数，$0<K_d<1$。当 $\boldsymbol{L}$、$\boldsymbol{N}$ 为单位向量时，式(7-7)也可表达为

$$I_d = I_p K_d (\boldsymbol{LN}) \tag{7-8}$$

在有多个光源的情况下，可以表示为

$$I_d = K_d \sum I_{p,i} (\boldsymbol{L}_i \boldsymbol{N}) \tag{7-9}$$

其中，$I_{p,i}$表示第 i 个点光源的光强，$\boldsymbol{L}_i$ 是物体表面上的照射点 P 指向第 i 个点光源的单位向量；m 是光源的个数，这里假定 m 个光源均位于光照表面的正面。

在实际中，从周围环境投射来的环境光也会有相当的影响。将环境光和朗伯漫反射的光强合并，得到如下一个比较完整的漫反射表达式

$$I = I_e + I_d \tag{7-10}$$

漫反射光的颜色由入射光的颜色和物体表面的颜色共同设定，在 RGB 颜色模型下，漫反射系数 K_d 有三个分量 K_{dr}、K_{dg}、K_{db}，分别代表 RGB 三原色的漫反射系数，它们是反映物体的颜色的，通过调整三个分量，可以设定物体的颜色。同样的，我们也可以把入射光强 I 设为三个分量 I_r、I_g、I_b，通过调整这些分量的值来调整光源的颜色。

7.4.4　镜面反射光

当观察一个光照下的光滑表面，特别是有光泽的表面时，可能在某个方向上会看到很强的高光，这个现象称为镜面反射。

在正常情况下，光沿着直线传播，当遇到不同的介质表面时，会发生反射和折射现象，光在反射和折射时，遵循反射定律和折射定律。

1）反射定律

反射定律：入射光线、反射光线与光照点的法向量在同一平面上，而且光线的入射角等于反射角。如图 7-19 所示，入射光线与光照点的法向量之间的夹角 θ 称为光线的入射角，反射光线与光照点的法向量之间的夹角称为光线的反射角。

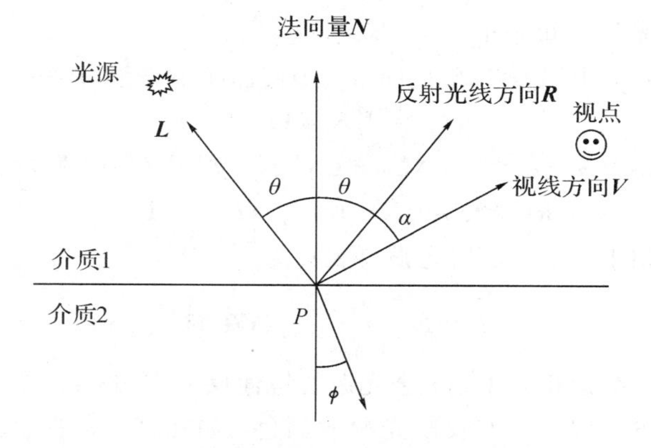

图 7-19　光的反射和折射

2）折射定律

折射定律：入射光线、折射光线与光照点的法向量在同一平面上，折射角与入射角满足：

$$\frac{\eta_1}{\eta_2}=\frac{\sin\varphi}{\sin\theta} \tag{7-11}$$

其中，θ 为光照点的法向量与入射光线之间的夹角，φ 为折射光线与光照点的负法向量之间的夹角，如图 7-20 所示。其中 η_1 和 η_2 分别为光线在第一种媒质和第二种媒质中的折射率。

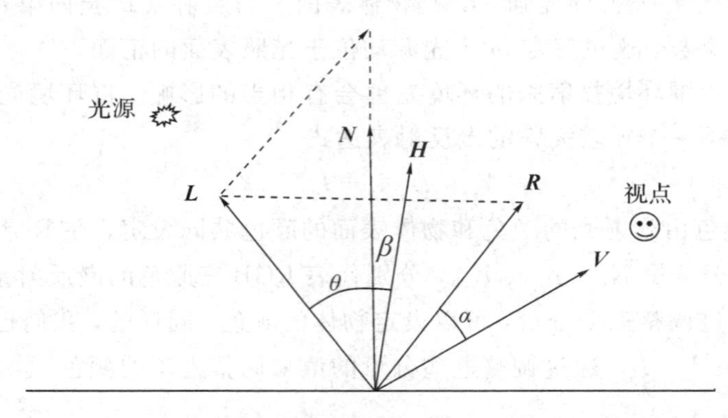

图 7-20　半角矢量 **H** 与矢量 **L** 和 **V** 的角平分线方向相同

一般来说，从物体表面反射或折射出来的光的强度取决于光源的位置与光的强度、物体表面的位置和朝向、表面材质的性质和视点的位置。对于理想镜面，反射光集中在一个方向，并遵守反射定律。对一般的光滑表面，反射光集中在一个范围内，且由反射定律决定的反射方向光强最大。因此，对于同一点来说，从不同位置所观察到的镜面反射光强是不同的。Phong 提出了一个计算镜面反射光亮度的经验模型，其计算公式为

$$I_s=I_p K_s \cos^n(\alpha), \quad \alpha\in(0, \frac{\pi}{2}) \tag{7-12}$$

其中，K_s 是物体表面的镜面反射系数，它与入射光和波长有关；α 为视线方向 V 与反射方向 R 的夹角，n 为反射指数，反映了物体表面的光泽程度，一般为 1～2000，数字越大物体表面越光滑。镜面反射光将会在反射方向附近形成很亮的光斑，称为高光现象。$\cos^n(\alpha)$ 近似地描述了镜面反射光的空间分布。

同样的，将 $\boldsymbol{V}$ 和 $\boldsymbol{R}$ 都格式化为单位向量，则镜面反射光强可表示为

$$I_s=I_p K_s (\boldsymbol{VR})^n \tag{7-13}$$

其中，$\boldsymbol{R}$ 可由 $\boldsymbol{R}=(2\cos\theta)\boldsymbol{N}-\boldsymbol{L}=2\boldsymbol{N}(\boldsymbol{NL})-\boldsymbol{L}$ 计算。如图 7-19 所示，可以推出：$\boldsymbol{R}+\boldsymbol{L}=(2\cos\theta)\boldsymbol{N}=2(\boldsymbol{NL})\boldsymbol{N}$，所以，$\boldsymbol{R}=(2\cos\theta)\boldsymbol{N}-\boldsymbol{L}=2(\boldsymbol{NL})\boldsymbol{N}-\boldsymbol{L}$。

对于多个光源的情形，镜面反射光强可表示为

$$I_s=K_s \sum_{i=1}^{m}[I_{p,i}(\boldsymbol{VR}_i)^n] \tag{7-14}$$

其中，m 是光源个数；$\boldsymbol{R}_i$ 是相对于第 i 个光源的镜面反射方向；$I_{p,i}$ 是第 i 个光源的光强。

镜面反射光产生的高光区域只反映光源的颜色，如在红光的照射下，一个物体的高光域是红光。镜面反射系数 K_s 是一个与物体的颜色无关的参数，在简单的光照明模型中，我

们只能通过设置物体的漫反射系数来控制物体的颜色。

7.4.5　Phong 光照模型

综合上面介绍的光反射作用的各个部分，Phong 光照明模型有这样的一个表述：由物体表面上一点 P 反射到视点的光强 I 为环境光的反射光强 I_e、理想漫反射光强 I_d 和镜面反射光 I_s 的总和，即

$$I=I_aK_a+I_pK_d(\boldsymbol{LN})+I_pK_s(\boldsymbol{VR})^n \tag{7-15}$$

其中，$\boldsymbol{R}$、$\boldsymbol{V}$、$\boldsymbol{N}$、$\boldsymbol{L}$ 为单位矢量；I_p 为点光源发出的入射光强；I_a 为环境光的漫反射光强；K_a 为环境光的漫反射系数；K_d 为漫反射系数($0 \leqslant K_d \leqslant 1$)，取决于表面材料；$K_s$ 为镜面反射系数($0 \leqslant K_s \leqslant 1$)；$n$ 次幂用以模拟反射光的空间分布，表面越光滑，n 越大。

在用 Phong 模型进行真实感图形计算时，对物体表面上的每个点 P，均需计算光线的反射方向 $\boldsymbol{R}$，再由 $\boldsymbol{V}$ 计算($\boldsymbol{V}\cdot\boldsymbol{R}$)。为减少计算量，可以作如下假设：

(1) 光源在无穷远处，即光线方向 $\boldsymbol{L}$ 为常数；

(2) 视点在无穷远处，即视线方向 $\boldsymbol{V}$ 为常数；

(3) 用($\boldsymbol{VH}$)近似($\boldsymbol{VR}$)。这里 $\boldsymbol{H}$ 为 $\boldsymbol{L}$ 和 $\boldsymbol{V}$ 的角平分量，$\boldsymbol{H}=\dfrac{\boldsymbol{L}+\boldsymbol{V}}{|\boldsymbol{L}+\boldsymbol{V}|}$。

在这种简化下，由于对所有的点总共只需计算一次 $\boldsymbol{H}$ 的值，节省了计算时间。结合 RGB 颜色模型，Phong 光照模型最终有如下的形式：

$$\begin{cases} I_r=I_{ar}K_{ar}+I_{pr}K_{dr}(\boldsymbol{LN})+I_{pr}K_{sr}(\boldsymbol{HN})^n \\ I_g=I_{ag}K_{ag}+I_{pg}K_{dg}(\boldsymbol{LN})+I_{pg}K_{sg}(\boldsymbol{HN})^n \\ I_b=I_{ab}K_{ab}+I_{pb}K_{db}(\boldsymbol{LN})+I_{pb}K_{sb}(\boldsymbol{HN})^n \end{cases} \tag{7-16}$$

Phong 光照明模型是真实感图形学中提出的第一个有影响的光照明模型，生成图像的真实度已经达到可以接受的程度。但是在实际的应用中，由于它是一个经验模型，还具有以下的一些问题：用 Phong 模型显示出的物体像塑料，没有质感；环境光是常量，没有考虑物体之间相互的反射光；镜面反射的颜色是光源的颜色，与物体的材料无关；镜面反射的计算在入射角很大时会产生失真等。在后面的一些光照明模型中，对上述的这些问题都作了一定的改进。

7.4.6　光照模型实例

多光源球模型算法示例程序如下：

【程序 7-3】　生成多光源球模型算法示例程序。

```
#include <windows.h>
#include <gl/glut.h>
 void Initial(void)
 {
     GLfloat mat_ambient[] = { 0.2f, 0.2f, 0.2f, 1.0f };
     GLfloat mat_diffuse[] = { 0.8f, 0.8f, 0.8f, 1.0f };
     GLfloat mat_specular[] = { 1.0f, 1.0f, 1.0f, 1.0f };
     GLfloat mat_shininess[] = { 50.0f };
```

```
    GLfloat light0_diffuse[] = { 0.0f, 0.0f, 1.0f, 1.0f };
    GLfloat light0_position[] = { 1.0f, 1.0f, 1.0f, 0.0f };
    GLfloat light1_ambient[] = { 0.2f, 0.2f, 0.2f, 1.0f };
    GLfloat light1_diffuse[] = { 1.0f, 0.0f, 0.0f, 1.0f };
    GLfloat light1_specular[] = { 1.0f, 0.6f, 0.6f, 1.0f };
    GLfloat light1_position[] = { -3.0f, -3.0f, 3.0f, 1.0f };
    GLfloat spot_direction[] = { 1.0f, 1.0f, -1.0f };

    //定义材质属性
    glMaterialfv(GL_FRONT, GL_AMBIENT, mat_ambient);
    glMaterialfv(GL_FRONT, GL_DIFFUSE, mat_diffuse);
    glMaterialfv(GL_FRONT, GL_SPECULAR, mat_specular);
    glMaterialfv(GL_FRONT, GL_SHININESS, mat_shininess);

    //light0 为漫反射的蓝色点光源
    glLightfv(GL_LIGHT0, GL_DIFFUSE, light0_diffuse);
    glLightfv(GL_LIGHT0, GL_POSITION, light0_position);

    //light1 为红色聚光光源
    glLightfv(GL_LIGHT1, GL_AMBIENT, light1_ambient);
    glLightfv(GL_LIGHT1, GL_DIFFUSE, light1_diffuse);
    glLightfv(GL_LIGHT1, GL_SPECULAR, light1_specular);
    glLightfv(GL_LIGHT1, GL_POSITION, light1_position);
    glLightf(GL_LIGHT1, GL_SPOT_CUTOFF, 30.0);
    glLightfv(GL_LIGHT1, GL_SPOT_DIRECTION, spot_direction);

    glEnable(GL_LIGHTING);
    glEnable(GL_LIGHT0);
    glEnable(GL_LIGHT1);
    glEnable(GL_DEPTH_TEST);

    glClearColor(1.0f, 1.0f, 1.0f, 1.0f);
}

void ChangeSize(GLsizei w, GLsizei h)
{
    if (h == 0)   h = 1;
    glViewport(0, 0, w, h);
    glMatrixMode(GL_PROJECTION);
    glLoadIdentity();
    if (w <= h)
      glOrtho(-5.5f, 5.5f, -5.5f * h / w, 5.5f * h / w, -10.0f, 10.0f);
    else
```

```
    glOrtho(-5.5f * w / h, 5.5f * w / h, -5.5f, 5.5f, -10.0f, 10.0f);
  glMatrixMode(GL_MODELVIEW);
  glLoadIdentity();
}

void Display(void)
{
  glClear(GL_COLOR_BUFFER_BIT | GL_DEPTH_BUFFER_BIT);
  glPushMatrix();
  glTranslated(-3.0f, -3.0f, 3.0f);
  glPopMatrix();
  glutSolidSphere(2.0f, 50, 50);
  glFlush();
}

void main(void)
{
  glutInitDisplayMode(GLUT_sinGLE | GLUT_RGB);
  glutCreateWindow("多光源球");
  glutDisplayFunc(Display);
  glutReshapeFunc(ChangeSize);
  Initial();
  glutMainLoop();
}
```

实验结果如图 7－21 所示。

图 7－21　多光源球

7.5 光线跟踪

20 世纪 80 年代出现了光线跟踪算法，该算法具有原理简单、实现方便和能够生成各种逼真的视觉效果等突出的优点，已经成为真实感图形生成中应用最多的算法之一。

光线跟踪(Ray Tracing)是光线投射思想的延伸，它不仅为每个像素寻找可见面，还跟踪光线在场景中的反射和折射，并计算它们的光强度叠加，这为追求全局反射和折射效果提供了一种简单有效的绘制手段。基本光线跟踪算法为可见面判别、明暗效果、透明及多源光照明等提供了可能。光线跟踪技术虽然能生成高度真实感的图形，但计算量却大得惊人。

7.5.1 基本光线跟踪算法

最基本的光线跟踪算法是跟踪镜面反射和折射。从光源发出的光遇到物体表面后会发生反射和折射，光就会改变方向，沿着反射方向和折射方向继续前进，直到遇到新的物体。但是光源发出的光线，经反射与折射后只有很少部分可以进入人的眼睛，因此实际光线跟踪算法的跟踪方向与光传播方向相反，是视线跟踪。由视点与像素(x，y)发出一根射线，与第一个物体相交后，在其反射与折射方向上进行跟踪，如图 7－22 所示。

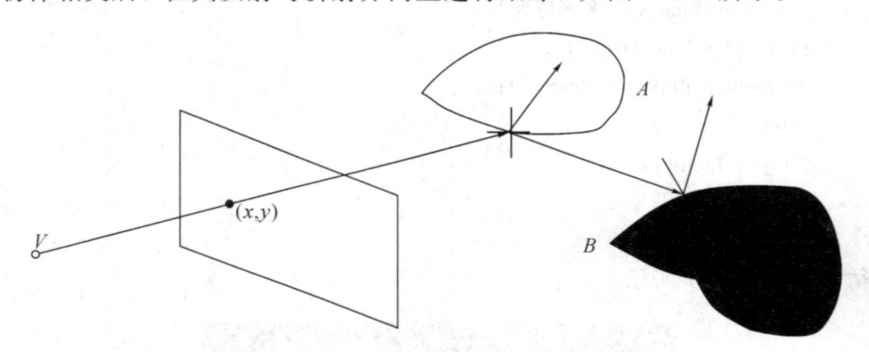

图 7－22 基本光线跟踪光路示意图

为了详细介绍光线跟踪算法，首先给出四种射线的定义与光强的计算方法。在光线跟踪算法中，有如下的四种光线：视线(是由视点与像素(x，y)发出的射线)、阴影测试线(是物体表面上点与光源的连线)、反射光线、折射光线。

当光线 V 与物体表面交于点 P 时，点 P 分为三部分，把这三部分光强相加，就是该光线 V 在点 P 处的总光强。

(1) 由光源产生的光线照射光强是交点处的局部光强，可以由下式计算：

$$I=I_{\mathrm{a}}K_{\mathrm{a}}+\sum_{i}I_{\mathrm{p}i}[K_{\mathrm{ds}}(\boldsymbol{L}_i\boldsymbol{N})+K_s(\boldsymbol{H}_{si}\boldsymbol{N})^{n_s}]+\sum_{j}I_{\mathrm{p}j}[K_{dt}(-\boldsymbol{L}_j\boldsymbol{N})+K_t(\boldsymbol{H}_{tj}\mathrm{N})^{n_i}]$$

(2) 反射方向上由其他物体引起的间接光照光强由 $I_{\mathrm{s}}K_{\mathrm{s}}'$计算，$I_{\mathrm{s}}$ 通过对反射光线的递归跟踪得到。

(3) 折射方向上由其他物体引起的间接光照光强由 $I_{\mathrm{t}}K_{\mathrm{t}}'$计算，$I_{\mathrm{t}}$ 通过对折射光线的递归跟踪得到。

有了上面介绍的这些基础之后，接下来讨论光线跟踪算法本身。假定对一个由两个透明球和一个非透明物体组成的场景进行光线跟踪，如图 7-23 所示。通过这个例子，可以把光线跟踪的基本过程解释清楚。

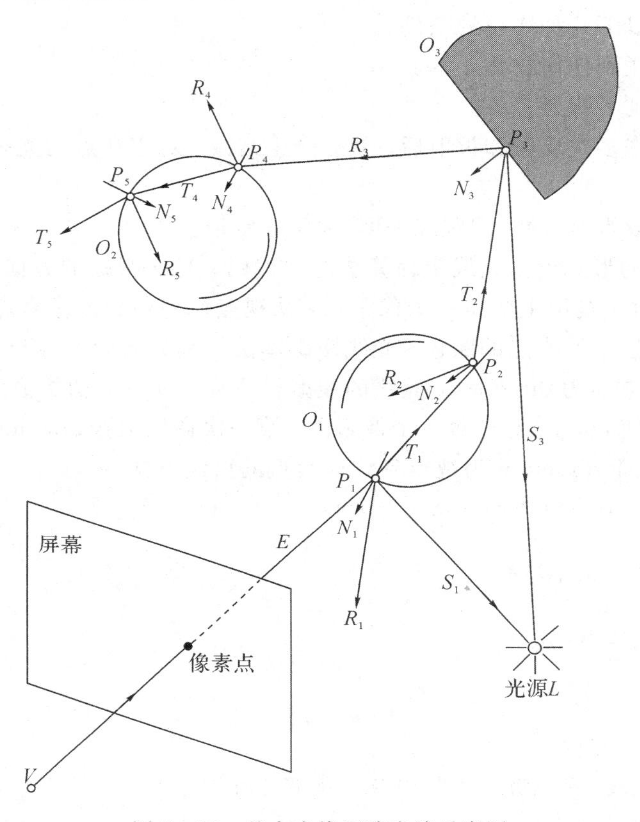

图 7-23　基本光线跟踪光路示意图

图 7-23 中，有一个点光源 L，两个透明的球体 O_1 与 O_2，一个不透明的物体 O_3。首先，从视点出发经过视屏中一个像素点的视线 E 传播到球体 O_1，与其交点为 P_1。从 P_1 向光源 L 作一条阴影测试线 S_1，若发现其间没有遮挡的物体，就用局部光照明模型计算光源对 P_1 在其视线 E 方向上的光强，作为该点的局部光强。同时还要跟踪该点处的反射光线 R_1 和折射光线 T_1，它们对 P_1 点的光强也有贡献。在反射光线 R_1 方向上，如果没有再与其他物体相交，那么就设该方向的光强为零，并结束这条光线方向的跟踪。然后对折射光线 T_1 方向进行跟踪，计算该光线的光强贡献。折射光线 T_1 在物体 O_1 内部传播，与 O_1 相交于点 P_2，由于该点在物体内部，故假设它的局部光强为零，同时，产生了反射光线 R_2 和折射光线 T_2，在反射光线 R_2 方向，可以继续递归跟踪以计算它的光强，在这里就不再跟踪下去了。继续对折射光线 T_2 进行跟踪。T_2 与物体 O_3 交于点 P_3，作 P_3 与光源 L 的阴影测试线 S_3，如果没有物体遮挡，那么计算该处的局部光强。由于该物体是非透明的，可以继续跟踪反射光线 R_3 方向的光强，结合局部光强，得到 P_3 处的光强。反射光线 R_3 的跟踪与前面的过程类似，算法可以递归地进行下去。重复上面的过程，直到光线满足跟踪终止条件，这样就可以得到视屏上一个像素点的光强，也就是它相应的颜色值。

由上面的例子可以看出，光线跟踪算法实际上是光照明物理过程的近似逆过程，这一过程可以跟踪物体间的镜面反射光线和规则透射，模拟了理想表面下的光的传播。

虽然在理想情况下，光线可以在物体之间进行无限的反射和折射，但在实际的算法进行过程中，不可能进行无穷的光线跟踪，因而需要给出一些跟踪的终止条件。在算法应用的意义上，可以有以下几种终止的条件：

(1) 该光线未碰到任何物体。

(2) 该光线碰到了背景。

(3) 光线经过许多次反射和折射后，就会产生衰减，对于视点的光强贡献很小(小于某个设定值)。

(4) 光线反射或折射次数(即跟踪深度)大于一定值。

最后用伪代码的形式给出光线跟踪算法的源代码。光线跟踪的方向与光传播的方向相反。从视点出发，对于视屏上的每一个像素点，从视点作一条到该像素点的射线，调用该算法函数就可以确定这个像素点的颜色。光线跟踪算法的函数名为 RayTracing( )，光线的起点为 start，光线的方向为 direction，光线的衰减权值为 weight，初始值为 1，算法最后返回光线方向上的颜色值 color。对于每一个像素点，第一次调用 RayTracing( )函数时，可以设起点 start 为视点，而 direction 为视点到该像素点的射线方向。

```
RayTracing(start, direction, weight, color)
{
    if (weight<MinWeight)
    {
        color = black;
    }
    else
    {
      计算光线与所有物体的交点中离 start 最近的点
        if (没有交点)
        {
            color = black;
        }
        else
        {
            Ilocal = 在交点处用局部光照模型计算出的光强;
            计算反射方向 R;
            RayTracing(最近的交点, R, weight * Wt, Ir);
            计算反射方向 T;
            RayTracing(最近的交点, T, weight * Wt, It);
            color= Ilocal +KsIr+KtIt;
        }
    }
}
```

7.5.2 光线与物体的求交

由于光线跟踪算法中需要用到大量求交运算，因而求交运算的效率对整个算法的效率影响很大，光线与物体的求交是光线跟踪算法的核心。这一小节将按照不同物体的分类给出光线与物体的求交运算方法。

1. 光线与球求交

球是光线跟踪算法中最常用的体素，也是经常作为例子的物体，这是因为光线与球的交点很容易计算，特别是球面的法向量总是从球心射出，无需专门的计算。另外，由于很容易进行光线与球的相交判断，所以球又常常用来作为复杂物体的包围盒。

设(x_a, y_a, z_a)为光线的起点坐标，(x_d, y_d, z_d)为光线的方向，并已经单位化，即$x_d^2+y_d^2+z_d^2=1$。(x_c, y_c, z_c)为球心，R 为球的半径。下面介绍最基本的代数解法，以及为提高求交速度而设计的几何方法。

1）代数解法

首先用参数方程

$$\begin{cases} x=x_0+x_d t \\ y=y_0+y_d t \\ z=z_0+z_d t \end{cases} \tag{7-17}$$

表示由点(x_0, y_0, z_0)发出的光线，令 $t\geqslant 0$。

用隐式方程

$$(x-x_c)^2+(y-y_c)^2+(z-z_c)^2=R^2 \tag{7-18}$$

表示球心为(x_c, y_c, z_c)，球半径为 R 的球面。将式(7-17)代入式(7-18)，得

$$At^2+Bt+C=0$$
$$A=x_d^2+y_d^2+z_d^2=1$$
$$B=2[x_d(x_0-x_c)+y_d(y_0-y_c)+z_d(z_0-z_c)]$$
$$C=(x-x_c)^2+(y-y_c)^2+(z-z_c)^2-R^2$$

于是有 $t=\dfrac{-B\pm\sqrt{B^2-4C}}{2}$。如果 $B^2-4C<0$，则光线与球无交；如果 $B^2-4C=0$，则光线与球相切，这时 $t=-\dfrac{B}{2}$；如果 $B^2-4C>0$，则光线与球有两个交点，交点处的 t 分别是

$$t_0=\frac{-B+\sqrt{B^2-4C}}{2}$$

$$t_1=\frac{-B-\sqrt{B^2-4C}}{2}$$

这时若有 t_0 或 $t_1<0$，则说明相应的交点不在光线上，交点无效。把 t 值代入式(7-17)，就可以求得交点的坐标(x_i, y_i, z_i)，交点处的法向量为$\left(\dfrac{x_i-x_c}{R}, \dfrac{y_i-y_c}{R}, \dfrac{z_i-z_c}{R}\right)$，这是一个单位化的向量。

用代数法计算光线与球的交点和法向量总共需要 17 次加减运算、17 次乘法运算、1 次开方运算和 3 次比较操作。

2）几何解法

用几何方法可以加速光线与球的求交运算，如图 7-24 所示。

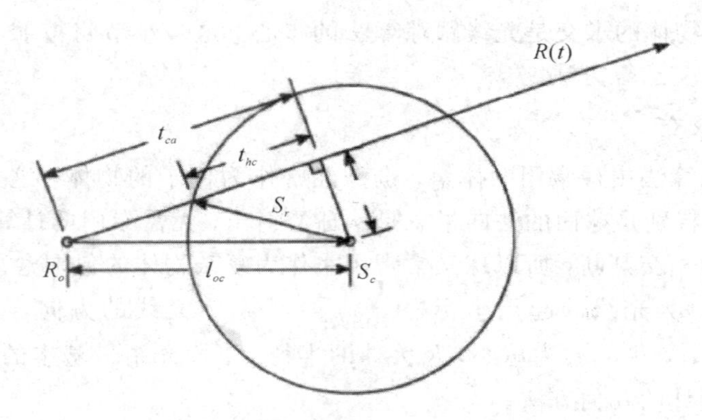

图 7-24 用几何法进行光线与球的求交

首先，计算光线起点到球心的距离平方，为

$$L_{oc}^2=(S_c-R_0)(S_c-R_0)=(x-x_c)^2+(y-y_c)^2+(z-z_c)^2$$

若 $L_{oc}^2<R^2$，则光线的起点在球内，光线与球有且仅有一个交点；若 $L_{oc}^2>R^2$，则光线的起点在球外，光线与球有两个交点或一个切点或没有交点。

然后，计算光线起点到光线离球心最近点 A 的距离，为

$$t_{ca}=(S_c-R_0)R_t=(x_c-x_0)x_d+(y_c-y_0)y_d+(z_c-z_0)\cdot z_d$$

其中，R_t 为单位化的光线方向矢量。当光线的起点在球外时，若 $t_{ca}<0$，则球在光线的背面，光线与球无交点。

最后计算半径长的平方来判定交点的个数。半径长的平方为

$$t_{hc}^2=R^2-D^2=R^2-L_{oc}^2+t_{ca}^2$$

若 $t_{hc}^2<0$，则光线与球无交点；若 $t_{hc}^2=0$，则光线与球相切；若 $t_{hc}^2>0$，则光线与球有两个交点。为了计算交点的位置，需要计算光线起点到光线与球交点的距离为

$$t=t_{ca}\pm\sqrt{t_{hc}^2}=t_{ca}\pm\sqrt{R^2-L_{oc}^2+t_{ca}^2}$$

同样，将 t 值代入式(7-17)，可得交点的坐标为

$$(x_i,\ y_i,\ z_i)=(x_0+x_dt,\ y_0+y_dt,\ z_0+z_dt)$$

交点处的球面法向为

$$\left(\frac{x_i-x_c}{R},\ \frac{y_i-y_c}{R},\ \frac{z_i-z_c}{R}\right)$$

用几何法计算光线与球的交点和法向总共需要 16 次加减运算、13 次乘法运算、1 次开方运算和 3 次比较操作，比代数法少 1 次加减运算和 4 次乘法运算。

2. 光线与多边形求交

光线与多边形求交分为两步，先计算多边形所在平面与光线的交点，再判断交点是否在多边形内部。光线与平面求交的具体方法可参考直线与平面求交的方法，这里不多做讨论。

3. 光线与二次曲面求交

二次曲面包括球面、柱面、圆锥面、椭球面、抛物面、双曲面。平面和球面是一般二次曲面的特例。为了提高光线与二次曲面的求交效率，对每个二次曲面可以采取专门的求交运算法。这里介绍光线与一般表示形式的二次曲面的求交方法。

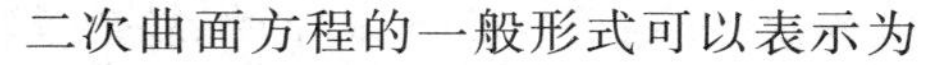

二次曲面方程的一般形式可以表示为

$$F(x,\ y,\ z)=Ax^2+2Bxy+2Cxz+2Dx+Ey^2+2Fyz+2Gy+Hz^2+2Iz+J=0$$

或者写成矩阵的形式

$$[x\ y\ z\ 1]=\begin{bmatrix}A & B & C & D\\ B & E & F & G\\ C & F & G & H\\ D & G & I & J\end{bmatrix}\begin{bmatrix}x\\ y\\ z\\ 1\end{bmatrix}=0$$

把光线的参数表达式(7－17)代入上式，并且整理得

$$at^2+bt+c=0$$

$$a=Ax_d^2+2Bx_dy_d+2Cx_dz_d+Ey_d^2+2Fy_dz_d+Hz_d^2$$

$$b=2[Ax_0x_d+B(x_0y_d+x_dy_0)+C(x_0z_d+x_dz_0)]+Dx_d$$
$$+Ey_0y_d+F(y_0z_d+y_dz_0)+Gy_d+Hz_0z_d+Iz_d$$

$$c=Ax_0^2+2Bx_0y_0+2Cx_0z_0+zDx_0+Ey_0^2+2Fy_0z_0$$
$$+2Gy_0+Hz_0^2+2Iz_0+J$$

解出 $t=\dfrac{-b\pm\sqrt{b^2-4ac}}{2a}$。如果 t 为实数，则将 t 代入式(7－17)就可得到光线与二次曲面的交点坐标，为$(x_i,\ y_i,\ z_i)=(x_0+x_dt,\ y_0+y_dt,\ z_0+z_dt)$，在交点$(x_i,\ y_i,\ z_i)$处的法向量为函数 $F(x,\ y,\ z)$关于 x、y、z 的偏导，即

$$(x_n,\ y_n,\ z_n)=\left(\frac{\partial F}{\partial x},\ \frac{\partial F}{\partial y},\ \frac{\partial F}{\partial z}\right)$$

$$x_n=2(Ax_i+By_i+Cz_i+D)$$

$$y_n=2(Ax_i+Ey_i+Fz_i+G)$$

$$z_n=2(Cx_i+Fy_i+Hz_i+I)$$

7.5.3　光线跟踪算法的加速

在基本的光线跟踪算法中，每一条射线都要和所有物体求交，然后再对所得的全部交点进行排序，才能确定可见点。对于复杂环境的场景，这种简单处理的效率就很低了，因此需要对光线跟踪算法进行加速。光线跟踪加速技术是实现光线跟踪算法的重要组成部分，加速技术主要包括以下几个方面：提高求交速度、减少求交次数、减少光线条数、采用广义光线和并行算法等。在这里只简单地介绍其中的几种方法。

1. 自适应深度控制

在基本光线跟踪算法中，结束光线跟踪的条件是光线不与任何物体相交，或已达到预定的最大光线跟踪深度。事实上，对复杂的场景，没有必要跟踪光线到很深的深度，应根据光线所穿过的区域的性质来改变跟踪深度，以自适应地控制深度。实际上，前面给出的光线跟踪算法的源代码就可以做到自适应地控制深度。

2. 包围盒及层次结构

包围盒技术是加速光线跟踪的基本方法之一，由 Clark 于 1976 年提出。1980 年，Rubin和 Whitted 将它引进到光线跟踪算法中，用以加速光线与景物的求交测试。

包围盒技术的基本思想是用一些形状简单的包围盒(如球面、长方体等)将复杂景物包围起来，求交的光线首先跟包围盒进行求交测试，若相交，则光线再与景物求交，否则光线与景物必无交。该技术是利用形状简单的包围盒与光线求交速度较快的优势来提高算法效率的。

简单的包围盒技术的效率并不高，因为被跟踪的光线必须与场景中每一个景物的包围盒进行求交测试。包围盒技术的一个重要改进是引进层次结构，其基本原理是根据景物的分布情况，将相距较近的景物组成一组局部场景，相邻各组又组成更大的组，这样，就将整个景物空间组织成了树状的层次结构。

进行求交测试的光线，首先进入该层次的根节点，并从根节点开始，从上向下与各相关节点的包围盒进行求交测试。若一节点的包围盒与光线有交，则光线将递归地与其子节点进行求交测试，否则，该节点的所有景物均与光线无交，该节点的子树无须作求交测试。

1986 年，Kay 和 Kajiya 针对长方体具有包裹景物不紧的特点，提出根据景物的实际形状选取 n 组不同方向的平行平面包裹一个景物或一组景物的层次包围盒技术。

令 3D 空间中的任意平面方程为 $Ax+By+Cz-d=0$，不失一般性，设(A, B, C)为单位向量，上式定义了一个以 $N_i=(A, B, C)$为法向量，与坐标原点相距 d 的平面，若法向量 $N_i=(A, B, C)$保持不变，d 为自由变量，那么就定义了一组平面。对一给定的景物，必存在两个半面将景物夹在中间，不妨记 d 值为 d_i^{near} 和 d_i^{far}。用几组平面就可以构成一个较为紧致的包围盒。Kay 和 Kajiya 对 N_i 的选取作了限制，即整个场景所有景物采用统一方向的 n 组平行平面构造包围盒，且 $n\leqslant 5$。那么，如何构造平行 $2n$ 面体包围盒呢?

多面体模型需在场景坐标系中考虑。多面体所有顶点投影到 N_i 方向，并计算与原点距离的最小值和最大值 d_i^{near} 和 d_i^{far}；对隐函数曲面体 $F(x, y, z)=0$，在景物坐标系中，隐函数曲面体上的点(x, y, z)在 N_i 方向上的投影为 $F(x, y, z)=Ax+By+Cz$，根据 d_i^{near} 和 d_i^{far}的定义，必须求 $F(x, y, z)$在约束条件 $F(x, y, z)=0$ 下的极大值和极小值，可以用 Lagrange 乘子法计算。对若干景物的组合体，可用 $d_i^{\text{near}}=\min\limits_{i}\{d_i^{\text{near}}\}$，$d_i^{\text{far}}=\min\limits_{i}\{d_i^{\text{far}}\}$计算层次包围盒。

关于平行 $2n$ 面体层次包围盒技术的细节，有兴趣的读者可自行参考具体文献。

3. 三维 DDA 算法

从光线跟踪的效率来看，算法效率不高的主要原因是光线求交的盲目性。不仅光线与那些与之不交的景物的求交测试毫无意义，而且光线与位于第一个交点之后的其他景物求交也是毫无意义的。将景物空间剖分为网格，由于空间的连贯性，被跟踪的光线从起始点出发，可依次穿越它所经过的空间网格，直至第一个交点，这种方法称为空间剖分技术，可以利用这种空间相关性来加速光线跟踪。这里首先介绍三维 DDA 算法。

1986 年，Fujimoto 等提出了一个基于空间网格剖分技术的快速光线跟踪算法，将景物空间分割成一系列均匀的三维网格，建立辅助数据结构 SEADS(Spatially Enumerated Auxiliary Data Structure)。

一旦确定景物空间剖分的分辨率，SEADS 结构中的每一个网格就可用三元组(i, j, k)精确定位，每一个网格均设立其所含的景物面片的指针。于是，光线跟踪时，光线只需要依次与其所经过的空网格所含的景物面片进行求交测试。

Fujimoto 等将直线光栅化的 DDA 算法推广到三维，称为光线的三维网格跨越算法，以加速光线跟踪，设光线的方向向量为 $\boldsymbol{V}(V_x, V_y, V_z)$，先求出被跟踪光线的主轴方向 d：

$$|V_d| = \max(|V_x|, |V_y|, |V_z|)$$

设其他两个坐标方向为 i 和 j，则三维 DDA 网格跨越过程可分解为两个二维 DDA 过程。算法首先将光线垂直投影到交于主轴的两个坐标平面上，然后对两投影线分别执行二维 DDA 算法。

对于稠密的场景，选取适当的空间剖分分辨率，可以使算法更加有效。目前，该算法已经广泛地应用于各种商业动画软件中。

7.6　纹理图案映射

现实世界中的物体，其表面往往有各种细节和图案花纹，这就是通常所说的纹理。本质上，纹理是物体表面的细小结构，可以是光滑表面的花纹、图案，是颜色纹理，这时的纹理一般可以用二维图像表示，当然也有三维纹理。增加表面细节的常用方法就是将纹理模式映射到物体表面上。纹理模式可以用一个矩形数组定义，也可以用一个过程修改物体表面的颜色值。纹理还可以是粗糙的表面(如橘子表面的皱纹)，它们被称为几何纹理，是基于物体表面的微观几何形状的表面纹理。一种最常用的几何纹理就是对物体表面的法向进行微小的扰动来实现物体表面的几何细节。本节将主要讨论关于纹理绘制的内容。

7.6.1　纹理的定义

纹理映射是把得到的纹理映射到三维物体表面的技术。对于纹理映射，需要考察简单光照明模型，需要了解，当物体上的什么属性被改变时，就可以产生纹理的效果。下面先给出简单光照明模型的式子：

$$I = I_a K_a + I_p K_d (\boldsymbol{NL}) I_p K_s (\boldsymbol{NH})^n$$

通过分析上面的式子并结合前面介绍可知，可以改变的物体属性为漫反射系数(改变物体的颜色)和物体表面的法向量。通过这些变化就可以得到纹理的效果。

在真实感图形学中，可以用如下两种方法来定义纹理。

(1) 图像纹理：将二维纹理图案映射到三维物体表面，绘制物体表面上一点时，采用相应纹理图案中相应点的颜色值。

(2) 函数纹理：用数学函数定义简单的二维纹理图案，如方格地毯，或用数学函数定义随机高度场，生成表面粗糙纹理，即几何纹理。

定义了纹理后，还要考虑如何对纹理进行映射的问题。对于二维图像纹理，就是如何建立纹理与三维物体之间的对应关系；而对于几何纹理，就是如何扰动法向量。

纹理一般定义在正方形域($0 \leqslant u \leqslant 1$ 空间)，理论上，定义在此空间上的任何函数都可以作为纹理函数，而实际上，往往采用一些特殊的函数来模拟生活中常见的纹理。纹理空间的定义方法有许多，下面是常用的几种：

◆ 用参数曲面的参数域作为纹理空间(二维)。

◆ 用辅助平面、圆柱、球定义纹理空间(二维)。

◆ 用三维直角坐标系作为纹理空间(三维)。

7.6.2 二维纹理映射

在纹理映射技术中，最常见的纹理是二维纹理。映射将这种纹理变换到三维物体的表面，形成最终的图像。下面给出一个二维纹理的函数表示：

$$g(u, v)=\begin{cases}0 & \lfloor u\times 8 \rfloor\times\lfloor v\times 8 \rfloor \text{为奇数}\\ 1 & \lfloor u\times 8 \rfloor\times\lfloor v\times 8 \rfloor \text{为偶数}\end{cases}$$

它的纹理图像模拟了国际象棋上黑白相间的方格，如图 7－25 所示。

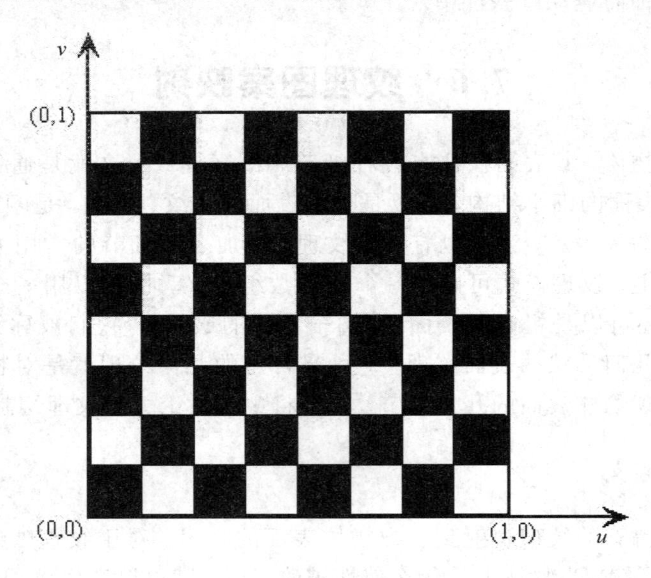

图 7－25　二维纹理示意图

二维纹理可以用图像表示，用一个 $M\times N$ 的二维数组存放一幅数字化的图像，用插值法构造纹理函数，然后把该二维图像映射到三维的物体表面上。为了实现这个映射，就要建立物体空间坐标(x, y, z)和纹理空间坐标(u, v)之间的对应关系，这相当于对物体表面进行参数化，反求出物体表面的参数后，就可以根据(u, v)得到该处的纹理值，并用此值取代光照明模型中的相应项。

两个经常使用的映射方法是圆柱面映射和球面映射。对于圆柱面纹理映射，由圆柱面参数方程定义：

$$\begin{cases}x=\cos(2\pi u) & 0\leqslant u\leqslant 1\\ y=\sin(2\pi v) & 0\leqslant v\leqslant 1\\ z=v\end{cases}$$

那么，对给定圆柱面上一点(x, y, z)，可以用下式反求参数：

$$(u, v)=\begin{cases}(y, z) & \text{如果 } x=0\\ (x, z) & \text{如果 } y=0\\ \left(\dfrac{\sqrt{x^2+y^2}-|y|}{x} z\right) & \text{其他}\end{cases}$$

同样的，对于球面纹理映射，由球面参数方程定义：

$$\begin{cases} x=\cos(2\pi u)\cos(2\pi v) \\ y=\sin(2\pi u)\cos(2\pi v) \qquad 0\leqslant u\leqslant 1,\ 0\leqslant v\leqslant 1 \\ z=\sin(2\pi v) \end{cases}$$

那么，对给定球面上一点(x, y, z)，可以用下式反求参数：

$$(u, v)=\begin{cases} (0, 0) & \text{如果}(x, y)=(0, 0) \\ \left(\dfrac{1-\sqrt{1-(x^2-y^2)}}{x^2+y^2}x, \dfrac{1-\sqrt{1-(x^2+y^2)}}{x^2+y^2}y\right) & \text{其他} \end{cases}$$

7.6.3　三维纹理映射

7.6.2 小节介绍的二维纹理映射对于提高图形的真实感有很大作用，但是，由于纹理域是二维的，而图形场景物体一般是三维的，所以纹理映射是一种非线性映射，在曲率变化很大的曲面区域会产生纹理变形，极大地降低了图像的真实感，而且二维纹理映射对于一些非正规拓扑表面，纹理连续性不能保证。假如在三维物体空间中，物体中的每一个点(x, y, z)均有一个纹理值$t(x, y, z)$，其值由纹理函数$t(x, y, z)$唯一确定，那么物体上的空间点就可以映射到一个纹理空间上了，而且是三维的纹理函数，这是三维纹理提出的基本思想。三维纹理映射的纹理空间定义在三维空间上，与物体空间是同维的，纹理映射时，只需把场景中的物体变换到纹理空间的局部坐标系中即可。

下面以木纹的纹理函数为例来说明三维纹理函数的映射，通过空间坐标(x, y, z)来计算纹理坐标(u, v, w)。首先求木材表面上的点到木材中心的半径$R=\sqrt{u^2+v^2}$，对半径进行小的扰动，有$R=R+2\sin(20\alpha)$，然后对Z轴进行小弯曲处理，$R=R+2\sin(20\alpha+w/150)$，最后根据半径$R$，用下面的伪代码计算 color 值，作为木材表面上点的颜色，就可以得到较真实的木纹纹理。

```
{
    grain = RMOD60;/ *  每隔 60 一个木纹  * /
    if (grain < 40)
    {
        color = 淡色;
    }
    else
    {
        color = 深色;
    }
}
```

7.6.4　几何纹理

为了给物体表面图像加上一个粗糙的外观，可以对物体的表面几何性质作微小的扰动，来产生凹凸不平的细节效果，这就是几何纹理方法。

定义一个纹理函数$F(u, v)$，对理想光滑表面$P(u, v)$作不规则的位移，具体是在物体表面上的每一个点$P(u, v)$，都沿该点的法向量方向位移$F(u, v)$个单位长度，这样新的表

面位置变为

$$\widetilde{P}(u, v) = P(u, v) + F(u, v) \times N(u, v)$$

因此，新表面的法向量可通过对两个偏导数求叉积得到。

$$\widetilde{N} = \widetilde{P_u} \times \widetilde{P_v}$$

$$\widetilde{P_u} = \frac{\mathrm{d}(P+FN)}{\mathrm{d}u} = P_u + F_u N + F N_u$$

$$\widetilde{P_v} = \frac{\mathrm{d}(P+FN)}{\mathrm{d}v} = P_v + F_v N + F N_v$$

由于 F 值相对于上式中其他量很小，可以忽略不计，有

$$\begin{aligned}\widetilde{N} &= (P_u + F_u N) \times (P_v + F_v N) \\ &= P_u \times P_v + F_u (N \times P_v) + F_v (P_u \times N) + F_u F_v (N \times N)\end{aligned}$$

扰动后的向量单位化，用于计算曲面的明暗度，可以产生貌似凹凸不平的几何纹理。计算 F 的偏导数时可以用中心差分实现。而且几何纹理函数的定义与颜色纹理的定义方法相同，可以用统一的图案纹理记录。图案中较暗的颜色对应于较小的 F 值，较亮的颜色对应于较大的 F 值，把各像素的值用一个二维数组记录下来，用二维纹理映射的方法映射到物体表面上，就成为一个几何纹理映射了。

7.7 OpenGL 真实感图形

利用 OpenGL 提供的函数可以方便地实现图形绘制过程中的消隐处理和物体表面亮度的光照计算，还可以实现纹理映射，生成具有真实感的图形。

7.7.1 OpenGL 光照函数

在 OpenGL 简化的光照模型中将光照分为 4 个独立部分：辐射光、环境光、漫反射光和镜面反射光。光源的使用包括定义光源和启用光源两个过程。光源有很多特性，如颜色、位置、方向等。不同特性的光源作用在物体上的效果也不一样。定义一个光源的过程就是设定光源的各种特性。

1. 建立光源

OpenGL 中将光源的位置分为两类：一类是离场景无限远处的方向光源，认为方向光源发出的光投射到物体表面是平行的，如现实生活中的太阳光；另一类是物体附近的光源，它的具体位置决定了它对场景的光照效果，尤其是决定了光线的投射方向，如台灯。光源位置采用齐次坐标的方式定义。

定义一个光源时由函数 glLight( )实现，其作用是用来设置光源的各种参数，函数原型如下：

```
void glLight{ i f }(GLenum light, GLenum pname, TYPE param);
```

其中，参数 light 指定进行参数设置的光源，其取值可以是符号常量 GL_LIGHTi 来赋值以示区别。OpenGL 可以支持至少 8 个光源，值可以是 GL_LIGHT0，GL_LIGHT1… GL_LIGHT7。

参数 pname 指定对光源设置何种属性，其取值如表 7－1 所示。参数 param 根据光源 light 的 pname 属性来为该特性设置不同的取值。在非矢量版本中，它是一个数值，而在矢量版本中，它是一个指针，指向一个保存了属性值的数组。

表 7－1　pname 取值及对应功能和默认值

pname	功能	默认值
GL_AMBIENT	设置环境光分量强度	(0.0，0.0，0.0，1.0)
GL_DIFFUSE	设置漫反射光分量强度	(1.0，1.0，1.0，1.0)
GL_SPECULAR	设置折射光分量强度	(1.0，1.0，1.0，1.0)
GL_POSITION	设置光源位置	(0.0，0.0，0.0，0.0)
GL_SPOT_DIRECTION	设置光源聚光方向	(0.0，0.0，－1.0)
GL_SPOT_EXPONENT	设置光源聚光衰减因子	0.0
GL_SPOT_CUTOFF	设置光源聚光截止角	180.0
GL_CONSTANT_ATTENUATION	设置光的常数衰减因子	1.0
GL_LINEAR_ATTENUATION	设置光的线性衰减因子	0.0
GL_QUADRATIC_ATTENUATION	设置光的二次衰减因子	0.0

1）点光源的颜色

点光源的颜色由环境光、漫反射光和镜面光分量组合而成，在 OpenGL 中分别使用 GL_AMBIENT、GL_DIFFUSE 和 GL_SPECULAR 指定。其中，漫反射光成分对物体的影响最大。

2）点光源的位置和类型

点光源的位置使用属性 GL_POSITION 指定，该属性的值是一个由 4 个值组成的矢量 (x, y, z, w)。其中，如果 w 值为 0，表示指定的是一个离场景无穷远的光源，(x, y, z) 指定了光源的方向，这种光源被称为方向光源，发出的是平行光；如果 w 值为 1，表示指定的是一个离场景较近的光源，(x, y, z) 指定了光源的位置，这种光源称为定位光源。

光源位置的设置包含在场景的描述中，并和对象位置一起要用 OpenGL 几何变换及观察变换矩阵一起变换到观察坐标系中。因此，如果希望光源相对于场景中的对象保持位置不变，则需要在程序中设定几何和观察变换之后再设置光源位置。但如果希望光源随着视点一起移动，则需在几何和观察变换之前进行光源位置的设定，也可使光源相对于固定场景进行平移或旋转。

当光源位置设置数组中的 w 分量(即第四个分量)为 0 时，该光源被认为是一个方向光源。这时进行漫反射和镜面反射计算只用到其方向，与其实际位置无关，且不进行衰减处理。若 w 不为 0，进行漫反射和镜面反射计算则是基于其在观察坐标系中的实际位置，且需进行衰减处理。程序段中行 4 和行 8 将光源 GL_LIGHT0 的位置定义为一个位置光源，位置在(1.0，1.0，1.0)处。

2. 聚光灯

当点光源定义为定位光源时，默认情况下，光源向所有的方向发光。通过将发射光限定在圆锥体内，可以使定位光源变成聚光灯。GL_SPOT_CUTOFF 属性用于定义聚光截止角，即光椎体轴线与母线之间的夹角，它的值只有锥体顶角值的 1/2。聚光截止角的默认值为 180.0，意味着光源沿所有方向发射光线，除默认值外，聚光截止角的取值范围为[0.0，90.0]。GL_SPOT_DIRECTION 属性指定聚光灯光锥轴线的方向，其默认值是(0.0，0.0，−1.0)，即光线指向 z 轴负方向。而 GL_SPOT_EXPONENT 属性可以指定聚光灯光椎体内的光线聚集程度，其默认值为 0。在光锥的轴线处，光强最大，从轴线向母线移动时，光强会不断衰减，衰减的系数是轴线与照射到顶点的光线之间夹角余弦值的聚光指数次方。

```
GLfloat light_ambient[] = { 0.0, 0.0, 0.0, 1.0 };          //行 1
GLfloat light_diffuse[] = { 1.0, 1.0, 1.0, 1.0 };          //行 2
GLfloat light_specular[] = { 1.0, 1.0, 1.0, 1.0 };         //行 3
GLfloat light_position[] = { 1.0, 1.0, 1.0, 1.0 };         //行 4
glLightfv(GL_LIGHT0, GL_AMBIENT, light_ambient);           //行 5
glLightfv(GL_LIGHT0, GL_DIFFUSE, light_diffuse);           //行 6
glLightfv(GL_LIGHT0, GL_SPECULAR, light_specular);         //行 7
glLightfv(GL_LIGHT0, GL_POSITION, light_position);         //行 8
```

行 1 至行 3 的代码采用 RGBA 的颜色模式分别为光源 GL_LIGHT0 定义了三种类型的光源颜色。所有光源的 GL_AMBIENT 环境光的默认强度为(0.0，0.0，0.0，1.0)，光源 GL_LIGHT0 的 GL_DIFFUSE 漫反射光的默认强度为(1.0，1.0，1.0，1.0)，而其他光源的 GL_LIGHT0 的 GL_DIFFUSE 光源漫反射光的默认强度为(0.0，0.0，0.0，0.0)。光源 GL_LIGHT0 的 GL_SPECULAR 折射光的默认强度为(1.0，1.0，1.0，1.0)，而其他光源的 GL_DIFFUSE 光源漫反射光的默认强度为(0.0，0.0，0.0，0.0)。行 1 和行 5 的代码一起将 GL_LIGHT0 光源的环境光强度设置为黑色，即环境光将在光照模型中不起作用。同样，行 2 和行 6 定义了漫反射光源的颜色，行 3 和行 7 定义了折射光源的颜色。

3. 光强度衰减

OpenGL 可以通过设置三种衰减因子来模拟定位光源的衰减过程，对方向光源不做衰减处理。GL_CONSTANT_ATTENUATION、GL_LINEAR_ATTENUATION、GL_QUADRATIC_ATTENUATION 属性分别指定了衰减系数 $c0$、$c1$ 和 $c2$，用于指定光强度的衰减。

```
glLightfv(GL_LIGHT0, GL_CONSTANT_ATTENUATION, 2.0);         //行 9
glLightfv(GL_LIGHT0, GL_LINEAR_ATTENUATION, 1.0);           //行 10
glLightfv(GL_LIGHT0, GL_QUADRATIC_ATTENUATION, 0.3);        //行 11
```

以上三行程序分别将光源 GL_LIGHT0 的常数衰减因子设为 2.0，线性衰减因子设为 1.0，二次衰减因子设为 0.3。

4. 设置光锥

图 7-26 所示为一个从某光源处发射光线，并通过指定光线传播的方向(主轴向量)和范围(两倍的 θ)以及光强衰减因子定义了一个光线照射范围的光锥，即光线只可照亮在光锥定义范围内的物体，并且强度随着距离衰减。

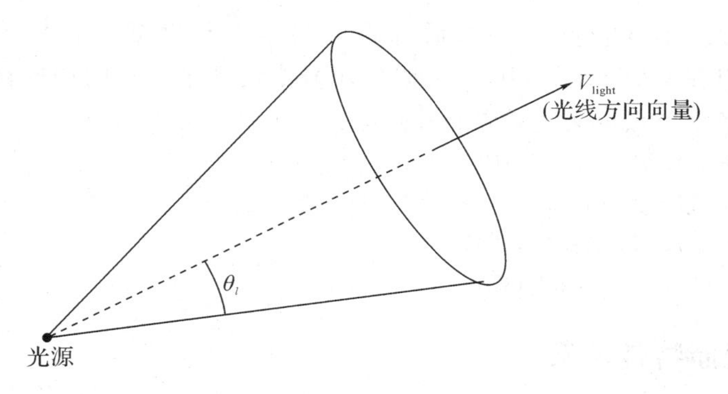

图 7-26　从指定轴和角度形成的光锥

在 OpenGL 中也可将光源定义成这种聚光效果，分别用如下三个参数来定义：GL_SPOT_DIRECTION 用来定义光锥的主轴向量，默认聚光方向为(0.0，0.0，－1.0)。GL_SPOT_CUTOFF 用来指定光锥的最大发散角(即 θ 角)，其值设定为 180°或 0°～90°。当 θ 设定为 180°时，该光源向所有方向(360°)发射光线。GL_SPOT_EXPONENT 用来指定光源的衰减因子，其值为 0～128 之间的任意值。下面代码段为光源 GL_LIGHT1 设定了按一定方向照射的效果，其圆锥在 x 轴正方向，圆锥角 θ 为 30°，衰减因子为 2.5。

```
Glfloat dirV[ ]={1.0, 0.0, 0.0};
glLightfv(GL_LIGHT1, GL_POS_DIRECTION, dirV);
glLightfv(GL_LIGHT1, GL_POS_EXPONENT, 2.5);
glLightfv(GL_LIGHT1, GL_POS_CUTOFF, 30);
```

5. 启用和激活光源

在光源定义完毕后，必须启用光源和激活设定光源，光照模型的计算过程才能发挥作用。在使用光源之前首先使用 glEnable(GL_LIGHTING)函数启用光源。使用完之后可用 glDisable(GL_LIGHTING)函数取消光源。对于具体光源，可为每个光源在必要处指定是否使用和停止使用。如对 GL_LIGHT0 光源，使用 glEnable(GL_LIGHT0)函数启用该光源，在必要位置使用 glDisable(GL_LIGHT0)函数停止使用该光源。

6. 定义表面法向量

定义物体表面的法向量在光照模型的计算中具有重要意义。对于平面可以指定一个法向量，而曲面在每个点的法向量方向可以不同。在 OpenGL 中可以为每一个顶点赋予一个法向量，也可以为多个顶点赋予同一个法向量。在顶点之外的任何地方定义法向量都是无效的。法向量不仅定义了平面在空间的方向，也决定了平面相对于光源的方向。OpenGL 用这些向量来计算物体在顶点处所受的光照强度。定义法向量的函数原型如下：

```
void glNormal3{ b s i d f }(TYPE nx, TYPE ny, TYPE nz);
```

参数 nx、ny、nz 指定当前法向量的 x、y、z 坐标。当前法向量的初始值为单位向量(0，0，1)。v 是指向一个包含 3 个坐标元素数组的指针。

给定平面上一个顶点，通过该顶点与平面垂直且方向相反的向量有两个。通常规定，法向量的方向指向平面的外方向。曲面的法向量计算较为复杂。一般是首先找到曲面上的一个顶点，然后求出在该点处与曲面相切的平面，这个平面的法向量就是该点的法向量。对所有顶点作同样的处理，就得到了该曲面上所有的法向量。法向量只与向量的方向有关，与向量的大小无关。在 OpenGL 中最后都将法向量的长度规一化后才进行光照计算。glNormal函数可以在 glBegin 和 glEnd 之间使用来指定某个顶点的法向量。如下代码段为对一个四边形的各个顶点定义其对应的法向量。

```
glNormal3f(n0); glVertex3fv(v0);
glNormal3f(n1); glVertex3fv(v1);
glNormal3f(n2); glVertex3fv(v2);
glNormal3f(n3); glVertex3fv(v3);
```

7.7.2 物体表面特性函数

在 OpenGL 中，物体表面特性(即物体的材质)是决定物体表面质感的主要因素，质感是由材质与光照共同作用决定的。

物体表面材质是通过定义物体表面材料对红、绿、蓝三色光的反射率来近似定义的。通过设置材料对环境光、漫反射光和镜面反射光中三色光的不同反射率来模拟不同物质构成的材料的表面的质感。在进行光照计算时，材料的每一种反射率都与对应的光照相结合。对环境光和漫反射光的反射程度基本决定了材料的颜色，且两者十分接近。而镜面反射光通常对红、绿、蓝三色的反射率是一致的，因此色光接近于白色或灰色。镜面反射的高亮区域具有光源的颜色。定义材料材质的函数原型如下：

```
void glMaterial{ f i }v(GLenum face, GLenum pname, const GLfloat *param);
```

参数 face 指定多边形的哪个或哪些面将被赋予指定的材质，其取值可为：GL_FRONT、GL_BACK、GL_FRONT_AND_BACK 之一。pname 为指定的面指定一个单值材质参数，其取值及含义如表 7-2 所示。pname 是指向 pname 具体设定值的指针。

表 7-2　pname 取值及其含义

pname 取值	含义	默认值
GL_AMBIENT	环境光的反射系数	(0.2, 0.2, 0.2, 1.0)
GL_DIFFUSE	漫反射光的反射系数	(0.8, 0.8, 0.8, 1.0)
GL_AMBIENT_AND_DIFFUSE	环境光和漫反射光的反射系数	
GL_SPECULAR	镜面反射光的反射系数	(0.0, 0.0, 0.0, 1.0)
GL_SHININESS	镜面反射指数	0.0
GL_EMISSION	发射光的 RGBA 强度	(0.0, 0.0, 0.0, 1.0)
GL_COLOR_INDEXES	环境光、漫反射光、镜面反射光的颜色索引	(0, 1, 1)

对材质来说，RGB 值对应于材质对该包光的反射系数。如某材质为(1.0, 0.5, 0.0, 1.0)，则它反射全部红光，对一半的绿光反射，不反射蓝光。下面的代码用相同的反射系数来设置环境光和漫反射光：

```
GLfloat mat_amb_dif[] = { 1.0, 0.5, 0.8, 1.03 };
glMaterialfv(GL_FRONT_AND_BACK, GL_AMBIENT_AND_DIFFUSE, mat_amb_dif);
```

定义材质的 GL_SHININESS 时，参数 param 的取值为 0～128 之间的一个整数或浮点数。OpenGL 通过定义材质的 GL_SPECULAR 来设置镜面反射高光的 RGBA 颜色，并通过定义材质的 GL_SHININESS 来控制高光点的大小和亮度。

通过给 GL_EMISSION 设置一个 RGBA 值，可使物体看起来好像在发射所定义的那种颜色的光，可用来模拟灯或其他发光物体。

7.7.3　OpenGL 纹理映射

OpenGL 提供了较为完整的纹理操作函数，可以用它们构造理想的物体表面。将光照模型应用于纹理可以产生更加逼真的视觉效果，也可以不同的方式应用于曲面，并可以随几何物体的几何属性的变换而变化。纹理映射只能工作在 RGBA 颜色模式下，纹理映射的过程主要分为定义纹理、获取纹理数据、定义纹理坐标、控制纹理、设置映射方式等五个步骤。

1. 纹理的定义

纹理通常分为一维纹理、二维纹理和三维纹理。利用矩形图像进行贴图是二维纹理贴图中常用的方法。定义二维纹理贴图的函数原型如下：

void glTexImage2D(GLenum target, GLint level, GLint components, GLsizei width, GLsizei height, GLint border, GLenum format, GLenum type, const GLvoid *pixels);

参数说明如下：

target：指定纹理映射方式，此处必须是 GL_TEXTURE_2D。

level：指定纹理图案纹理分辨率的级数。当只有一种分辨率时 level 的值为 0.

components：指定选用 RGBA 的哪些成分用于颜色的混合和调整，1 表示只选用纹理图像的红色分量，2 表示选择纹理图像的红色和 alpha 分量，3 表示同时选用纹理图像的红、绿、蓝分量，4 表示同时选择红、绿、蓝和 alpha 分量。

width 和 height：定义纹理图像的长度和宽度，必须是 2^n。

border：说明纹理边界的宽度，当 border 为 0 时，边界也为 0；当 border 为 1 时，纹理图像的长度和宽度必须写成 $2m+2\times$border 及 $2n\times$border 的形式，其中 m、n 为一个大于 32 的整数。

format：说明纹理图像的数据格式，其值可以是 GL_COLOR_INDEX、GL_RGB、GL_RGBA、GL_RED、GL_GREEN、GL_BLUE、GL_ALPHA、GL_LUMINSNCE_ALPHA。

type：说明纹理图像的数据类型，取值可为 GL_TYPE、GL_UNSIGNED_BYTE、GL_SHORT、GL_UNSIGNED_SHORT、GL_INT、GL_UNSIGNED_INT、GL_FLOAT、GL_BITMAP。

pixels：说明纹理图像的像素数据的存储地址，通常纹理可以是彩色的或灰度的。

2. 纹理数据的获取

OpenGL 中纹理数据既可以利用程序直接生成，也可以从外部文件读取。

直接创建纹理的方法是利用函数直接设置各种纹理像素点的 RGB 值，使用这种方法只能生成简单的、有一定规律的纹理图像，无法模拟复杂的、比较自然的纹理图像。如下程序段可生成一幅纹理图像：

```
int i, j, r, g, b;
```

```
for (i = 0; i < width; i++)
{
    for (j = 0; j < height; j++)
    {
        r = (i*j) % 255;
        g = (7 * i) % 255;
        b = (3 * j) % 255;
        Image[i][j][0] = (GLubyte)r;
        Image[i][j][1] = (GLubyte)g;
        Image[i][j][2] = (GLubyte)b;
    }
}
```

读取外部文件图像数据的最简单的方法是利用 auxDIBImageLoad 函数，其原型如下：

AUX_RGBImageRec auxDIBImageLoad(LPCTSTR filename)；

参数 filename 指定读取纹理数据的文件名，该函数可读取 BMP 格式和 RGB 格式的图像文件。AUX_RGBImageRec 是一个定义纹理数据的结构，其中最主要的三个域是 SizeX、SizeY 和 Data，具体的纹理数据存储在 Data 中。另外可以根据某些图像的特殊数据格式编写程序将纹理数据读入到内存中。

3. 纹理坐标

在利用纹理映射绘制场景时，不仅要使用构成物体表面的每个顶点的几何坐标，还要使用定义纹理与几何坐标对应关系的纹理坐标。几何坐标决定各个顶点在屏幕上的绘制位置，而纹理坐标决定纹理图像中每个元素如何赋予物体表面。

纹理图像一般用二维数组来表示，纹理坐标通常有一维、二维、三维或四维形式，称为 s、t、r、q 坐标。定义纹理坐标的函数原型如下，它有多达 32 种变化：

```
void glTexCoord1{ sifd }(GLint s);
void glTexCoord2{ sifd }(GLint s, GLint t);
void glTexCoord3{ sifd }(GLint s, GLint t, GLint r);
void glTexCoord1{ sifd }(GLint s, GLint t, GLint r, GLint q);
```

纹理映射的过程就是纹理坐标与表示物体的几何坐标一一对应的过程。物体的几何属性由构成物体的顶点来描述，由顶点构成物体的各个面，再由多个面构成了物体全部。所以，在对物体进行纹理映射时，必须对纹理坐标与几何坐标之间的关系进行系统地设计，才能将纹理成功地映射到几何物体上，从而达到预期效果。

除了人为地进行纹理坐标与几何坐标之间的映射关系的设计外，在某些场合(如环境映射、不规则图形映射等)，为了获得特殊效果需要自动产生纹理数据。

下面原型函数可提供自动纹理坐标生成功能：

void glTexGen{ ifd }(GLenum coord, GLenum pname, TYPE param)；

参数说明如下：

coord：指定要产生的纹理坐标类型，可取 GL_S、GL_T、GL_R 或者 GL_Q。

pname：指定一个纹理坐标生成函数的符号名，必须是 GL_TEXTURE_GEN_MODE、GL_OBJECT_PLANE、GL_EYE_PLANE 之一。

param：指定一个指向纹理生成参数数组的指针。应用 glEnable/glDisable 函数通过使用 GL_TEXTURE_GEN_S、GL_TEXTURE_GEN_T、GL_TEXTURE_GEN_R 或 GL_TEXTURE_GEN_Q 来启用或关闭自动纹理生成功能。

4. 纹理的控制

OpenGL 的纹理控制实质上就是定义纹理是如何包裹物体的表面的，因为纹理的外形并不总是与物体一致。控制纹理映射方式的函数原型如下：

void glTexParameter{ fi }(GLenum terget，GLenum pname，TYPE param)；

参数 target 指定纹理映射类型，必须是 GL_TEXTURE_1D 或 GL_TEXTURE_2D。param 指定纹理参数的取值。pname 指定一个单值纹理参数的符号名，取值及含义如表 7-3所示。

表 7-3　参数 param 的取值及其含义

param 的取值	param 含义	param 的取值
GL_TEXTURE_WRAP_S	设置纹理在 s 方向上的被控行为	GL_GLAMP
		GL_REPEAT
GL_TEXTURE_WRAP_T	多个纹理在 t 方向上的被控行为	GL_CLAMP
		GL_REPEAT
GL_TEXTURE_MAG_FUILTER	多个像素对应一个纹素	GL_NEAREST
		GL_LINEAR
GL_TEXTURE_MIN_FUILTER	一个像素对应多个纹素	GL_NEAREST
		GL_NEAREST_MIPMAP_NEAREST
		GL_NEAREST_MIPMAP_LINEAR
		GL_LINEAR_MIPMAP_NEAREST
		GL_LINEAR_MIPMAP_LINEAR

纹理图像通常是矩形，但会被映射到一个多边形或曲面上。在被变换到屏幕坐标后，纹理的单个纹素就很难与屏幕上的像素对应。根据所使用的变换和所用的纹理映射方式，屏幕上的单个像素可能对应于纹理中单个纹素的一部分(放大滤波)或对应于多个纹素(缩小滤波)。控制缩小和放大滤波采用 glTexParameter 函数来实现，当 pname 取值为 GL_TEXTURE_MIN_FUILTER 时表示使用缩小滤波方式进行映射，当取值为 GL_TEXTURE_MAG_FUILTER 时表示使用放大滤波方式进行映射。

通常纹理坐标的范围为[0.0，1.0]，也可超过这个范围。在纹理映射过程中，可以重复或缩限映射。重复映射时纹理可以在 s、t 方向上重复铺设。当 glTexParameter 函数中的参数 pname 取值为 GL_TEXTURE_WRAP_S 时，表示纹理可以在 s 坐标方向上进行重复，当参数 pname 取值为 GL_TEXTURE_WRAP_T 时，表示纹理可以在 t 坐标方向上进行重复。

5. 纹理映射方式

在一般情况下，纹理图像是直接作为颜色画到多边形上的。除此之外，在OpenGL中还可用纹理中的值来调整多边形或曲面原本的颜色，或者用纹理图像中的颜色与多边形或曲面的颜色进行融合，这就是纹理的映射方式。如下函数原型可用来设置纹理映射方式：

void glTexEnv{ fi }v(GLenum target, GLenum pname, GLfloat param);

参数说明如下：

target：指定一个纹理环境，值必须是GL_TEXTURE_ENV。

pname：指定一个纹理环境参数的符号名，可以是GL_TEXTURE_ENV_MODE或GL_TEXTURE_ENV_COLOR。若pname取值为GL_TEXTURE_ENV_MODE，则param取值为GL_MODULATE、GL_DECAL、GL_BLEND和GL_REPLACE；若pname取值为GL_TEXTURE_ENV_COLOR，则param取值可为包含4个浮点数的数组(B, G, B, A)。

param：当参数param取值为GL_MODULATE时，纹理图像以透明方式贴在物体表面上，就像现实世界中将一张带有图案的透明纸贴在物体上一样；当参数param取值为GL_BLEND时，则使用了一个RGBA常量来融合物体原色和纹理图像颜色的映射方式；当参数param取值为GL_REPLACE时，纹理映射的结果是在物体表面上映射纹理图像，不让其下的任何物体的颜色表现出来。

7.7.4 纹理映射实例

纹理映射算法模型程序如下：

【程序7-4】 纹理映射算法模型程序。

```
#include <GL/glut.h>

#define stripeImageWidth 32

GLubyte stripeImage[4 * stripeImageWidth];

void makeStripeImage(void)
{
    int j;
    for (j = 0; j < stripeImageWidth; j++)
    {
        stripeImage[4 * j + 0] = (GLubyte)((j <= 4) ? 255 : 0);
        stripeImage[4 * j + 1] = (GLubyte)((j > 4) ? 255 : 0);
        stripeImage[4 * j + 2] = (GLubyte)0;
        stripeImage[4 * j + 3] = (GLubyte)255;
    }
}

static GLfloat xequalzero[] = { 1.0, 1.0, 1.0, 1.0 };
```

```
static GLfloat * currentCoeff;
static GLenum currentPlane;
static GLint currentGenMode;
static float roangles;

void init(void)
{
    glClearColor(1.0, 1.0, 1.0, 1.0);
    glEnable(GL_DEPTH_TEST);
    glShadeModel(GL_SMOOTH);
    makeStripeImage();
    glPixelStorei(GL_UNPACK_ALIGNMENT, 1);
    glTexParameteri(GL_TEXTURE_1D, GL_TEXTURE_WRAP_S, GL_REPEAT);
    glTexParameteri(GL_TEXTURE_1D, GL_TEXTURE_MAG_FILTER,
                    GL_LINEAR);
    glTexParameteri(GL_TEXTURE_1D, GL_TEXTURE_MIN_FILTER,
                    GL_LINEAR);
    glTexImage1D(GL_TEXTURE_1D, 0, 4, stripeImageWidth, 0, GL_RGBA,
                    GL_UNSIGNED_BYTE, stripeImage);
    glTexEnvf(GL_TEXTURE_ENV, GL_TEXTURE_ENV_MODE,
                    GL_MODULATE);
    currentCoeff = xequalzero;
    currentGenMode = GL_OBJECT_LINEAR;
    currentPlane = GL_OBJECT_PLANE;
    glTexGeni(GL_S, GL_TEXTURE_GEN_MODE, currentGenMode);
    glTexGenfv(GL_S, currentPlane, currentCoeff);
    glEnable(GL_TEXTURE_GEN_S);
    glEnable(GL_TEXTURE_1D);
    glEnable(GL_LIGHTING);
    glEnable(GL_LIGHT0);
    glEnable(GL_AUTO_NORMAL);
    glEnable(GL_NORMALIZE);
    glFrontFace(GL_CW);
    glMaterialf(GL_FRONT, GL_SHININESS, 64.0);
    roangles = 45.0f;
}

void display(void)
{
    glClear(GL_COLOR_BUFFER_BIT | GL_DEPTH_BUFFER_BIT);
    glPushMatrix();
    glRotatef(roangles, 0.0, 0.0, 1.0);
    glutSolidSphere(2.0, 32, 32);
```

```
        glPopMatrix();
        glFlush();
    }

    void reshape(int w, int h)
    {
        glViewport(0, 0, (GLsizei)w, (GLsizei)h);
        glMatrixMode(GL_PROJECTION);
        glLoadIdentity();
        if (w <= h)
        {
          glOrtho(-3.5, 3.5, -3.5 * (GLfloat)h / (GLfloat)w, 3.5 * (GLfloat)h /
                      (GLfloat)w, -3.5, 3.5);
        }
        else
        {
          glOrtho(-3.5 * (GLfloat)w / (GLfloat)h, 3.5 * (GLfloat)w / (GLfloat)h,
-3.5, 3.5, -3.5, 3.5);
        }
        glMatrixMode(GL_MODELVIEW);
        glLoadIdentity();
    }

    void idle()
    {
        roangles += 0.05f;
        glutPostRedisplay();
    }

    int main(int argc, char * * argv)
    {
        glutInit(&argc, argv);
        glutInitDisplayMode(GLUT_SINGLE | GLUT_RGB | GLUT_DEPTH);
        glutInitWindowSize(256, 256);
        glutInitWindowPosition(100, 100);
        glutCreateWindow("纹理映射实例");
        glutIdleFunc(idle);
        init();
        glutDisplayFunc(display);
        glutReshapeFunc(reshape);
        glutMainLoop();
    }
```

实验结果如图 7-27 所示。

图 7-27 纹理映射实例

习 题

1. 直射光线的情况下，物体表面会发生哪些反射(　　)(可多选)。
   A. 内部反射　　B. 漫反射
   C. 条件反射　　D. 镜面反射
2. 局部光照模型和整体光照模型的不同之处是什么?
3. 简述Z缓冲区算法的原理。
4. 简要说明RGB、CMY和HSV三种颜色模型的特点。
5. 在简单光照模型中的实现程序中加入光强衰减和颜色模型，会出现哪些变化?
6. 简单光照模型中影响物体表面的色彩和明暗变化的因素有哪些?
7. 在一个几乎什么都看不见的黑暗房子里，为什么任何东西看起来都是灰色或黑色的?
8. 试说明如何将隐藏面消隐和投影集成到光线跟踪算法中。
9. 试描述一个包围盒技术不适用的场景，并说明原因。
10. 在光照模型中影响物体表面的色彩和明暗变化的因素有哪些?
11. 使用OpenGL绘制一个各个面都贴有不同纹理图形的正方体。
12. 使用OpenGL显示一个圆环，点光源设在圆环的中心位置，通过键盘操作实现光源的移动，观察光源移动时圆环的显示效果。

第8章 动画技术

计算机动画是计算机图形学与艺术相结合的产物，是在传统动画的基础上伴随着计算机硬件和图形算法的发展而随之发展起来的一门高新技术。它综合利用计算机科学、艺术、数学、物理学、生物学和其他相关学科的知识在计算机上生成动态连续的画面。在计算机动画所生成的虚拟世界中，物体并不需要真正去建造，物理、虚拟摄像机的运动也不会受到什么限制，动画师可以随心所欲地创造属于自己的虚拟世界，因而计算机动画给人们提供了一个充分展示个人想象力和艺术才能的新天地。在《侏罗纪公园》《冰河时代》《指环王》等优秀电影中，我们可以充分领略到计算机动画的高超魅力。现在，计算机动画不仅可应用于影视特技、商业广告、电影片头、动画片、电脑游艺场所，还可以应用于计算机辅助教育、军事、飞行模拟等领域。

8.1 计算机动画技术的起源、发展与应用

8.1.1 计算机动画技术的起源与发展

传统的图片动画于1831年由法国人J. A. Plateau发明，他用一部称为Phenakistoscope的机器产生了物体运动的视觉效果，这部机器包括了一个放置图画的转盘和一些观看用的窗口。1834年，英国人Horner延续上述思想，发明了称为Zoetrope的机器，这种设备有一个可旋转的圆桶，圆桶边缘有一些槽口，将画面置于设备内壁上，当圆桶旋转时，观众可通过槽口看到连续的画面，从而产生动画的视觉效果。其后，法国人E. Reynaud对Zoetrope进行了改进，将圆桶边缘上的槽口用置于圆桶中心可以旋转的镜子来代替，构成了称为Praxinoscope的设备。

1892年，E. Reynaud在巴黎创建了第一个影剧院Optique，但第一部运动的影片《滑稽的面孔》是1906年由美国人J. S. Blackton制作完成的。1909年，美国人W. McCay制作的名为《恐龙专家格尔梯》的影片，被认为是世界上第一部卡通动画片。虽然这部片子时间非常短，但W. McCay却用了大约一万幅画面。

计算机动画是20世纪60年代中期发展起来的，在20世纪的最后十年里，计算机动画在好莱坞掀起了一场电影技术的风暴。1987年，由著名的计算机动画专家塔尔曼夫妇领导的MIRA实验室制作了一部七分钟的计算机动画片《相会在蒙特利尔》，再现了国际影星玛丽莲·梦露的风采。1988年，美国电影《谁陷害了兔子罗杰?》中将二维动画人物和真实演员完美结合，令人叹为观止。1991年，詹姆斯·卡梅隆导演的美国电影《终结者Ⅱ》中追赶主角的液态金属机器人从一种形状神奇地变化为另外一种形状的动画特技镜头，给观众留下了深刻的印象。1993年，斯皮尔伯格导演了影片《侏罗纪公园》，刻画了会跑、会跳、神气活现的恐龙形象，并因其特色的计算机特技效果而荣获该年度奥斯卡最佳视觉效果奖。

1995 年，世界上第一部完全用计算机动画制作的电影《玩具总动员》上映，影片中所有的场景和人物都由计算机动画系统制作，虽然该片的剧情和人物举止并无过多可圈可点之处，但它的真正意义在于给电影制作开辟了一条全新的道路。

1998 年是全三维 CG 影片丰收的一年，《昆虫的一生》和《蚁哥正传》都获得了观众的首肯，尤其是《蚁哥正传》中蚁哥 Z－4195 和芭拉公主在野外一先一后被枝叶上落下的水珠吸入其中，之后又随着水珠落地奋力挣脱出来的镜头，代表了当时全三维 CG 电影制作的最高水准。

我国的计算机动画技术起步较晚。1990 年的第 11 届亚运会上，我国首次采用计算机三维动画技术来制作电视节目片头。从那时起，计算机动画技术在国内影视制作领域迅速发展。

随着计算机性能的提高、计算机动画技术的发展和计算机动画系统制作动画成本的降低，如今，计算机动画不仅成为电影、电视中不可缺少的组成部分，而且还深入到我们的日常生活中，不少电脑爱好者可以轻松地利用计算机动画制作软件在自己的电脑上制作原创的动画作品。

8.1.2　计算机动画技术的应用

目前在我国，计算机动画在很多领域都得到了广泛的应用，主要有以下几个方面：

1）广告制作

早期的电视广告大多以拍摄作为重要的制作手段，而现在更多的是用三维动画或三维动画与摄像相结合的制作形式。20 世纪 90 年代，计算机三维动画技术在我国悄然兴起，首先就被应用在电视广告制作上。1990 年第 11 届亚运会的电视转播中，国内首次采用三维动画技术制作了电视节目片头。如今，在电视广告中，到处都可以看到用三维动画软件制作的镜头。

2）建筑装潢设计

建筑装潢设计在国内目前也是一个计算机动画应用相当广泛的领域，例如在进行装潢施工之前，可以通过三维软件的建模、着色功能先制作出多角度的装饰效果图，供用户观察装潢后的效果。如果用户不满意，可以要求施工人员改变施工方案，不仅节约时间，还避免了浪费。

3）影视特技制作

计算机动画技术还被广泛应用于电影、电视中特技镜头的制作，以产生以假乱真而又惊险的特技效果，如模拟大楼被炸、桥梁坍塌等。例如，影片《珍珠港》中的灾难景象以及影片《黑客帝国》中的火人都是由计算机动画软件制作的。

4）电脑游戏制作

电脑游戏制作在国外比较盛行，有很多著名的电脑游戏中的三维场景与角色就是利用一些三维动画软件制作而成的，在国内还处于发展阶段。

5）其他方面

计算机动画技术在其他很多方面同样得到了应用。例如国防军事方面，用三维动画模拟火箭的发射，进行难度高、危险性大的飞行模拟训练等，不仅直观有效，而且安全、节省资金。计算机动画技术在工业制造、医疗卫生、法律(例如事故分析)、娱乐、可视化教学、事故分析、生物工程、艺术等方面同样有一定的应用。

8.1.3 计算机动画的未来

最早的动画影片采用程序设计语言编写制作，或者用只有计算机专家才能理解的交互式系统制作。此后，用户界面良好的交互式系统吸引了那些害怕技术问题、特别是不愿意用计算机编程的艺术家们，但同时也限制了人们的创造力。而用计算机编程可以有效地开发计算机的潜能，从而产生更强的特技效果。利用人工智能理论研制功能更强的面向用户的动画系统以及基于自然语言描述的脚本用计算机自动产生动画(即文景转换)，是目前比较热门的研究课题。

计算机动画发展到今天，无论是理论上还是应用上都已经取得了巨大的成功。目前，正向着功能更强、速度更快、效果更好、使用更方便等方向发展。例如，在建筑效果图制作方面，随着虚拟现实技术的发展，照片式效果图将会被三维漫游动画录像所替代。在电脑游戏制作方面，一些特殊硬件的发展(如阵列处理机、图形处理机等)，将有助于推动计算机向三维动画方向发展。

谈到计算机动画的未来，也许最令人激动不已的当属影视制作领域。美国沃尔特·迪斯尼公司曾预言，21世纪的明星将是一个听话的计算机程序，它们不再要求成百上千万美元的报酬或头牌位置。其实，这里所指的“听话的计算机程序”就是虚拟角色，也称为虚拟演员(Virtual Actor)。广义上虚拟角色包含两层含义，第一层含义是指完全由电脑塑造出来的电影明星，如《蚁哥正传》中的蚁哥，《精灵鼠小弟》中的数字小老鼠，电影《最终幻想》中的虚拟演员艾琪等。第二层含义是指借助于电脑使已故的影星“起死回生”，重返舞台。

全三维CG电影仍然代表着电影业的希望和未来，随着计算机科学技术的发展，终有一天全三维CG电影会具备向传统影片(包括采用CG技术的影片)发起挑战的实力。

8.2 传统动画

8.2.1 动画的定义

什么是动画？世界著名的动画大师John Halas曾经说过：“动画的本质在于运动”，也有人称之为“动的艺术”。下面是两个大家普遍认可的定义。

(1) 所谓动画，是指将一系列静止、独立而存在一定内在联系的画面(称为帧，Frame)连续拍摄到电影胶片上，再以一定的速度(一般不低于24帧/秒)放映影片来获得画面上人物运动的视觉效果。

(2) 动画就是动态地产生一系列景物画面的技术，其中当前画面是对前一幅画面某些部分所做的修改。

不过，虽然计算机动画采用和传统动画相似的策略，但随着计算机动画技术的发展，尤其是以实时动画为基础的视频游戏的出现，这些定义已很不全面了。显然，那种认为动

画就是运动的观点是非常局限的，因为动画不只是产生运动的视觉效果，还包括变形(如从一个形体变换为另一个形体)、变色(如人物脸色的变换、景物颜色的变化)、变光(如景物光照的变化、灯光的变化)等。

8.2.2　传统动画片的制作过程

传统动画主要是生成二维卡通动画片(卡通的意思就是漫画和夸张)，其中每一帧都是靠手工绘制的图片，动画采用夸张、拟人的手法将一个个可爱的卡通形象搬上银幕，因而动画片也称为卡通片。其生产过程是相当复杂的，往往需要投入大量的人力。

动画片通常是在演播室中制作的，它的一般制作过程可简述如下：

(1) 创意：为了描述故事的情节，需要故事梗概、电影剧本和故事版 3 个文本。首先要有故事梗概，用于描述故事的大致内容。其次要有电影剧本，详细描述一个完整的故事，但它不包括任何拍片的注释。与真人表演的故事片的剧本相比，动画片剧本中一般不会出现冗长、复杂的人物对话，而是着重通过人物的动作，特别是滑稽、夸张的动作，激发观众的想象，达到将主题思想诉诸观众的目的。这是真人表演无法比拟的。最后，导演根据剧本，绘制出配有适当解说词以表现剧本大意的一系列主题草图，这就是故事版。故事版中有大量描写的特定情节并配以适当的解说词片段，而每一个片段又包括一系列有地点和角色的场景，场景又被划分为一个个镜头。

(2) 设计：根据故事版，确定具体的场景，设计角色的动作，完成布景的绘画，并画出背景的设计草图。

(3) 音轨：在传统动画中，音乐要和动作保持同步，所以要在动画制作之前完成录音。

(4) 动画制作：动画制作的核心是帧的制作。在这一阶段，主动画师负责画出一些关键的控制画面，这些画面被称为关键帧。通常一个主动画师负责一个指定的角色。

(5) 插补帧制作：位于关键帧之间的中间帧，称为插补帧。主动画师绘制完关键帧以后，先由助理动画师画出一些插补帧，剩下的插补帧再由插补员完成。助理动画师的工作比插补员的工作需要更多的艺术创作，而插补员的工作则相对简单、机械。

(6) 静电复制和墨水加描：使用特制的静电复制摄像机将铅笔绘制的草图转移到醋酸纤维胶片上，画面上的每一个线条必须靠手工用墨水加描。

(7) 着色：由专职人员将动画的每一帧画面用颜色、纹理、明暗和材质等效果表现出来。着色过程中不仅要对运动的人物角色着色，还要对静态的背景着色。这里，背景主要是指在运动的人物角色之后或之前静止不动的景物，每一个背景制作人员必须保证用与原始设计一致的风格绘制背景。

(8) 检查与拍摄：检查所有画面的绘制、描线和着色是否正确。在确认正确无误后，将其送交摄制人员将动画拍摄到彩色胶片或电视录像上。

(9) 剪辑：在拍摄完成后，需要观看样片以寻找错误。如有错，则指出并加以改正，然后重新制作、拍摄，否则由导演和剪辑人员对其进行剪辑等后期制作。在后期制作阶段，对由醋酸纤维材料制成的胶片的处理需要在多个实验室中用化学方法进行冲洗和曝光处理。通常的编辑工作主要是胶片的汇总、分类及拼接。一般奇数序号的镜头被剪接在 A 卷胶片上，而偶数序号的镜头被剪接在 B 卷胶片上，这种方法易于在后期制作中添加淡入淡出效果。

（10）配音及复制：在导演对目前的影片满意后，编辑人员和导演开始选择音响效果来配合影片中的人物动作。在所有音响效果都选定并能很好地与人物动作同步后，编辑和导演要进行声音复制，即将人物对话、音乐和音响都混合在一个声道内，并记录在胶片和录像带上。

8.2.3 动作效果与画面切换

一般情况下，动画的拍摄和播放速度应该是一致的。对于特殊效果的实现，可通过控制动画的拍摄和播放速度来实现。例如，按高速拍摄并按正常速度播放时，将会产生慢动作的效果；而按低速拍摄并按正常速度播放时，将会产生快动作的效果。

运动序列中的画面切换与过渡方式主要有以下几种：

（1）直接切换：最简单的镜头过渡方式，突然以另一镜头来替换，不产生特殊效果。在影片中，镜头是逐次切换的。

（2）推拉：又称为变焦，改变摄像机的镜头焦距，或将摄像机接近或远离物体，达到使物体变大或变小的效果。

（3）摇移：将摄像机水平地从一点转到另一点。

（4）俯仰：将摄像机垂直从一点转到另一点。

（5）淡入：在一个情节开始时，场景渐渐从黑暗处显现，即由后向前，由模糊变清晰。

（6）淡出：在一个情节结束时，场景渐渐变暗，直到全黑，即由前向后，由清晰变模糊。

（7）软切：也称为溶镜，指第一个镜头随着时间推移而溶化在第二个镜头中，即第一个镜头的最后一格淡出，第二个镜头的第一格淡入。

（8）交叉淡化：除重叠部分不是同时出现以外，与溶镜类似。

（9）滑入：第二个镜头取代第一个镜头时，借助银幕边缘上小区域逐渐扩大进行画面过渡，将后一个场景滑入到前一个场景画面中，与溶镜和交叉淡化不同的是，其前后两幅画面不重叠。

8.3 计算机动画

8.3.1 计算机动画的研究内容

在目前的计算机动画软件中，包括几何造型、真实感图形生成（渲染）和运动设计三个基本方面。由于前两个方面已经形成独立的研究领域，因而计算机动画的研究内容主要集中在对物体运动控制方法的研究上。近年来提出的基于物理方法建模的构想，试图以统一方式实现更加符合客观实际的运动过程。计算机动画一方面力求真实刻画所表现对象的运动行为，另一方面要求对象的运动行为充分符合用户的意愿。

从目前国内外对计算机动画的研究来看，计算机动画研究的具体内容可分为以下几方面：

（1）关键帧动画；

（2）基于机械学的动画和工业过程动画仿真；

（3）运动和路径的控制；

（4）动画语言与语义；

（5）基于智能的动画，机械人与动画；

（6）动画系统用户界面；

（7）科学可视化计算机动画表现；

（8）特技效果，合成演员；

（9）语言、音响合成，录制技术。

从上面的研究内容不难看出，运动主体的控制方法仍是整个动画系统研究的核心，尤其是以智能机器人理论为基础的动画系统研究是近几年研究的重点和难点。

8.3.2　计算机动画系统的分类

计算机动画与传统动画的区别主要表现在帧的制作上，计算机动画的关键帧通过数字化采集方式得到，或者用交互式图形编辑器生成，对复杂的形体可通过编程生成。插补帧部分由计算机自动完成。无论是着色、后期的剪辑合成都可以由计算机完成。

计算机动画系统的分类有很多种方案，根据系统的功能可将计算机动画系统分为如下级别。

一级：仅用于交互式造型、着色、存储、检索以及修改画面，其作用相当于一个图形编辑器。

二级：可用于计算并生成插补帧，并沿着某一设定的路径移动一个物体，这些系统通常要考虑时间因素，主要用于替代插补员的工作。

三级：给动画师提供一些形体的操作，例如对景物或景物中的形体作平移、旋转等运动，或者模拟摄像机镜头作水平、垂直或靠近、远离形体的各种虚拟摄像机操作。

四级：提供定义角色的途径，即定义动画的形体，但这些形体的运动可能不太自然。

五级：具有学习能力，具有智能化的特点。

计算机辅助动画也称关键帧动画，旨在用计算机辅助传统动画的制作，上面定义的二级计算机动画系统就是典型的关键帧动画。造型动画通常是三级或四级系统，它不仅可以绘画而且可以在三维空间中进行多种表现形式的操作。目前，五级系统还没有研制成功，有待于人工智能技术的发展。

8.3.3　计算机辅助二维动画

计算机辅助二维动画与传统动画制作原理类似，不同的动画软件有着不同的制作流程，下面只介绍一个比较通用的制作流程。

（1）设计脚本。设计每一个镜头的安排和同步定时动作，并将其输入到计算机中存储。

（2）绘制关键帧画面或者按动画标准摄取手稿图像。利用图像编辑工具绘制关键帧画面，或者使用扫描仪输入动画师在纸上绘出的图稿。

（3）将绘制或摄取的图像转换为透明画面，以便这些画面在同一帧里或背景上可以叠加多层，可分别在不同的层中对相应层的画面进行控制，而不影响其他层中的画面以及整个帧的画面清晰度。

(4) 使用动画系统提供的功能对关键帧画面进行插值得到中间画面，并执行预演功能，以观看动作是否符合要求，所有图像可以通过鼠标在数秒内重新定位而无需再进行摄取。

(5) 使用动画系统提供的调色板和渲染系统对制作的画面进行着色渲染。

(6) 将通过扫描仪或摄像机输入的背景以及摄像机的移动分配到镜头的每一帧，当所有摄像机指令都记录到计算机中后，动画软件会将这些画面和背景自动组合起来形成帧，并生成一系列文件，对这些文件进行编辑，以产生特殊的效果。

(7) 对所有画面所组成的序列文件检查无误后，将其输出到录像带上。

可见，在计算机辅助二维动画中，尽管着色可由计算机完成，但它仍然基于人的手在平面上绘制，所以画面的效果在很大程度上主要取决于人的绘画水平，绘画的过程是在二维平面中表现的。因此，二维动画的表现力受到较大的限制。

8.3.4 计算机辅助三维动画

所谓三维动画，就是利用计算机进行动画的设计与创作，产生真实的立体场景与动画。三维动画的制作方式与二维动画相比有着本质的区别，它不像二维动画那样，仅仅是用鼠标在二维屏幕上绘制，而是去模拟一个真实的摄影舞台，既包括拍摄的主体对象，还包括灯光、背景、摄像机等。三维动画的制作过程如下：

(1) 根据要求进行创意，形成动画制作的脚本。

(2) 按照创意要求，利用三维动画软件所提供的各种工具和命令，在计算机内建立画面中各种物体的三维线框模型。建立物体三维模型的原理来自于计算机图形学中有关曲线、曲面以及三维几何造型的算法。一般地，三维动画软件不仅提供建模命令，还提供了交互式的修改命令，用于修改三维模型上的点、线、面以及三维模型本身，这些修改命令的基本原理来自于计算机图形学中的几何变换原理。

(3) 在线框模型的基础上，确定并调整物体的颜色、材质、纹理等属性，使三维模型与真实的物体看上去一致。

(4) 调整好物体的颜色、材质、纹理等属性后，必须将场景配上光才能看出其真实的效果。如果没有光，再好的颜色和材质也不能表现出逼真的效果。但即使用了光，如果用得不好，也会影响其效果。一般动画软件中都提供了平行光、聚光灯和球镜光三种光照效果。

(5) 由于动画的核心是运动，因此调整好材质和光照效果后，还要模拟虚拟摄像机的运动，对准目标对象，让目标对象运动起来。设置物体的运动的方法有关键帧法、运动轨迹法、变形法和关节法等。其中，以关键帧法和变形法最为常用。关键帧法用于设定物体对象的位置变化、比例放缩、旋转和隐藏等变化；变形法用于设定物体对象的现状变化。

(6) 对按上述方法生成的动画进行预演，以观看动画效果是否符合设计要求，否则对其进行修改，直到符合设计要求为止。

(7) 对制作完的动画进行加工处理，包括背景图像的处理、声音的录入以及声音与动画的同步处理等。

(8) 将以图像文件的形式存储在计算机中的图像序列录制到录像带上。

从以上过程可以看出，三维动画与二维动画不同，它是在三维空间里制作完成的，通过制作虚拟的物体，设计虚拟的运动，丰富画面的表现力，以达到真实摄像无法实现的动画制作效果。

8.3.5 实时动画和逐帧动画

在计算机制作的影片中，图像往往都很复杂，而且真实感强，这意味着制作一帧画面需要几分钟的时间甚至更长，这些帧录制好后，以每秒 24 帧的速度放映，这就是逐帧动画的原理。而在计算机游戏中，动画的生成是直接的，用户可以用交互式的方式让画面中的形体快速移动，这就是实时动画。它要求把用户的现场选择直接地、实时地变成现实，即用户做决定的时刻就是实现的时刻，响应结果是直接反映到计算机屏幕上的，因此，实时动画无需录制。

实时动画受到计算机能力的限制，一幅实时图像必须在少于 1/15 s 内绘制完毕并显示到屏幕上，才能保证画面不闪烁，产生连续运动的视觉效果。而由于计算机的速度、存储容量、字长、指令系统以及图形处理能力等因素的限制，在这么短的时间内，计算机只能完成简单的计算，可以利用逐帧动画系统非实时生成动画序列中的每一帧画面，并将这些画面保存在帧缓冲存储器中，然后用一个实时程序，实时显示这些保存在帧缓冲存储器中的画面，从而在屏幕上展现实时放映动画的效果，这种技术称为实时放映技术。

8.4 动画文件格式

8.4.1 GIF 格式

GIF(Graphics Interchange Format)即“图形交换格式”，是 20 世纪 80 年代美国一家著名的在线信息服务机构 CompuServe 开发的。GIF 格式采用了无损数据压缩方法中压缩比例较高的 LZW 算法，因此，它的文件尺寸较小。GIF 格式还增加了渐显方式，用户可以先看到图像的大致轮廓，然后随着传输过程的继续而逐步看清图像中的细节部分，从而适应了用户的“从朦胧到清楚”的观赏心理，因此，特别适合作为 Internet 上的彩色动画文件格式。

8.4.2 FLI / FLC 格式

FLI 是 Autodesk 公司在其出品的 Autodesk Animator /Animator Pro /3D Studio 等 2D/3D 动画制作软件中采用的彩色动画文件格式。FLIC 是 FLC 和 FLI 的统称，其中，FLC 是 FLI 的扩展格式，它采用了更高效的数据压缩技术，分辨率也不再局限于 FLI 的 320×200 像素。FLIC 文件采用行程编码(RLE)算法和 Delta 算法进行无损数据压缩，首先压缩并保存整个动画序列中的第一幅图像，然后逐帧计算前后两幅相邻图像的差异或改变部分，并对这部分数据进行 RLE 压缩。由于动画序列中前后相邻图像的差别通常不大，因此，可以得到很高的数据压缩比。目前，FLIC 已被广泛应用于计算机动画和电子游戏应用程序中。

8.4.3 SWF 格式

SWF 是 Micro media 公司(在 2005 年被 Adobe 公司收购)在其出品的 Flash 软件中采用的矢量化动画格式，它不采用点阵而是采用曲线方程来描述其内容，因此，该格式的动画在缩放时不会失真，非常适合描述由几何图形组成的动画，如教学演示等。这种格式的动画能用比较小的存储量来表现丰富的多媒体素材，并且还可以与 HTML 文件充分结合，添加 MP3 音乐，因此广泛应用于网页制作中。Flash 动画是一种“准”流形式的文件，用户不必等到动画文件全部下载到本地后再观看，而是可以边下载边观看。

8.4.4 AVI 格式

AVI(Audio Video Interleaved)即音频视频交错格式，是微软公司开发的将语音和影像同步组合在一起的文件格式。AVI 一般采用帧内有损压缩，因此画面质量不是太好，且压缩标准不统一，但其优点是可以跨平台使用。AVI 文件目前主要应用于多媒体光盘上，用来保存电影、电视等各种影像信息，有时也出现在 Internet 上，供用户下载、欣赏影片的精彩片段。

8.4.5 MOV 格式

MOV 是美国苹果公司开发的音频、视频文件格式，其默认的播放器是 Quick Timer Player，该格式文件支持 RLE、JPEG 等压缩技术，提供了 150 多种视频效果和 200 多种声音效果，能够通过 Internet 提供实时的数字化信息流、工作流和文件回放。其最大特点是存储空间要求小和拥有跨平台性，不仅支持 MacOS，还支持 Windows 系列。采用有损压缩方式的 MOV 格式文件的画面质量较 AVI 格式要稍好一些。

8.5 常见的二维动画软件

计算机上的二维动画制作软件主要有 Animator Studio、Flash、COOL3D、Fireworks 等，它们各自的功能特点不同，因而制作的动画风格也不同。Animator Studio 是由美国 Autodesk 公司 1995 年推出，集图像处理、动画设计、音乐编辑、音乐合成、脚本编辑和动画播放于一体的二维动画设计软件。Autodesk 公司在此之前推出的二维动画软件Animator 和 Animator Pro 虽然提供了对图像或动画编辑的后期制作手段，但是由于其分辨率或颜色数的限制，并不能满足广播级动画制作要求。Animator Studio 有效地解决了这些问题，不仅可以对三维动画作品进行后期制作，还可以用于二维动画的制作。

Adobe 公司出品的 Flash 是计算机二维动画设计软件的后起之秀，不仅支持动画、声音、交互功能，其强大的多媒体编辑能力还可以直接生成主页代码。由于 Flash 制作的是矢量动画，无论放大多少倍，都不会失真，其提供的透明技术和物体变形技术使得创建复杂的动画更加容易，为 Web 动画设计者提供了丰富的想象空间。

8.6 常见的三维动画软件

8.6.1 3DS MAX

初期的计算机动画都是在价格昂贵的 SGI、SUN 等工作站上进行开发的，因此具有成本高、应用范围窄等缺点。20 世纪 80 年代末，美国 Autodesk 公司开发了集造型设计、运动设计、材质编辑、渲染和图像处理于一体的可运行于个人计算机 DOS 下的三维动画软件 3D Studio(3 Dimension Studio，3DS，三维影像制作室)。3DS 使用户可以在不高的硬件配置下制作出具有真实感的图形和动画。1990 年，Autodesk 推出了 3DS 的 V1.0 版本，1992 年推出了一个正式的商用版本 V2.0，由于其价格低廉，很快进入我国，并得到广泛应用。1993 年，Autodesk 推出 V3.0 版本，该版本在算法和功能上都有较大改进，1994 年推出 V4.0 版本，这是 DOS 下的最后一个版本。

考虑到进入 20 世纪 90 年代后 Windows 9X 操作系统的发展以及 DOS 下的动画设计软件在颜色深度、内存、渲染和速度上的不足，Autodesk 公司从 1993 年 1 月开始着手开发 3D Studio Max(简称 3DS Max)。1996 年 4 月开发成功了 3DS 系列的第一个 Windows 版本，即 3DS Max 1.0。1997 年到 1999 年间，Autodesk 公司又陆续推出了 3DS Max R2、3DS Max R3，新版本不仅提高了系统的性能，而且还支持各种三维图形应用程序开发接口，包括 OpenGL 和 Direct3D，同时还针对 Intel Pentium Pro 和 Pentium Ⅱ 处理器进行了优化，特别适合用于 Intel Pentium 多处理器系统。

从 2000 年发布的 4.0 版本开始，软件名称改写成小写的 3ds Max。3ds Max 4 主要在角色动画制作方面有了较大提高。其后又陆续推出 3ds Max 5、3ds Max 6、3ds Max 7、3ds Max 8、3ds Max 9、3ds Max 10，在 3ds Max 系列的版本中增加了 NURBS 建模功能，使设计师能够自由创建复杂的曲面；上百种新的光线及镜头特效充分满足了设计师的需要；面向建筑、工程、结构和工业设计的 3DS VIZ 还可以满足建筑模型等工程设计的需要，特别适合于在工程设计行业进行初始化造型及工业产品的概念化设计。

由于 3ds Max 系列对硬件的要求不高，能稳定运行在 Windows 系统上，且易学易用，因而成为三维动画制作的主流产品，并被广泛运用于三维动画设计、影视广告设计、室内外装饰设计等领域。科幻电影《迷失太空》中的大多数镜头都是由 3ds Max 完成的。灾难片《后天》的冰霜效果以及《黑客帝国Ⅲ》中的火人和闪电特效都是用 3ds Max 生成的。

8.6.2　Maya 3D

Maya 3D 是美国 Autodesk 公司出品的世界顶级的三维动画软件，它综合了之前 Alias(建模功能比较强)和 Softimage(渲染和动画功能比较强)两个软件的优势。例如，与 Alias 相比，Maya 3D 在交互的方便性和图形绘制效率等方面都有了显著的提高，同时它还克服了 Alias 的缺点，引进了许多新的动画工具，如 FFD 技术等，极大地增强了景物的三维变形功能。Maya 3D 有着强大的粒子系统，它拥有更加完备的参数设置功能，还可以让动画师根据建模的形状定义粒子的形态，轻松模拟树枝在风中飘舞、玻璃瓶砸碎在水泥地上碎裂等现象，从而大大增强了粒子系统的艺术表现力。此外，Maya 3D 还采用面向对象的设计方法和 OpenGL 的图形执行方式，提供了非常优秀的实时反馈表现能力，以及新颖的流线型工作流程，不仅具有优越的系统运行速度，还具有出色的开放性，允许用户方便地对系统进行扩展，以满足用户特定的制作要求。Maya 3D 已成为动画行业所关注的焦点之一。

Maya 3D 提供了强大的三维人物建模工具，使得它所创作出的人物栩栩如生，在《一家之鼠》《101 斑点狗》《泰坦尼克号》《恐龙》等影片中大展身手。除了在影视方面的应用，Maya 3D 在三维动画制作、影视广告设计、多媒体制作甚至游戏制作领域也都有出色的表现。随着计算机技术的发展和三维图形能力的提升，Maya 3D 现已经发展到支持 Maya2017 版本，可以在 Windows、Mac OSX 和 Linux 系统上运行。

习　题

1. 简述动画技术的发展过程和主要应用领域。
2. 简述逐帧动画和实时动画的主要区别。
3. 简述计算机在动画中的作用。
4. 计算机动画的应用前景如何?
5. 传统动画和计算机动画有什么区别?
6. 利用自己熟悉的动画软件，制作一个动画片段。

第 9 章　图像处理软件 Photoshop

图像处理软件 Adobe Photoshop，简称“PS”，由 Adobe 公司开发和发行。Photoshop 主要处理以像素所构成的数字图像。使用其众多的编修与绘图工具，可以有效地进行图片编辑工作。PS 涉及图像、图形、文字、视频、出版等各个方面。

2003 年，Adobe Photoshop 8 更名为 Adobe Photoshop CS。2013 年 7 月，Adobe 公司推出了新版本的 Photoshop CC(即 Creative Cloud)，自此，Photoshop CS 6 作为 Adobe CS 系列的最后一个版本被新的 CC 系列取代。目前，Adobe Photoshop CC 2015 为市场最新版本。本章介绍以 Photoshop CC 2015 为例。

9.1　Photoshop 基础

9.1.1　Photoshop 基础配置

Photoshop 对 Windows 与 Mac OSX 的配置要求如下：

(1) Windows 配置要求。推荐使用 2 GHz 或更快的处理器，2 GB 或更大的内存；安装过程中需要更多的可用空间，建议 5 G 以上；分辨率为 1024×768 或者更大分辨率的显示器，带合格硬件加速 OpenGL® 的图形卡、16 位颜色和 256 MB VRAM；Adobe Photoshop Extended 中的一些 3D 功能需要使用能够支持 OpenGL 2.0 且至少具有 256 MB VRAM 的图形卡；Bridge 中一些功能依赖能够支持 DirectX9 且至少具有 128 MB VRAM 的图形卡。

(2) Mac OSX 配置要求。Multicore Intel® 处理器，必须使用 Mac OSX v10.5.7 以上版本，推荐使用 1 GB 或更大的内存；安装需要 2 GB 可用硬盘空间；分辨率为 1024×768(建议使用 1280×800)的显示器，带合格硬件加速 OpenGL® 的图形卡、16 位颜色和 256 MB VRAM 的图形卡；Adobe Photoshop Extended 中的一些 3D 功能需要使用能够支持 OpenGL 2.0 且至少具有 512 MB VRAM 的图形卡。

9.1.2　程序界面

本书中 Photoshop CC 默认为浅灰色界面，Photoshop CC 的工作界面按其功能可划分为几个部分，包括菜单栏、标题栏、工具箱、工具选项栏、调板区、图像窗口和状态栏等，如图 9-1 所示。

图 9-1　Photoshop CC 界面

1. 菜单栏

菜单栏位于界面最上方，包含了用于图像处理的各类命令，共有文件、编辑、图像、图层、类型、选择、滤镜、3D、视图、窗口和帮助 11 个菜单，每个菜单下有若干个子菜单，选择子菜单中的命令可以执行相应的操作。

下拉菜单中有些命令的后面有省略号，表示选择此命令可以弹出相应的对话框；有些命令的后面有向右的黑色三角形，表示此命令还有下一级命令菜单；还有一部分命令显示为灰色，表示当前不能使用，只有在满足一定的条件之后才可以使用。

2. 标题栏

标题栏位于工具选项栏下方，显示了文档名称、文件格式、窗口缩放比例和颜色模式等信息。如果文档中包含多个图层，则标题栏中还会显示当前工作的图层的名称。

当打开多个图像时，图像窗口以选项卡的形式显示，单击一个图像文件的名称，即可将其设置为当前操作的窗口。用户也可以按"Ctrl+Tab"键按照顺序切换窗口，或者按"Ctrl+Shift+Tab"键按照相反的顺序切换窗口。

3. 工具箱

工具箱的默认位置位于界面左侧，通过单击工具箱上部的双箭头，可以在单列和双列间进行转换。工具箱中包含了用于图像处理和图形绘制的各种工具，这些工具的具体功能将在本书 9.1.3 小节中详细介绍。

4. 工具选项栏

工具选项栏(以下简称选项栏)位于菜单栏下方，其功能是显示工具箱中当前被选择工具的相关参数和选项，以便对其进行具体设置。它会随着所选工具的不同而变换内容。

5. 调板区

调板区的默认位置位于界面右侧，主要用于存放 Photoshop CC 提供的功能调板(以下简称调板)。Photoshop CC 共提供了 26 种调板，利用这些调板可以对图层、通道、工具、色彩等进行设置和调控。用户可以利用菜单栏中的"窗口"命令显示和隐藏调板。

6. 图像窗口

图像窗口中显示所打开的图像文件。在图像窗口最上方的标题栏中显示图像的相关信息，如图像的文件名称、文件类型、显示比例、目前所使用的颜色模式和位深度等。图 9－1 所示图像窗口的标题栏中显示的是“3.6 变换.JPG@100%(RGB/8)”，表示当前打开的是一名为“3.6 变换”的 JPG 格式图像文件，该图像以实际大小的 100%显示；当前图像的颜色模式为 RGB，位深度为 8 位。

将一个窗口的标题栏从选项卡中拖出，它将变为可以任意移动位置的浮动窗口。用鼠标拖拽图像窗口的标题栏，可以移动图像窗口的位置。将鼠标光标移动至图像窗口的一个边框上，当鼠标光标显示为↔(或↕)形状时拖拽鼠标，可拖动图像窗口边框的位置，改变图像窗口的大小。

7. 状态栏

状态栏位于工作界面或图像窗口最下方，显示当前图像的状态及操作命令的相关提示信息。其中最左侧的数值显示当前图像的百分比，用户可以通过直接修改这个数值来改变图像的显示比例。显示百分比的右侧是当前图像文件的信息，单击文件信息右侧的▶按钮，弹出如图 9－2 所示的菜单。单击状态栏，将弹出一个小窗口，显示图像的宽度、高度、通道等信息。如果按住“Ctrl”键单击状态栏，则可以显示图像的拼贴宽度、拼贴高度等信息，如图 9－3 所示。

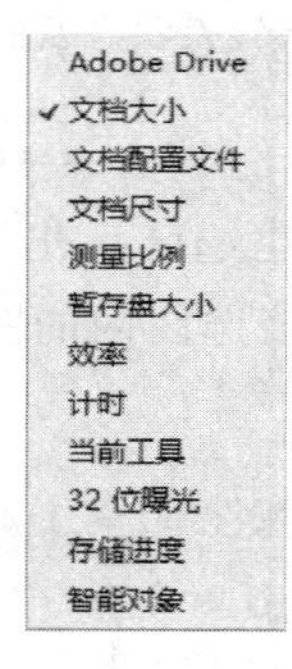

图 9－2　菜单命令

宽度：1024 像素(36.12 厘米)	拼贴宽度：368 像素
高度：683 像素(24.09 厘米)	拼贴高度：356 像素
通道：3(RGB 颜色，8bpc)	图像宽度：3 拼贴
分辨率：72 像素/英寸	图像高度：2 拼贴

图 9－3　显示图像信息

以上介绍的是 Photoshop CC 的默认界面。为了操作方便，用户可以对界面各部分的位置进行调整，有时还需要将工具箱、选项栏和调板进行隐藏等。

9.1.3　工具箱的简单介绍

需要查看工具名称时，可将鼠标光标移至该工具处，稍等片刻，系统将自动显示工具名称的提示。工具箱中有些工具按钮的右下角带有黑色小三角符号，表示该工具还隐藏有其他同类工具，将鼠标光标移至此按钮上，按下鼠标左键不放，隐藏工具即会显示出来。工具箱转换状态及隐藏的工具按钮如图 9－4 所示。下面简单介绍常用工具：

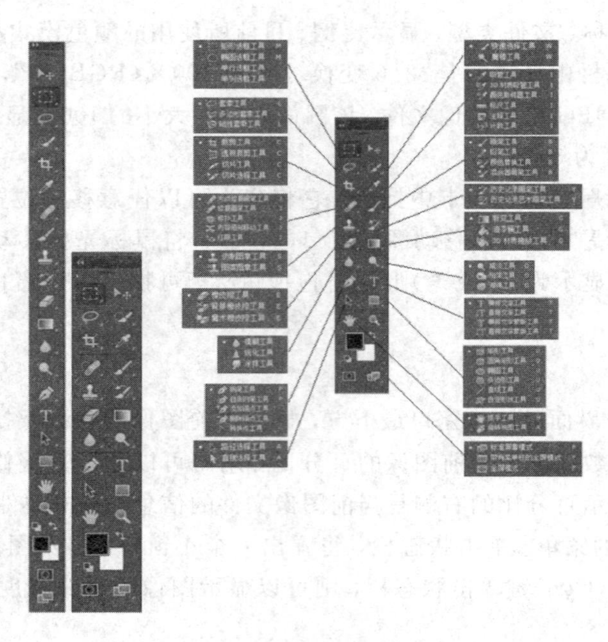

图 9-4　工具箱转换状态及隐藏的工具按钮

1. 选框工具

在使用选框工具时，会在图像中创建选区后出现一个虚线框，称为选框。选框内的部分就是选区，后面进行的所有操作只对该选区内的图像起作用，其快捷键为“Shift＋M”。

2. 套索工具

利用套索工具、多边形套索工具和磁性套索工具，可以在图像中进行不规则多边形以及任意形状区域的选择，其快捷键为“Shift＋L”。

3. 魔棒和快速选择工具

Photoshop CC 提供魔棒和快速选择两种魔棒工具，利用它可以在图像中快速选择与鼠标光标落点颜色相近的区域，该工具主要适用于有大块单色区域图像的选择，其快捷键为“Shift＋W”。

4. 移动工具

移动工具主要用来将某些特定的图像进行移动、复制，这一操作可以在同一幅图像中进行，也可以在不同的图像中进行。利用移动工具还可以方便地对链接图层进行对齐、平均分布以及对图像进行变换操作，其快捷键为“Shift＋T”。

5. 钢笔及自由钢笔工具

钢笔工具主要用于在图像中创建工作路径或形状；自由钢笔工具可以创建形态较随意的不规则曲线路径，它的优点是操作较简单，缺点是不够精确，而且经常会产生过多的锚点。其快捷键为“Shift＋P”。

6. 转换点工具

路径上的锚点有两种类型，即角点和平滑点，二者可以相互转换 ，使用转换点工具单击路径上的平滑点可将其转换为角点；拖拽路径上的角点，可将其转换为平滑点。

7. 路径选择工具和直接选择工具

利用路径选择工具，可以对路径和子路径进行选择、移动、对齐和复制等操作。当子路径上的锚点全部显示为黑色时，表示该子路径被选择。直接选择工具没有选项栏，使用它可以选择和移动路径、锚点以及平滑点两侧的控制点。其快捷键为“Shift＋A”。

8. 矢量图形工具

矢量图形工具主要包括矩形工具、圆角矩形工具、椭圆工具、多边形工具、直线工具和自定形状工具。它们的使用方法非常简单，在工具箱中选择相应形状的工具后，在图像文件中拖拽鼠标光标，即可绘制出需要的矢量图形。其快捷键为“Shift＋U”。

9. 画笔工具、铅笔工具和颜色替换工具

使用画笔工具可以绘制出边缘柔软的画笔效果，画笔的颜色为工具箱中的前景色；使用铅笔工具可以绘制出硬边的线条，如果是斜线会带有明显的锯齿，绘制的线条颜色为工具箱中的前景色；使用颜色替换工具能够简化图像中特定颜色的替换，可以用前景色来替换图像中的颜色，且颜色替换工具不能在颜色模式为“位图”“索引”或“多通道”模式的图像中使用。其快捷键为“Shift＋B”。

10. 渐变工具和油漆桶工具

渐变工具是使用较多的一种工具，利用这一工具可以在图像中填充渐变颜色和透明度过渡变化的效果。渐变工具常用来制作图像背景、立体效果和光亮效果等(Photoshop CC 还专门提供了允许用户自己编辑需要的渐变项功能且可使用“渐变编辑器”)；油漆桶工具可以在图像中填充前景色或图案，它按照图像中像素的颜色进行填充色处理，填充范围是与鼠标光标点所在像素点的颜色相同或相近的像素点。其快捷键为“Shift＋G”。

11. 历史记录画笔工具和历史记录艺术画笔工具

利用历史记录画笔工具和历史记录艺术画笔工具，可以在图像中将新绘制的部分恢复到“历史记录”调板中的“恢复点”处的画面，其快捷键为“Shift＋Y”。

12. 修复工具组

Photoshop CC 加强了照片处理的功能。在工具箱中专门用于修复旧照片的工具有 5 个，包括污点修复画笔工具、修复画笔工具、修补工具、内容感知和移动工具与红眼工具。污点修复画笔工具和修复画笔工具主要用于在保持原图像明暗效果不变的情况下消除图像中的杂色、斑点；内容感知和移动工具可以简单到只需要选择照片场景中某个物体，然后将其移动到照片中其他需要的位置就可以实现复制，并自动将边缘弱化，跟周围环境融合，完成极其真实的合成效果；红眼工具主要用于处理照片中出现的红眼问题。其快捷键为“Shift＋J”。

13. 图章工具组

图章工具组包括仿制图章工具和图案图章工具，它们主要是通过在图像中选择印制点或设置图案对图像进行复制，其快捷键为“Shift＋S”。

14. 橡皮擦工具组

Photoshop CC 工具箱中的橡皮擦工具、背景橡皮擦工具和魔术橡皮擦工具位于同一位置，它们的主要功能是在图像中清除不需要的图像像素，以对图像进行修整，其快捷键为“Shift＋E”。

15. 模糊工具、锐化工具和涂抹工具

模糊工具主要用来对图像进行柔化模糊，减少图像的细节；锐化工具主要用来对图像进行锐化，增强图像中相邻像素之间的对比，提高图像的清晰度；使用涂抹工具在图像中单击并拖拽鼠标光标，可以将鼠标光标落点处的颜色抹开，其作用是模拟刚画好一幅画还没干时用手指去抹的效果。

16. 减淡工具、加深工具和海绵工具

减淡工具主要用于对图像的阴影、半色调及高光等部分进行提高加光处理；加深工具主要用于对图像的阴影、半色调及高光等部分进行遮光变暗处理；海绵工具主要用于对图像进行变灰或提纯(就是使图像颜色更加鲜艳)处理。其快捷键为“Shift＋O”。

17. 文字工具

在工具箱中可以选择不同的文字工具，这一步操作一定要在创建文字前进行，包括设置文字属性、字符调板和段落调板，其快捷键为“Shift＋T”。

18. 裁剪、透视裁剪、切片和切片选择工具

裁剪工具主要用来将图像中多余的部分剪切掉，只保留需要的部分，在裁剪的同时，还可以对图像进行旋转、扭曲等变形修改；透视裁剪工具可以在裁剪的同时方便地矫正图像的透视错误，即对倾斜的图片进行矫正；Photoshop CC 加强了对网络的支持，切片工具和切片选择工具就是特别针对网络应用开发的，使用它们可以将较大的图像切割为几个小图像，便于在网上发布，提高网页打开的速度。其快捷键为“Shift＋C”。

19. 吸管工具、3D 材质吸管工具、颜色取样器工具和注释工具等

吸管工具、3D 材质吸管工具、颜色取样器工具、标尺工具、注释工具和计数工具是 Photoshop CC 中的辅助工具，它们的作用是从图像中获取色彩、数据或其他信息。其中常用的吸管工具可以吸取图像中某个像素点的颜色，或者以拾取点周围多个像素点的平均色进行取样，也可以直接从色板中取样，从而改变前景色或背景色；利用 3D 材质吸管工具可以吸取 3D 材质纹理，以及查看和编辑 3D 材质纹理；颜色取样器工具主要功能是检测图像中像素的色彩构成；使用注释工具可以在图像中添加文字注释等内容。其快捷键为“Shift＋I”。

9.2 图像的编辑修改与质量改善

9.2.1 图像的编辑修改

编辑命令主要是对图形进行各种处理，包括图像的撤销与恢复、图像的复制、图像的填充与描边、图像的变换、图像与画布的调整等；调整命令主要是对图像或图像的某一部分进行颜色、亮度、饱和度以及对比度等的调整，使图像产生多种色彩上的变化。

1. 撤销与恢复

撤销和恢复命令主要是对图像编辑处理过程中出现的失误或对创建的效果不满意进行

复原和重做。

2. 图像的拷贝与粘贴

图像的拷贝与粘贴命令主要包括剪切、拷贝、合并拷贝、粘贴及选择性粘贴等，这些命令在实际工作中使用非常频繁，而且经常配合使用，读者需要牢固掌握。

其中“剪切”“拷贝”和“粘贴”命令的功能比较明确，这里不做介绍，下面简单介绍“合并拷贝”和“选择性粘贴”/“贴入”命令。

(1) “合并拷贝”命令：此命令主要用于图层文件。将所有图层中的内容复制到剪贴板中，进行粘贴时，将其合并到一个图层粘贴。

(2) “选择性粘贴”/“贴入”命令：使用此命令时，当前图像文件中必须有选区。该命令可将剪贴板中的内容粘贴到当前图像文件中，并将选区设置为图层蒙板。

3. 图像的填充与描边

使用“编辑”/“填充”命令，可以将选定的内容按指定的模式填入图像的选区内或直接将其填入图层内。使用“编辑”/“描述”命令可以用前景色沿选区边缘描绘指定宽度的线条。这两个命令非常简单，在具体工作中使用比较频繁，需要读者熟练掌握。

4. 图像的变换

图像的变换命令在实际工作过程中经常运用，熟练掌握此类命令，可以绘制出立体感较强的图像效果。

(1) “自由变换”命令：在自由变换状态下，以手动方式将当前图层的图像或选区做任意缩放、旋转等自由变形操作。这一命令使用在路径上时，会变为“自由变换路径”命令，以对路径进行自由变换。

(2) “变换”命令：主要包括缩放、旋转、斜切、扭曲、透视、变形、旋转 180°、旋转 90°(顺时针)、旋转 90°(逆时针)、水平翻转及垂直翻转等命令。这一命令使用在路径时，会变为“变换路径”命令，以对路径进行单项变换。

5. 图像与画布调整

(1) 在 Photoshop 中，可以利用“图像”/“图像大小”命令重新设定图像文件的尺寸大小和分辨率。

(2) 利用“图像”/“画布大小”命令可充实设置图像版面的尺寸大小，并可调整图像在版面上的放置，其中“当前大小”类参数主要显示画布当前的尺寸大小，“新建大小”类参数主要设置修改后画布的大小。

(3) 利用“图像”/“图像旋转”命令可以调整图像版面的角度，并且文件中的所有图层、通道以及路径都会一起旋转或翻转。要特别注意“图像”/“图像旋转”命令和“编辑”/“变换”命令的区别。“图像”/“图像旋转”命令旋转的是整个图像，包括所有的图层、通道和路径。而“编辑”/“变换”命令旋转的只是当前图层或路径，而不是整个图像。

9.2.2 图像的质量改善

图像的质量指目标图像相对于标准图像在人眼视觉系统中产生误差的程度。换一句话说就是相对于原图像，人眼认为目标图像几乎没有降质或损伤，则说明目标图像的质量高，否则认为图像质量差。而通过图像修复可以很好地改善图像的质量。

图像修复是利用 Photoshop 中的工具或功能将图像画面中认为是瑕疵的部分修复掉。大多数情况下需要从画面中寻找相近的区域，然后借助该区域的纹理、亮度来“修改”和“遮盖”瑕疵区域。“遮盖”后，还需要继续融合，让画面显得自然。如“污点修复工具”等工具有自动匹配功能，会减少融合的工作。还有些情况下，需要根据画面内容，发挥想象力，将画面中被遮盖的部分重新“复原”出来。在使用工具的时候，同样要注意选择合适的纹理以及明暗关系上的匹配。

在 Photoshop 中，图像修复主要靠修复类工具完成，如仿制图章工具、污点修复工具等。图像修复工具如图 9-5 所示。

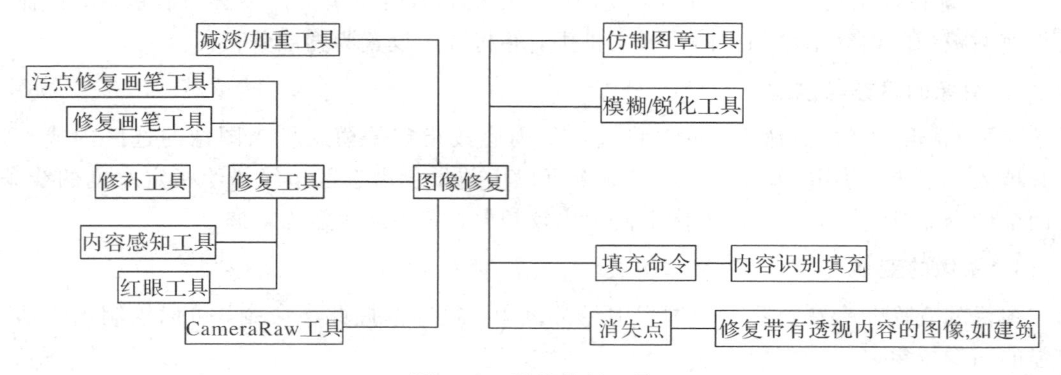

图 9-5　图像修复工具

9.3　图像滤镜

所谓滤镜，是指一种特殊的软件处理模块，图像经过滤镜处理后可以产生特殊的艺术效果。智能滤镜是一种非破坏性的滤镜，它作为图层效果保存在“图层调板”中，用户可以利用智能对象中包含的原始图像数据随时重新调整这些滤镜。

9.3.1　模糊效果

“模糊”滤镜组中共有 14 种滤镜，主要对图像边缘过于清晰或对比度过于强烈的区域进行模糊，以产生各种不同的模糊效果，使图像看来更朦胧一些。原图及应用各种“模糊”滤镜的效果如图 9-6～图 9-20 所示。

图 9-6　原图

图 9-7　“场景模糊”滤镜

图 9-8　“光圈模糊”滤镜

图 9-9　“移轴模糊”滤镜

图 9-10　“表面模糊”滤镜

图 9-11　“动感模糊”滤镜

图 9-12　“方框模糊”滤镜

图 9-13　“高斯模糊”滤镜

图 9-14　“进一步模糊”滤镜

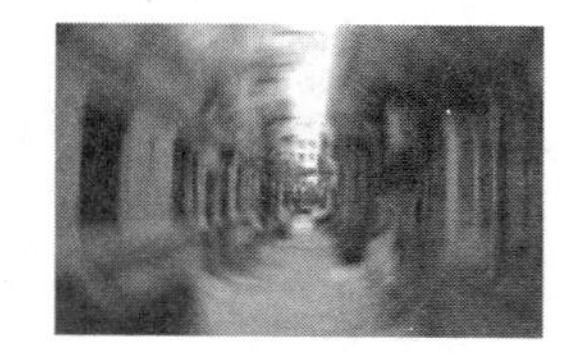

图 9-15　“径向模糊”滤镜

图 9-16　“镜头模糊”滤镜

图 9-17　“模糊”滤镜

图 9-18　“平均模糊”滤镜

图 9-19　“特殊模糊”滤镜

图 9-20　“形状模糊”滤镜

“模糊”滤镜组中各种滤镜的作用介绍如下：

(1)“场景模糊”滤镜可以通过添加控制点的方式，精确地控制景深形成范围、景深强弱程度，用于建立比较精确的画面背景模糊效果。

(2)“光圈模糊”滤镜是创建一个范围，然后通过简单的设置形成一个景深模糊的效果。

(3)“移轴模糊”滤镜用于创建移轴景深效果，通过对控制点和范围的设置，可精准地控制移轴效果产生范围和焦外虚幻强弱程度。

(4)“表面模糊”滤镜可以在保留边缘的同时模糊图像。此滤镜常用于创建特殊效果并消除杂色或颗粒。

(5)“动感模糊”滤镜只能在单一方向上对图像像素进行模糊处理。它可以产生动感模糊的效果，模仿物体高速运动时曝光的摄影手法，一般较适用于运动物体处于画面中心、周围背景变化较少的图像。

(6)“方框模糊”滤镜基于相邻像素的平均颜色值来模糊图像。它的对话框仅有“半径”一个选项，该值决定每个调整区域的大小。此值越大，图像越模糊。

(7)“高斯模糊”滤镜是 Photoshop 中较常用的滤镜之一，它是依据高斯曲线来调整图像的像素色值。“高斯模糊”对话框中只有一个“半径”选项，调整“半径”值可以控制模糊程度，可产生从较微弱的模糊直至造成难以辨认的浓厚的图像模糊效果。

(8) “进一步模糊”滤镜可产生一个固定的较弱的模糊效果，它与“模糊”滤镜效果相似，但其模糊程度是“模糊”滤镜的3～4倍。

(9) “径向模糊”滤镜可以创建一种旋转或放射的模糊效果。

(10) “镜头模糊”滤镜向图像中添加模糊以产生更窄的景深效果，以便使图像中的一些对象在焦点内，而使另一些区域变模糊。例如可以将照片中的前景保持清晰，而使背景变得模糊。

(11) “模糊”滤镜可以产生较为轻微的模糊效果，它的模糊效果是固定的，常用它来模糊图像边缘。

(12) “平均模糊”滤镜就是找出图像或选区的平均颜色，然后用该颜色填充图像或选区。

(13) “特殊模糊”滤镜可以产生一种清晰边界的模糊效果，它只对有微弱颜色变化的区域进行模糊，不对边缘进行模糊。也就是说，该滤镜能使图像中原来较为清晰的部分不变，而原来较为模糊的部分更加模糊。

(14) “形状模糊”滤镜可以以一定形状为基础进行模糊处理。

9.3.2 图像变形

图像变形是指影片或视频的宽屏幕图像在水平方向上用透镜或数字处理的方法加以“压窄”，以便能适应于标准的4∶3的幅形比。重放时，则通过“反压窄”将图像原有的幅形比予以恢复。图像变形的格式可在不牺牲分辨率的情况下，提供正确的幅形比。

在Photoshop CC中也会经常需要对一些图像的大小和角度进行修改，即对图像进行变形修改，变形工具包括缩放、旋转、斜切、操控变形、透视、扭曲、变形。图9-21～图9-28为变形效果。

图9-21 原图

图9-22 缩放效果

图9-23 旋转效果

图9-24 斜切效果

图9-25 操控变形效果

图9-26 扭曲效果

图 9-27　透视效果

图 9-28　变形效果

(1) 缩放工具。缩放工具使用最为简便，只要选择缩放工具，一直按住鼠标左键并移动鼠标即可对选区任意进行缩小和放大。其中，在使用缩放工具的同时按住“Alt”快捷键，即可对选区按照选取中心为基准点进行缩放。

另外，在使用缩放工具的同时按住“Shift”快捷键，即可对该选区按照一定比例大小、状态进行缩放。如果同时按住“Shift＋Alt”即可对该选区按照选取中心为基准点进行一定比例状态的缩放。

(2) 旋转工具。同样，旋转工具的使用也比较简单。按住鼠标左键并移动鼠标即可对选区以任意角度进行旋转。其中，在使用旋转工具的同时按住“Shift”快捷键，即可对选区按照一定的等角度进行旋转。

(3) 倾斜工具。斜切工具是指对选区的某个边界进行拉伸和压缩，但作用的方向只能沿着该边界所在的直线。比方说，将正方形变成平行四边形就可以使用斜切工具，对正方形的某个边进行拉伸和压缩。使用时，以某个边界为基准按住鼠标左键并移动鼠标即可实现选区的某一边界按照该边界所在的直线方向进行拉伸和压缩。

(4) 操控变形。操控变形工具是用来对图像进行变形处理的，在使用该工具时，主要是通过控制图像上的图钉，来使图像呈现各种特殊的效果。操控变形从早期的 3D 变换滤镜，到后来的 3D 系列功能，操作越来越简单，效果越来越强大，它赋予图像以“灵魂”，不需要建模和贴图，就能实现伪三维动作变形。在处理图片中经常能用到操控变形工具，可以实现人物或画面的局部动作变化。

(5) 扭曲工具。顾名思义，扭曲就是将图片进行扭曲变形，使得图片按一定形状存在。使用时，针对选区的边角，按住鼠标左键并移动鼠标即可对选区进行适当的扭曲。

(6) 透视工具。透视工具能够使选区(即图片)看起来更具有真实感，使得选区看起来有一种由近到远、由远到近的感觉。使用时，以某个边界为作用点，另一边为基准，按住鼠标左键并移动鼠标，即可实现由近到远、由远到近的效果。其中，若选区为文字对象，首先应该对选区文字对象进行栅格化(栅格化是处理矢量图的)。对图片进行栅格化后就会变成位图，而文字栅格化之后就不可以再改变字体、大小等属性。

(7) 变形工具。点击变形工具，选区表面即被分割成 9 块长方形，每个交点即为作用点，针对某个作用点按住鼠标左键并移动鼠标即可对选区进行适当的变形。

9.3.3　噪声效果

图像的噪声是指图像中各种妨碍人们对其信息进行接收的因素。噪声在理论上可以定义为“不可预测，只能用概率统计方法来认识的随机误差”。因此将图像噪声看成多维随机过程是合适的，因而描述噪声的方法完全可以借用随机过程的描述，即用其概率分布函数和概率密度分布函数。噪声有如下特点：

1）噪声的扫描变换

现在图像传输系统的光电变换都是先把二维图像信号扫描变换成一维电信号再进行处理加工。最后再将一维电信号变成二维图像信号。噪声也存在着同样的变换方式。

2）噪声与图像的相关性

使用光导摄像管的摄像机时，可以认为，信号幅度和噪声幅度无关。而使用超正析摄像机时，信号和噪声相关，黑暗部分噪声大 ，明亮部分噪声小。在数字图像处理技术中量化噪声是必要的，它和图像相位有关，如图像内容接近平坦时，量化噪声呈现伪轮廓，但在此时图像信号中的随机噪声会因为颤噪效应反而使量化噪声变得不那么明显。

3）噪声的叠加性

在串联图像传输系统中，各部分窜入噪声若是同类噪声则可以进行功率相加，依次信噪比要下降。若不是同类噪声应区别对待，而且要考虑视觉检出特性的影响。但是因为视觉检出特性中的许多问题还没有研究清楚，所以也只能进行一些主观的评价试验。如空间频率特性不同的噪声叠加要考虑到视觉空间频谱的带通特性，而时间特性不同的噪声叠加就要考虑视觉滞留和其闪烁的特性，等等。此外，亮度和色度噪声的叠加一定要清楚视觉的彩色特性。但以上这些都因为视觉特性的未获解决而无法进行分析。

Photoshop 中提供了多种给图像增加噪声效果的方法，可在“滤镜库/纹理/颗粒”中进行操作，效果如图 9－29～图 9－39 所示。

图 9－29　原图

图 9－30　常规噪声效果

图 9－31　柔和噪声效果

图 9－32　喷洒噪声效果

图 9－33　结块噪声效果

图 9－34　强反差噪声效果

图 9－35　扩大噪声效果

图 9－36　点刻噪声效果

图 9－37　水平噪声效果

图 9-38　垂直噪声效果

图 9-39　斑点噪声效果

9.3.4　锐化效果

锐化效果主要是通过增加相邻像素点之间的对比度来聚焦模糊的像素，使图像清晰化。Photoshop CC 中提供了 6 种锐化滤镜，图片应用“锐化”滤镜后的效果如图 9-40～图 9-45所示。

图 9-40　USM 锐化效果

图 9-41　防抖锐化效果

图 9-42　进一步锐化效果

图 9-43　锐化效果

图 9-44　锐化边缘效果

图 9-45　智能锐化效果

“锐化”滤镜组中各滤镜的作用介绍如下：

(1) “USM 锐化”滤镜是“锐化”类滤镜中应用最多的一种滤镜，也是“锐化”类滤镜中唯一可以控制其效果的滤镜。该滤镜在处理过程中使用模糊的遮罩，产生边缘轮廓锐化的效果，它可以在尽可能少增加噪音的情况下提高图像的清晰度。

(2) “防抖锐化”滤镜是 Photoshop CC 中一个新增滤镜，可以有效地降低由于抖动产生的模糊，从而得到较好的修正效果。

(3) “进一步锐化”滤镜可连续多次使用“锐化”滤镜，从而得到一种强化锐化的效果，提高图像的对比度和清晰度。

(4) “锐化”滤镜作用于图像的全部像素，增加图像像素间的反差，对调节图像的清晰度起到一定的作用，但重复过多的锐化，会使图像变得粗糙。

(5) “锐化边缘”滤镜的作用与“锐化”滤镜的作用相似，但它仅仅锐化图像的轮廓部分，以增加不同颜色之间的分界。这也是一个直接执行的命令。

(6) “智能锐化”滤镜具有“USM 锐化”滤镜所没有的锐化控制功能，具有可设置的锐化计算方法，并可单独控制图像阴影和高光的锐化程度。

9.4 图像合成

图像合成是将多谱段黑白图像经多光谱图像彩色合成而变成彩色图像的一种技术。其中包括：彩色合成，合成的图像色彩与原景物的天然色彩一致或近似一致；假彩色合成，合成的图像色彩不同于原景物的天然色彩。

在 Photoshop 中合成图像是通过图层的叠加来完成的。从图像操作窗口观察合成情况，把众多图层叠加到一起，为了上面图层不遮挡下面的图层，需要通过去背景、抠图、蒙版、通道、透明、半透明、局部透明等各种方法来实现。为了增加特殊效果还可以对每个层施加滤镜，也可以对文字施加样式特效。本节主要介绍通道和蒙版的应用。

通道和蒙版的主要功能是可以快速地创建或存储选区，对复杂图像的选取或制作图像的特殊效果非常有帮助。

在 Photoshop 中，通道主要用来保存图像的色彩信息和选区，可分为 3 种类型，即颜色通道、Alpha 通道和专色通道。颜色通道主要用来保存图像的颜色信息，Alpha 通道主要用来保存选区，专色通道主要用来保存专色。

在 Photoshop 中，蒙版主要用来控制图像的显示区域。用户可以用蒙版来隐藏不想显示的区域，但并不会将这些内容从图像中删除。因此，运用蒙版处理图像是一种非破坏性的编辑方式。Photoshop 提供了 3 种类型的蒙版，即图层蒙版、剪贴蒙版和矢量蒙版。在图像中，图层蒙版的作用是根据蒙版中的灰度信息来控制图像的显示区域；剪贴蒙版是通过一个对象的形状来控制其他图层的显示区域；矢量蒙版是通过路径和矢量形状来控制图像的显示区域。

合成图像实战应用实例：

首先用磁性套索工具抠取人物图像，然后使用移动工具移动人物，用自由变换功能调整人物图层的大小和位置，用调整图像色彩平衡使人物融入背景，然后为人物图层添加外放光样式，最后用扭曲滤镜制作波纹效果。实例步骤如下：

（1）创建人物选区。打开预选人物图像文件，使用工具箱中“磁性套索工具”对图像中人物创建选区，如图 9－46 所示。

（2）移动人物图像。打开预选背景图像文件，使用工具箱中“移动工具”将选区中的人物移动到背景图像文件窗口中，生成人物图层。

（3）调整人物图像。执行“编辑”→“自由变换”命令，显示控制框，然后按住“Shift”键，对人物图层的大小进行调整；然后将人物移动到适当位置；完成后按下“Enter”键确认，如图 9－47 所示。

（4）调整色彩平衡。选中人物图层，执行“图像”→“调整”→“色彩平衡”命令，弹出“色彩平衡”对话框；拖动“青色-红色”滑块滑至“－100”，拖动“黄色-蓝色”滑块滑至“＋100”，然后点击“确定”按钮。

（5）设置不透明度。选择人物图层，设置图层的“不透明度”为“80％”，如图 9－48 所示。

（6）设置外发光模式。选择人物图层，单击“图层”面板中的“添加图层样式”，在弹出的下拉列表框中选择“外发光”选项；弹出“图层样式”对话框，在“混合模式”下拉列表框中选择“滤色”选项，并设置“不透明度”为“40%”，发光颜色为“＃3399ff”；设置“方法”为“柔和”，“扩展”为“10%”，“大小”为“10 像素”；设置完成后单击“确定”按钮，如图 9－49 所示。

(7) 创建选区。使用工具箱中的“套索工具”，在图像的底部创建选区，如图 9－50 所示。

(8) 创建扭曲效果。选择人物图层，执行“滤镜”→“扭曲”→“波纹”命令；在弹出的“波纹”对话框中拖动“数量”滑块至“200%”，设置“大小”为“中”，然后单击“确定”按钮，如图 9－51所示。

(9) 完成效果。返回图像窗口，即可看到合成图像后的效果，如图 9－52 所示。

图 9－46　创建选区

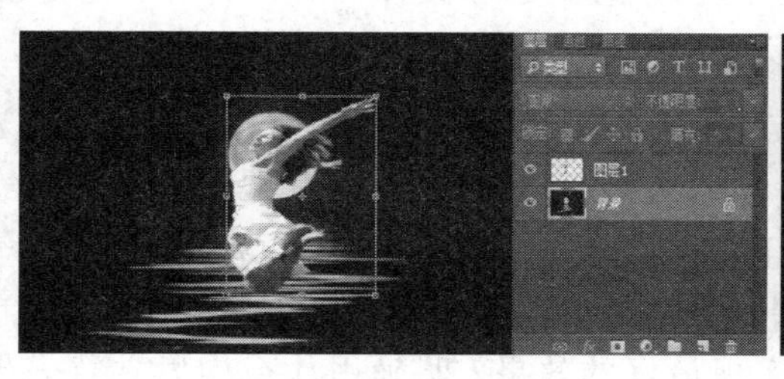

图 9－47　调整图像

图 9－48　设置不透明度

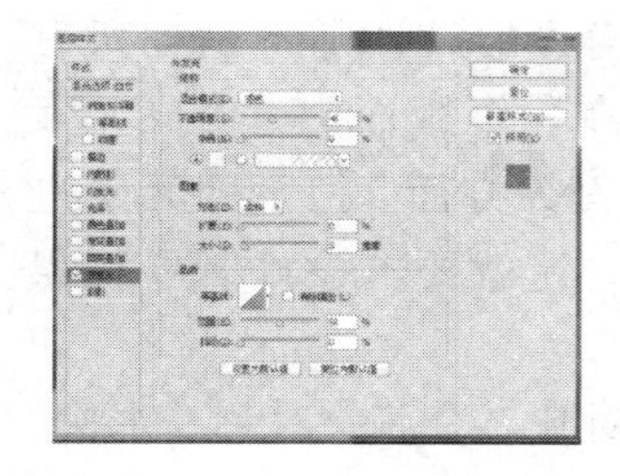

图 9－49　设置外发光模式

图 9－50　创建选区

图 9－51　创建扭曲效果

图 9－52　完成效果

9.5　产品设计与实训

产品设计是一个创造性的综合信息处理过程，通过多种元素(如线条、符号、数字、色彩等)的组合把产品的形状以平面或立体的形式展现出来。产品设计是将人的某种目的或需要转换为一个具体的物理或工具的过程；是把一种计划、规划、设想以及问题解决的方法通过具体的操作，以理想的形式表达出来的过程。

在产品设计领域，使用计算机可以节省大量的时间和费用。随着 CAD/CAM 和 3D 软件技术的不断发展，计算机已经广泛应用到零件的设计、开发等各个领域。

9.5.1 素材准备与分析

素材的准备与分析如下：

(1) 研究命题。调查制作的对象要实现的目标任务，了解事物演进的过程和相互联系。需要完整的调查背景、市场、行业，还需要了解受众、定位表现手法。搜集一切与将要制作产品设计和企业有关的信息资料并记录在案。

(2) 设计内容初步定位。内容分为主题和具体内容两部分，这是设计师在进行设计前的基本材料。并且要和客户反复沟通，取得信任，搜寻一切可利用的素材。

9.5.2 操作思路

产品设计的操作思路如下：

(1) 明确设计理念。设计的构思立意是设计的重心起点，在立意之上要把握好理念，即为什么这么做？如何做才能实现最好的效果？明确用什么构思立意去传达理念。理念就好比中心思想，未来所有的工作任务都要围绕着这个中心服务。

(2) 调动视觉元素。设计中的基本元素相当于作品的构件，优秀的设计师不是把所有知道的元素都拿出来，而是从整体需要出发选择最合适的。如果在一个版面中，构成元素可以划分为：标题、正文、前景、背景、色彩、视觉中心、视觉流程等方面，把不同元素进行有机几何处理，每一个元素都要有传递和加强传递信息的作用，这就要求设计者要积累元素并善于调动元素。

(3) 选好表现手法。表现手法多种多样，如图形的处理上有对比、夸张、对称、主次、重复、发射等，在色彩处理上有明暗、节奏、面积、冷暖等，在绘画效果上有油画、素描、水彩、版画、中国画等，在图像效果上还有新与旧、现代与原始、精细与粗糙等。选择哪一种，取决于表现的目的以及个人在设计方面的修养。

(4) 凝练独具风格的画面。设计要突出特点，与他人不重复。风格是重要的一种处理形式，风格不是一时形成的，而是在长期实践中反复应用而固定下来的，风格也成为一个设计师性格、喜好、阅历、修养的反映，是设计师成熟的标志。

(5) 效果图初稿修改。大量的设计成品是给客户创作的，要实现客户的需求就要反复地沟通，实现最大化的利益均衡，效果图的初稿只有精心修改后才能成为最终产品设计。

(6) 交付应用与回访。设计师是否能最终实现目标，还要靠实践检验，必须在大环境中考量产品设计才能进一步提出修改意见。设计人员要跟踪调查做好回访，为将来的设计积累经验，这也是使作品升华的必经之路。

9.5.3 操作步骤

产品设计是一个有计划、有步骤的渐进式过程，设计师的想象不是纯艺术的幻想，而是利用科学技术，把想象物化成对人有用的实际产品。大体上可以分为以下四个步骤。

1) 信息收集

信息收集是为了更好地了解事物，而设计需要的是有目的、完整的信息收集，其中，市

场环境的调查、行业调查、设计定位等都属于调查收集的范畴。

2）理念和内容的拟定

根据收集的信息，确定设计表现的理念和主题，之后根据确定好的理念拟定出设计的初步内容和表现方式。

3）推敲想象

根据内容、主题和经验，进行联想与想象，增加与主题相关意向的容量，根据大众的审美趣味和理解能力确定设计风格。

4）平衡调整

在设计制作过程中，根据实际情况随时进行平衡调整。调整是在美观性原则的指导下，添加、删减造型元素，改变各部分的大小与比例关系，最终达到预期效果的过程。调整过程贯穿制作的始终。

9.5.4　酒杯的制作

按照如下流程，借助 Photoshop 的 Path、Mask、Layer 等工具来制作酒杯。

（1）画面最底层是背景，由于需要表现出酒杯的透明特性，可以放上一幅有色彩起伏的图片，这里做了一个单色的渐变背景衬托。接下来使用 Photoshop 的 Path 工具勾画出酒杯的底层，也就是深色部分，由于浅色部分的高光点是需要覆盖在它上面的，如图 9－53 所示。

（2）使用“钢笔工具”勾画出酒杯的轮廓 Path，在 Path 面板中按住 Ctrl 键＋鼠标左键点击勾画好的 Path 轮廓，将其转换为选择区后在图层面板中新建一图层并填充上颜色，可以填充为玄色或者深灰色，接下来再画出杯子的内壁，如图 9－54 所示。

（3）新建一个图层，使用“径向渐变工具”来拖拽出一个浅蓝色到深蓝色的渐变，颜色要稍微亮于刚才勾画出的深色底层，效果如图 9－55 所示。

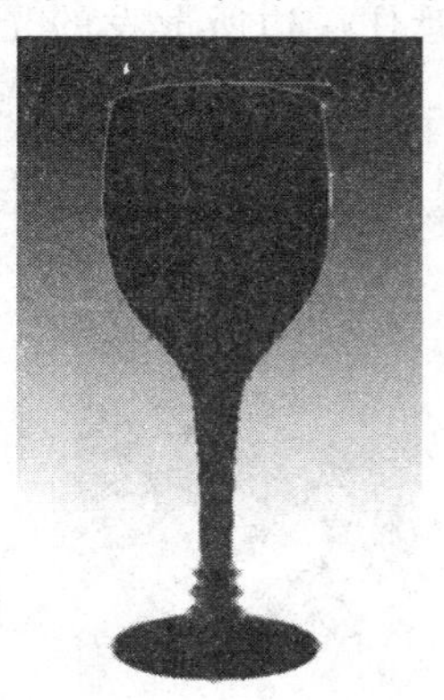

图 9－53　勾画酒杯底层

图 9－54　勾画内壁

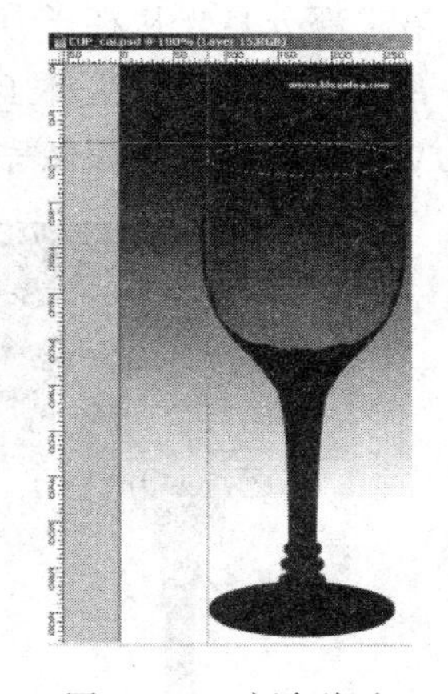

图 9－55　颜色渐变

（4）新建一个图层，选择前景色为比较亮的浅蓝色，然后点击菜单栏上的 Edit，在下拉菜单中选择“描边”这一项，在弹出的面板里将边线的宽度定为 1 即可，模式为正常，透明度定为 100％，设置完成后点击“OK”。然后点击图层面板右上方的小三角，在弹出的菜单里选择“复制图层”，会出现两个杯口高光的图层，用鼠标选中上边的那个图层，在图层面板上 Lock 选项中选中第一个单选框“锁定透明图像部分”，选择前景色为深蓝色，然后点击菜单栏中的 Edit 项。在填充调节面板中，填充对象选择“前景色”，模式为正常，透明度为100%，点“OK”确定。工具栏中切换到“移动工具”，使用键盘上的下光标键↓来挪动一个像素，成功绘制一个杯子的锥形，接下来勾画杯子大量的高光与反射。用“钢笔工具”勾画出杯子正面的中心高光，颜色需要设置成特别浅的蓝色，图层的透明度为15%～20%，依个人调节。按照上面的方法再做出杯子内壁的高光点，如图 9-56 所示。

(5) 为了使杯子的外壁高光与内壁高光区分开来，所以将图层的透明度定为8%比较好一些。本例中将杯子主体部分的高光分成了五个图层来画，形状以及透明度均不相同，颜色为浅蓝色，这里是杯子最难勾画的一部分，而且也是最容易混淆的部分。第一层由两个月牙形的不规则形状组成，用钢笔工具勾画出来后，透明度定为20%；第二层由一个月牙形组成，透明度定为60%；第三层为第一层的复制版，通过自由变形放大、局部边沿羽化而成，透明度也定为60%；第四层由沿杯子主体左右两个边勾画的粗弧线组成，透明度定为30%；第五层由第四层复制而来，但透明度不相同，定为8%左右。在这五个层生成完毕以后需要在第一个层下方再建立一个新图层，以浅蓝色到透明色的径向渐变生成一个扩散状的圆形，然后使用自由变形(快捷键为 Ctrl+T)工具将其改变为一个椭圆，把它放到杯子的下方，也就是刚才所建五个图层的下方交叉处。几个图层叠加所生成的效果如图 9-57 所示。

(6) 接下来我们做杯子腿的部分。同样，先用钢笔工具勾画出 Path 转换成选择区，填充为渐变(由深蓝到浅蓝的渐变组成)，透明度为100%。在这个图层的上边再建立一个新图层，用钢笔工具勾画出类似胡须的高光部分，颜色为浅蓝，透明度定为50%。两个图层制作完成之后，需要做出一个杯子主体的深颜色到透明的渐变放在刚才勾画杯子腿高光的上方。渐变为线性渐变、透明度为50%。杯子主体下方与杯子腿的结合部分有几处比较细小的高光，分别由三部分组成，第一部分是光从杯子的上部进入而成，由四根从大到小的上下线性渐变组成，颜色为深蓝到浅蓝或浅蓝到深蓝不等，其中的两根略微类似月初的弯钩；第二部分是光从杯子背部透射到前部而成，像日食一样球体遮住后边所散发的光露出的一部分；第三部分是杯子正面所受到的光直接造成的高光部分，由一个弧线和三个不规则的点组成。以上步骤做完之后，杯子的上半部分就完成了，如图 9-58 所示。

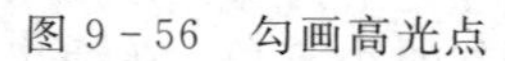

图 9-56　勾画高光点

图 9-57　图层叠加后效果

图 9-58　上半部分效果图

(7) 接下来做杯子脚与杯子腿交接处的三个椭圆部分，这部分可以分三步进行制作：第

一步先用钢笔工具勾画出最亮的高光部分，填充为白色；第二步再用钢笔工具勾画出剩余部分的高光，填充为浅蓝色；第三步将前两步所构建的图层合并，复制出一个新图层，再用模糊工具进行一下模糊处理(点击菜单栏上 filter，在弹出的下拉菜单中选择 Blur，弹出的二级菜单中选择 Gaussian Blur 高斯模糊，在高斯模糊面板中的参数框中输入 1.5，然后点回车即可)，使其看起来更自然，留意一定要将这个图层放置到前两个图层的上方，如图 9-59 所示。

(8) 最后的杯子脚由三部分组成：第一部分由大面积的高光组成，用稍微深的浅蓝到浅蓝色的渐变所填充；第二部分由投射到高光部分上杯子的阴影所组成，与杯子腿部的接缝处有稍许羽化，使其更加自然地融入这个高光部分；第三部分由杯子脚部的阴暗部分所反射的杯子上部高光而组成，有多个光圈，直接用 Path 工具来勾画不太现实，可以将杯子腿部与脚部的高光图层复制一份，挪动到合适的位置，使用 Zigzag 工具即可得到水波纹状的效果。首先点击菜单栏上的 Filter，在弹出的下拉菜单中选择 Distort，然后在它的二级菜单里选择 Zigzag 选项。留意在执行这个滤镜之前，需要以图像部分为中心点拖拉出一个合适的正方形选择区，由于执行滤镜时需要在这个选择区内执行才能达到理想的效果，如图 9-60 所示。最后成品如图 9-61 所示。

图 9-59　杯子腿与杯子脚交接部分

图 9-60　杯子脚效果图

图 9-61　完成效果图

9.5.5　餐具的制作

(1) 在 Photoshop CC 中先建立一个大小为 600 mm×600 mm，分辨率为 72 像素的画布，如图 9-62 所示。

(2) 新建一个图层 1，在上侧工具栏中找到渐变工具，在“渐变编辑器”中选择颜色，如图 9-63 所示；新建第二个图层 2，在工具箱中选择“椭圆工具”，如图 9-64 所示。

(3) 在画布上按“Alt+Shift”键，绘制一个正圆，在“渐变编辑器”中选择如图 9-65 所示的颜色。

(4) 在上侧选项栏中，选择—修改—羽化，羽化值为 1 像素；选择—修改—收缩，收缩值为 3 像素；选择—反向，在工具栏中找到减淡工具和加深工具，把曝光度改为 17%，之后用减淡工具涂抹圆的上边缘，使用加深工具涂抹圆的下边缘。

(5) 新建一个图层，并画一个同心圆；右击鼠标—羽化，羽化半径为 1 像素；在工具栏中找到减淡和加深工具，把曝光度改为 17%，在圆的边缘涂抹，上方用加深工具涂抹，下方用减淡工具涂抹，如图 9-66 所示；修改—收缩，收缩量为 15 像素，并再次使用减淡工具涂抹选区的上半部分，使用加深工具涂抹下半部分，然后选择图层—图层样式—投影，如图 9－67 所示；最后成品如图 9－68 所示。

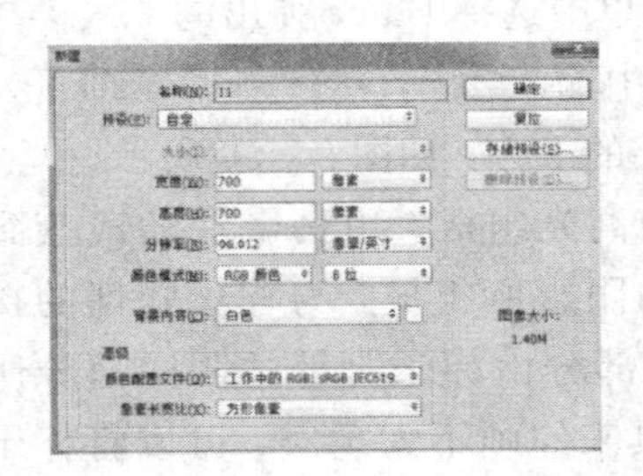

图 9－62　建立画布

图 9－63　渐变工具位置

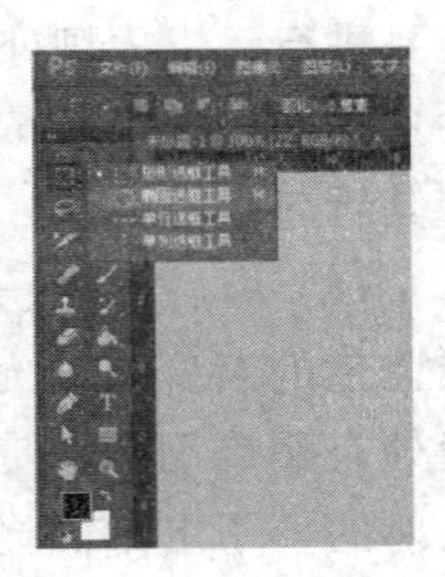

图 9－64　椭圆工具选择

图 9－65　渐变编辑器

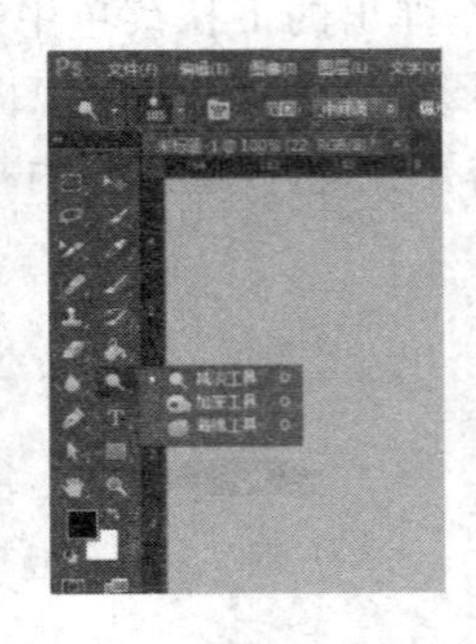

图 9－66　减淡工具选择

图 9－67　投影选择

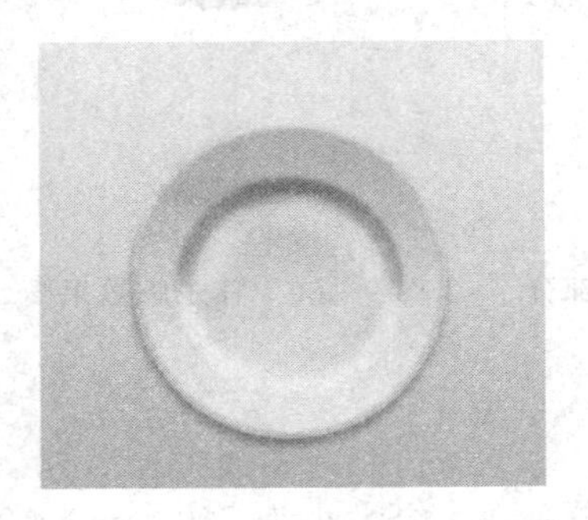

图 9－68　餐盘完成

9.6　包装设计与实训

在 Photoshop 中，包装设计是一门集实用技术学、营销学、美学为一体的设计艺术科学。它不仅使产品具有既安全又漂亮的外衣，在今天更是成为一种强有力的营销工具。经济全球化的今天，包装与商品已融为一体。包装作为实现商品价值和使用价值的手段，在生产、流通、销售和消费领域中，发挥着极其重要的作用，是企业界和包装设计者不得不关注的重要课题。包装的功能是保护商品、传达商品信息、方便使用、方便运输和促进销售。包装作为一门综合性学科，具有商品和艺术相结合的双重性。成功的包装设计必须具有以下 5 个要点：① 货架印象；② 可读性；③ 外观图案；④ 商标印象；⑤ 功能特点说明。

包装设计即指选用合适的包装材料，运用巧妙的工艺手段，为包装商品进行的容器结构造型和包装的美化装饰设计。

包装设计有三大构成要素：外形要素、构图要素、材料要素。

1. 外形要素

外形要素就是商品包装展示面的外形，包括展示面的大小、尺寸和形状。日常生活中我们所见到的形态有 3 种，即自然形态、人造形态和偶发形态。但在研究产品的形态构成时，必须找到一种适用于任何性质的形态，即把共同的规律性的东西抽出来，称之为抽象形态。形态构成就是外形要素，或称为形态要素，就是以一定的方法、法则构成的各种千变万化的形态。形态是由点、线、面、体这几种要素构成的。包装的形态主要有：圆柱体类、长方体类、圆锥体类和各种形体以及有关形体的组合及因不同切割构成的各种形态。包装形态构成的新颖性对消费者的视觉引导起着十分重要的作用，奇特的视觉形态能给消费者留下深刻的印象。包装设计者必须熟悉形态要素本身的特性及其表情，以此作为表现形式美的素材。

在考虑包装设计的外形要素时，还必须从形式美法则的角度去认识它。按照包装设计的形式美法则，结合产品自身功能的特点，将各种因素有机、自然地结合起来，以求得完美统一的设计形象。

包装外形要素的形式美法则主要从以下 8 个方面加以考虑：

① 对称与均衡法则；② 安定与轻巧法则；③ 对比与调和法则；④ 重复与呼应法则；⑤ 节奏与韵律法则；⑥ 比拟与联想法则；⑦ 比例与尺寸法则；⑧ 统一与变化法则。

2. 构图要素

构图是将商品包装展示面的商标、图形、文字和色彩排列在一起的一个完整的画面。这四方面的组合构成了包装装潢的整体效果。商品设计构图要素运用得正确、适当、美观，就可称为优秀的设计作品。

1）商标设计

商标是一种符号，是企业、机构、商品和各项设施的象征形象。商标是一项实用工艺美术，它涉及政治、经济、法制以及艺术等各个领域。商标的特点是由它的功能、形式决定的。它要将丰富的传达内容以更简洁、更概括的形式，在相对较小的空间里表现出来，同时需要观察者在较短的时间内理解其内在的含义。商标一般可分为文字商标、图形商标以及文字、图形相结合的商标三种形式。一个成功的商标设计，应该是创意和表现有机结合的产物。创意是根据设计要求，对某种理念进行综合、分析、归纳、概括，通过哲理的思考，化抽象为形象，将设计概念由抽象的评议表现逐步转化为具体的形象设计。

2）图形设计

包装装潢的图形主要指产品的形象和其他辅助装饰形象等。图形作为设计的语言，就是要把形象的内在、外在的构成因素表现出来，以视觉形象的形式把信息传达给消费者。要达到此目的，图形设计的准确定位是非常关键的。定位的过程即熟悉产品全部内容的过程，其中包括商品的特有商标、品名的含义及同类产品的现状等诸多因素。图形就其表现形式可分为实物图形和装饰图形。

(1) 实物图形。实物图形采用绘画手法、摄影写真等来表现。绘画是包装装潢设计的主要表现形式，根据包装整体构思的需要绘制画面，为商品服务。与摄影写真相比，绘画具有取舍、提炼和概念自由的特点。绘画手法直观性强，欣赏趣味浓，是宣传、美化、推销商品的一种手段。然而，商品包装的商业性决定了设计应突出表现商品的真实形象，所以用摄影来表现真实、直观的视觉形象是包装装潢设计的最佳表现手法。

(2) 装饰图形。装饰图形分为具象和抽象两种表现手法。具象的人物、风景、动物或植物的纹样作为包装的象征性图形，可用来表现包装的内容物及属性。抽象的手法多用于写意，采用抽象的点、线、面的几何形纹样、色块或肌理效果构成画面，简练、醒目、具有形式感，也是包装装潢的主要表现手法。通常，具象形态与抽象表现手法在包装装潢设计中并非孤立，而是相互结合的。

内容和形式的辩证统一是图形设计中的普遍规律。在设计过程中，根据图形内容的需要，选择相应的图形表现技法，使图形设计达到形式和内容的统一，创造出反映时代精神、民族风貌的适用、经济、美观的装潢设计作品是对包装设计者的基本要求。

3) 色彩设计

色彩设计在包装设计中占据重要的位置。色彩是美化和突出产品的重要因素。包装色彩的运用与整个画面设计的构思、构图紧密联系。包装色彩要求平面化、匀整化，这是对色彩的过滤、提炼的高度概括。包括色彩以人们的联想和色彩的习惯为依据，进行高度的夸张和变色。同时，包装的色彩还必须受到工艺、材料、用途和销售地区等的制约和限制。

包装装潢设计中的色彩要求醒目，对比强烈，有较强的吸引力和竞争力，以唤起消费者的购买欲望，促进销售。例如，食品类用鲜明丰富的色调，以暖色为主，突出食品的新鲜、营养；医药类用单纯的冷暖色调；化妆品类常用柔和的中间色调；小五金、机械工具类常用蓝、黑及其他沉着的色块，以表示坚实、精密和耐用的特点；儿童玩具类常用鲜艳夺目的纯色和冷暖对比强烈的各种色块，以符合儿童的心理和爱好；体育用品类多采用鲜明亮丽色块，以增加活跃、运动的感觉……不同的商品有不同的特点与属性，设计者要研究消费者的习惯和爱好以及国际、国内流行色的变化趋势，以不断增强色彩的社会学和消费者心理学意识。

4) 文字设计

文字是传达思想、交流感情和信息、表达某一主题内容的符号。商品包装上的牌号、品名、说明文字、广告文字以及生产厂家、公司或经销单位等，反映了包装的本质内容。设计包装时必须要把这些文字作为包装整体设计的一部分来统筹考虑。

包装装潢设计中文字设计的要点有：

(1) 文字内容简明、真实、生动、易读、易记。

(2) 字体设计应反映商品的特点、性质，有独特性，并具备良好的识别性和审美功能。

(3) 文字的编排与包装的整体设计风格应和谐。

3. 材料要素

材料要素是商品包装所用材料表面的纹理和质感。它往往影响到商品包装的视觉效果。利用不同材料的表面变化或表面形状可以达到商品包装的最佳效果。包装用材料，无论是纸类材料、塑料材料、玻璃材料、金属材料、陶瓷材料、竹木材料以及其他复合材料，都有不同的质地肌理效果。运用不同的材料，并妥善地加以组合配置，可给消费者以新奇、冰冷或豪华等不同的感觉。材料要素是包装设计的重要环节，它直接关系到包装的整体功能和经济成本、生产加工方式及包装废弃物的回收处理等多方面的问题。

9.6.1　手提袋的制作

设计“靓”牌女装手提袋时，要注重时尚、高雅与优秀品质的完美表现，整体效果能给人眼前一亮的感觉。本款女装手提袋的设计，针对女性爱美的天性，在设计风格上追求典雅、时尚与简洁的特点，设计精巧、文字优美、色彩艳丽、制作工艺非常精细。从该款设计上，既突出了该品牌的特点，又树立了该品牌的形象。

手提袋平面展开图制作步骤如下：

(1) 启动 Photoshop 软件，新建一个大小为 695 mm×507 mm、分辨率为 100 像素/英寸、模式为 CMYK 的文件，如图 9－69 所示。在新建文件中，分别建立水平和垂直方向上的辅助线，如图 9－70 所示。

(2) 新建一个图层，在文件中创建一个矩形选区，将其填充为 C：0，M：100，Y：100，K：0 的颜色，在图形上方绘制一个矩形选区，将其填充为相同的红色，用“钢笔工具”绘制曲线路径，将路径转化为选区后填充为红色，如图 9－71 所示，然后复制如图 9－72 所示的标准字体到“正面展开图”文件中。

(3) 新建一个图层，在窗口中绘制白色的正圆形，并设置“外发光”图形效果，在其中输入一个文字“靓”，如图 9－73 所示；输入“PRETTY DRESS PRETTY FIGURE”，文字色彩设置为“黑色”、大小为 22 点，调整到合适位置，如图 9－74 所示。

(4) 新建一个图层，在该图层上创建两条垂直、水平排列的白色线条，调整图层不透明度为 60%，复制图层旋转 180°后，调整其长度和位置。建立新的图层组：组 1，选择红色背景上的所有图层，将其拖动到组中；对组 1 图层进行复制，将复制后的图层组水平移动到手提袋正面展开位置上，来完成手提袋正面展开图形的绘制，如图 9－75 所示。

(5) 创建新的图层组：组 2，将“组 1”中的标准文字进行复制，将复制的文字拖动到“组 2”中，在文件窗口中调整文字到适当的大小和位置后，输入说明性文字，即产品的产地、电话等基本信息，设置字体为“黑体”、文字颜色为“白色”，调整文字到合适位置，完成侧面的绘制，如图 9－76 所示。

(6) 完成手提袋侧面 1 的图形绘制后，将该面上的图形内容复制到手提袋侧面 2 的位置，调整到与侧面 1 对应的位置后，完成整个手提袋平面展开图的绘制，如图 9－77 所示。

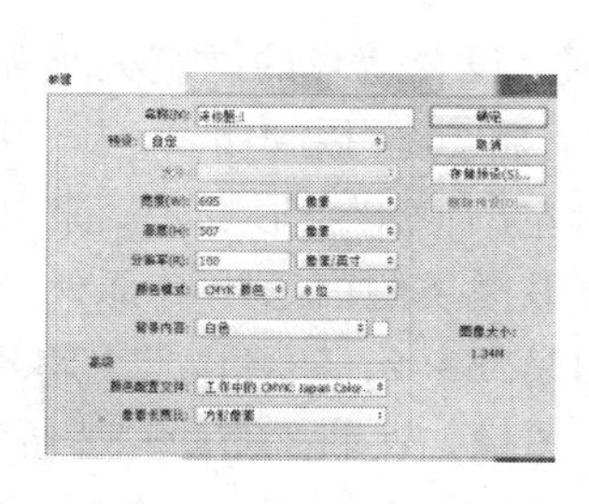

图 9－69　新建文件

图 9－70　绘制辅助线

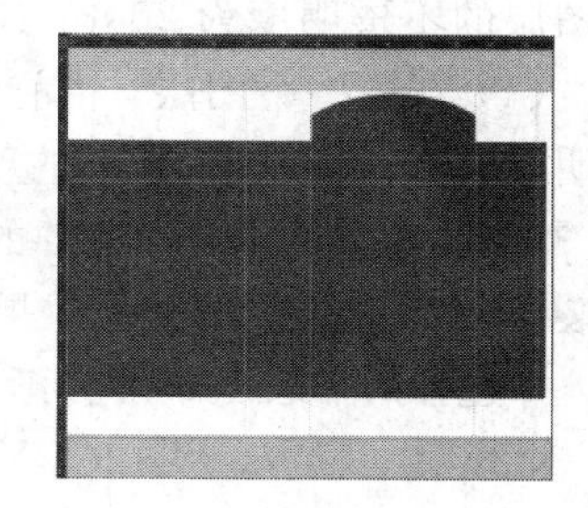

图 9－71　曲线路径填充

图 9-72 标准字体展示

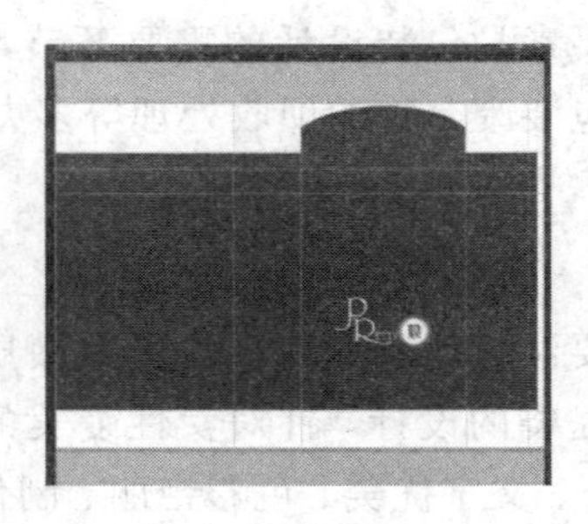
图 9-73 字体特效展示

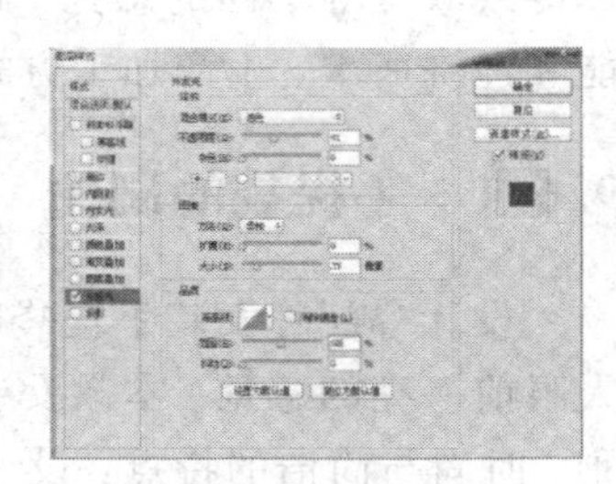
图 9-74 字体特性编辑

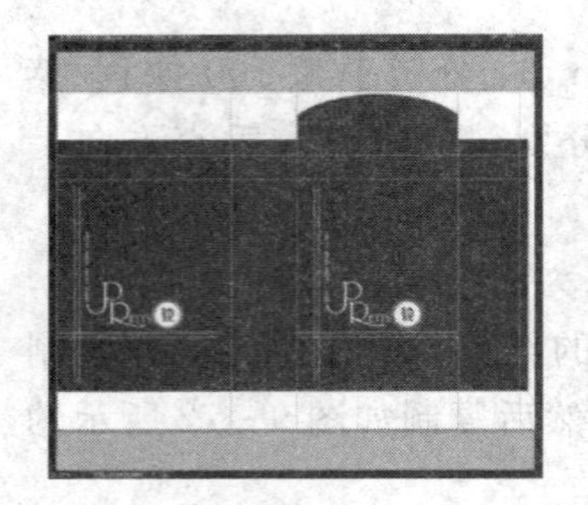
图 9-75 装饰后的文字展示

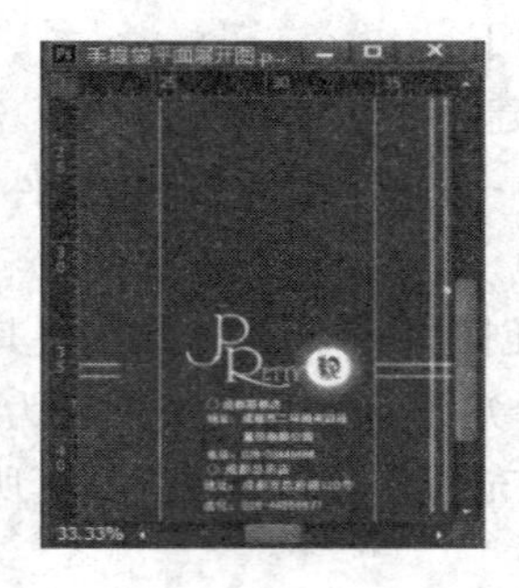
图 9-76 包装其他信息展示

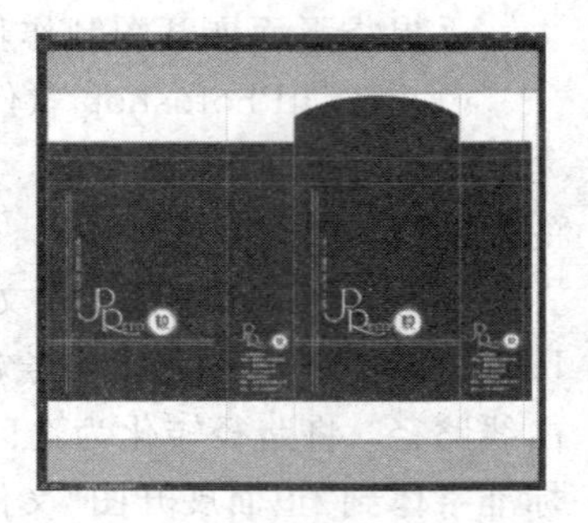
图 9-77 手提袋展开图

手提袋立体效果图制作步骤如下：

(1) 建立一个大小为 130 mm×140 mm、分辨率为 300 像素/英寸、模式为 RGB 的文件，如图 9-78 所示。打开图中的正面展开图文件，按下“Ctrl+Shift+E”组合键，将所有图层进行合并，并将其复制到新的文件中，如图 9-79 所示。

(2) 使用“多边形套索工具”移动图形到多余空白选区，将选区图形进行变形处理。新建一个图层，在画面中绘制一个不规则三角形，使用 C：28，M：81，Y：76，K：0 的颜色值进行填充。新建图层，使用“钢笔工具”绘制一条路径将其转化为选区，使用 C：9，M：90，Y：100，K：0 的颜色值填充；重复该方法绘制手提袋盖面图形，将其填充为 C：20，M：97，Y：100，K：0 的颜色，并调整到合适的位置，如图 9-80 所示。

(3) 使用“钢笔工具”绘制出手提袋的提手外形，将路径转化为选区后，分别选择下面的各个图层并删除。复制手提袋盖面图形，将其调整到下一层，填充为黑色，执行“滤镜—模糊—高斯模糊”命令，将半径设置为 13 像素；选择手提袋盖面阴影图层并将其删除，调整图层的不透明度为 20%，如图 9-81 所示。

(4) 新建一个图层，将前景色设置为黑色，选择“画笔”工具，设置适当的画笔大小和不透明度来表现立体图形中的明暗层次；复制手提袋正面图像，将其调整到下一层，设置 C：3，M：65，Y：59，K：0 的前景色进行填充，对图像进行向左的倾斜变形处理，来制作包装袋侧面边线上的受光效果；新建图层并使用“钢笔工具”在手提袋侧面绘出底部外形路径，并选择“渐变工具”，将渐变设置为 0%C：4，M：28，Y：11，K：2；50%C：1，M：9，Y：3，K：0；C：7，M：26，Y：9，K：0 的颜色渐变，填充侧面图像，效果如图 9-82 所示。

(5) 新建一个图层，绘制出手提袋上的蝴蝶结外形，将其填充为白色，并输入文字“PRETTY”，如图 9-83 所示；新建图层，将前景色设置为黑色，选择“画笔工具”设置不同的画笔大小和透明度后，在蝴蝶结上进行涂抹，来表现蝴蝶结的褶皱效果。使用同样方法绘制蝴

蝶结背后的阴影效果，将手提袋等立体效果绘制好后，对文件进行保存，如图 9－84 所示。

（6）执行“图像—画布大小”命令，宽度设置为 15 cm，使用同样的方法绘制出纸袋的背面立体效果，并调整正面与背面图形的上下顺序；新建图层，将其调整到最下层，使用“画笔工具”为图形添加底部和手提袋处的阴影效果；最后绘制出手提袋桌面上的反光效果并进行保存，如图 9－85 所示。

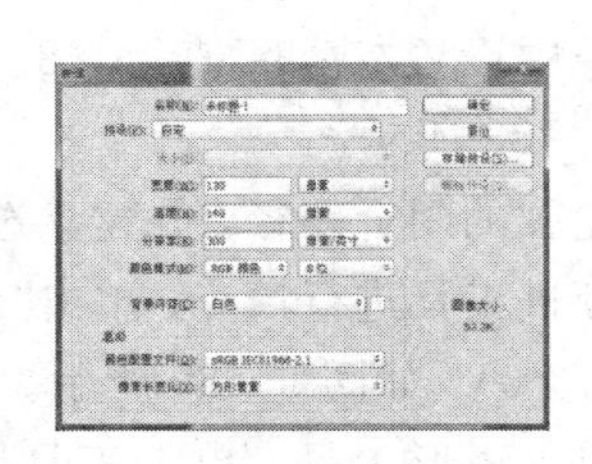

图 9－78　新建文件

图 9－79　复制的图案

图 9－80　轨迹绘制填充

图 9－81　手提袋盖绘制

图 9－82　手提袋处理

图 9－83　蝴蝶结的绘制

图 9－84　手提袋立体效果

图 9－85　手提袋整体效果

9.6.2　化妆品的包装

制作化妆品（如洁面乳）包装背景效果时，为了充分传递产品信息，产品包装为透明状，可以将产品直接展现于消费者眼前，实现构图和传递产品信息的和谐统一。化妆品包装制作步骤如下：

1. 制作背景效果

（1）新建一副“如水之恋洁面乳包装”的 CMYK 模式图像，设置“宽度”和“高度”分别为 8 cm 和 15 cm，“分辨率”为 300 像素/英寸，“背景内容”为白色，将其设置为前景色和背景色默认颜色，并填充前景色，如图 9－86 所示。

(2) 新建“图层 1”，选取工具箱中的圆角矩形工具，调整工具属性栏中的各参数，在图像编辑窗口中绘制一个圆角矩形路径，按“Ctrl＋Enter”组合键，将绘制路径转换为选区；选择工具箱中的渐变工具，设置渐变矩形条下方三个色标颜色分别为淡蓝色、白色、淡蓝色，其中淡蓝色的颜色值为 CMYK(30，0，7，0)；在图像编辑窗口的选区中，沿水平方向向右拖动鼠标，填充渐进色，如图 9－87 所示。

(3) 选取工具箱中的矩形选框工具，单击工具属性中的“从选区减去”按钮，对圆角矩形底部划分一层矩形选区，在“图像—调整—亮度/对比度”命令中设置“亮度”值为－8、“对比度”值为＋36，并选取“取消选择”命令取消选区，效果如图 9－88 所示。

(4) 新建“图层 2”，选取工具箱中的钢笔工具绘制产品外形轮廓的闭合路径，并建立选区，在弹出的“建立选区”对话框中设置“羽化半径”值为 0 像素；选用渐进工具进行填充，单击“设置前景色”色块，设置前景色为淡蓝色，其颜色值为 CMYK(30，0，7，0)，如图 9－89 所示。

(5) 创建“图层 3”，设置前景色为白色，选取工具箱中的圆角矩形工具，单击工具属性栏中的“填充像素”，拖动鼠标绘制一个圆角矩形作为洁面乳开关，同时在图层样式的内阴影命令中设置参数；单击图层样式中的创建图层命令，自动生成“图层 3”和“图层 3 的内阴影”图层，用组合键“Ctrl＋E”将图层合并为“图层 3 的内阴影”图层，如图 9－90 所示。

(6) 新建“图层 4”，选取工具箱中的椭圆选框工具，设置“羽化”值为 50 像素来绘制洁面乳化妆品外形的顶端弧线，使用“Alt＋Delete”组合键为选区填充前景色；按住“Ctrl”同时单击“图层 2”前面的“图层缩览图”图标，载入其选区。用“选择—反向”命令反选选区，用“Delete”键来删除选区内的图像“Ctrl＋D”来取消选区，如图 9－91 所示。

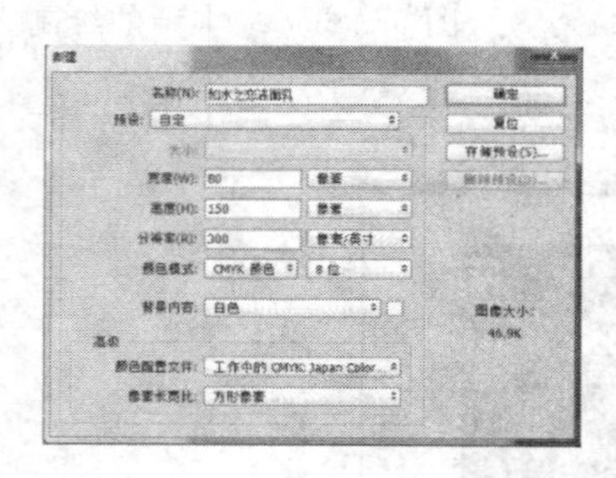

图 9－86　新建文件

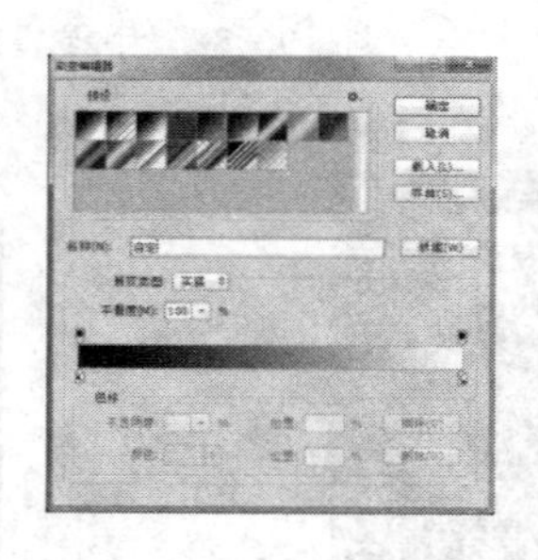

图 9－87　渐变工具

图 9－88　矩形选框填充

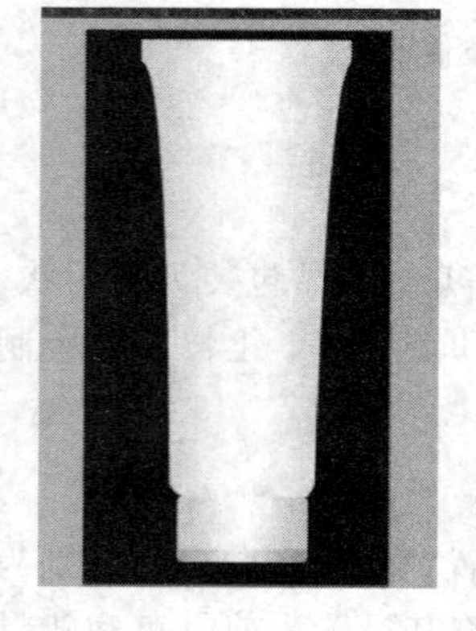

图 9－89　曲线路径填充

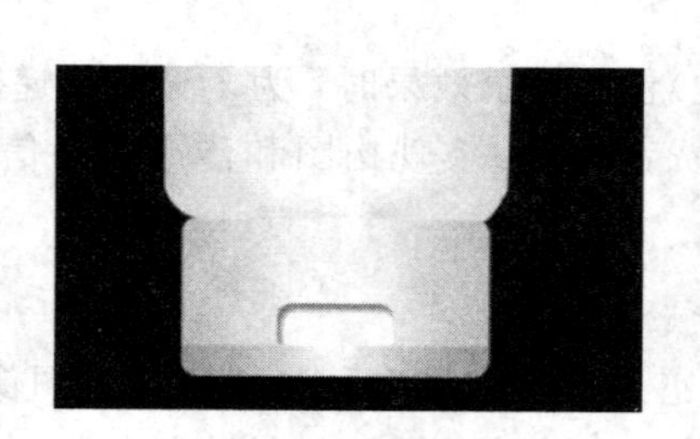

图 9－90　圆角矩形绘制

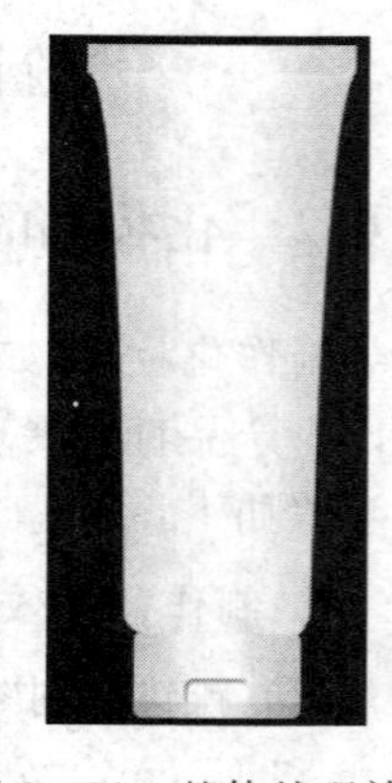

图 9－91　整体处理效果

2. 制作洁面乳包装的图像元素

(1) 单击工具箱中“设置前景色”，设置前景色为蓝色，其颜色值为 CMYK(61，1，7，0)。新建“图层 5”，选取工具箱中的椭圆工具，单击“填充像素”按钮在适当位置绘制正圆；选取工具箱中的移动工具，按住“Alt”键拖动鼠标复制新图层——“图层 5 副本”，单击“编辑—变换—缩放”命令来进行缩小图像。

(2) 重复(1)中步骤，将图层 5 移至顶层，按住“Ctrl”键依次单击所有复制图层，然后单击“合并图层”，合并到“图层 5”中；单击“窗口—动作”命令，在动作调板底部的“创建新动作”按钮中点击“记录”，新建“动作 1”。

(3) 使用移动工具复制一个新的图层——“图层 5 副本”，然后单击“动作”调板中的“停止/播放记录”按钮；选择“动作 1”，然后连续多次单击“播放选定的动作”按钮，播放录制的动作。此时“图层”调板中将自动生成多个关于“图层 5 副本”的图层，同样再将图层 5 移至顶层，合并所有副本图层到“图层 5”中。

(4) 在图层调板中，按住“Ctrl”键的同时单击“图层 2”前面的“图层缩览图”图标，载入其选区，按住“Ctrl＋Shift＋I”组合键，反选选区，单击“编辑—清除”清除选区内的图像；设置“图层 5”的不透明度为 69%，如图 9 - 92 所示。

(5) 新建“图层 6”，单击工具属性栏中的“填充像素”，并设置“粗细”值为 3 像素，拖动鼠标指针绘制一条直线；在图层调板中，按住“Ctrl”键的同时单击“图层 6”前面的“图层缩览图”图标，载入其选区，单击“窗口—动作”命令，在动作调板底部的“创建新动作”按钮中点击“记录”，新建“动作 2”。

(6) 选取工具箱中的移动工具，按住“Alt”键拖动鼠标复制新图层——“图层 6 副本”，然后单击“动作”调板中的“停止/播放记录”按钮；选择“动作 2”，然后连续多次单击“播放选定的动作”按钮，播放录制的动作。此时“图层”调板中将自动生成多个关于“图层 6 副本”的图层，同时选取“取消选择”取消选区；同样再将图层 6 移至顶层，合并所有副本图层到“图层 6”中，如图 9 - 93 所示。

(7) 新建“图层 7”，选取工具箱中的矩形选框工具，移动鼠标指针至图像编辑窗口中，在合适位置处拖动鼠标绘制一个矩形选区。选取渐变工具，设置渐变矩形条下方五个色标的颜色分别为灰色、白色、灰色、白色、灰色，其中灰色的颜色值为 CMYK(31，16，17，0)。在图像编辑窗口的选区中，沿水平方向拖动鼠标为选区填充渐变色，同时选取“取消选择”命令来取消选区，如图 9 - 94 所示。

(8) 分别单击工具箱中的“设置前景色”和“设置背景色”色块，设置前景色为蓝色，其颜色值为 CMYK(100，50，0，0)，背景色为淡蓝色，其颜色值为(75，25，0，0)，然后创建新的图层“图层 8”；选取工具箱中的钢笔工具，绘制一条闭合路径，并在闭合路径内对选区填充前景色，同时选取“取消选择”命令来取消选区。

(9) 在图层调板中，拖动“图层 8”至调板底部的“创建新图层”按钮上，以复制一个新的图层——“图层 8 副本”；单击“编辑—变换—旋转”命令，调出变换控制框，并将变换控制框的中心点移至控制框下方中心的控制柄处，将鼠标指针置于变换控制框外，当鼠标指针呈“双箭头”形状时，拖动鼠标以旋转图像，最后在变换控制框内双击鼠标左键，确认变换操作；在图层调板中，按住“Ctrl”键的同时单击“图层 8 副本”前面的“图层缩览图”图标，载入其选区，用“Ctrl＋Delete”组合键填充背景色，选取“取消选择”命令来取消选区。

(10) 参照步骤(9)操作，在图像编辑窗口中复制另一个图像，将其填充颜色级为淡蓝色，颜色值为CMYK(40，5，0，0)，然后进行调整；此时"图层"调板中将"图层8"置于顶层，将"图层8副本""图层8副本2"合并到"图层8"中，如图9－95所示。

(11) 新建"图层9"，选取工具箱中的矩形工具，单击工具属性栏中的"填充像素"，然后在图像编辑窗口中拖动鼠标绘制一个矩形，用同样的方法，在图像编辑窗口中绘制其他矩形，如图9－96所示。

图9－92　椭圆工具处理

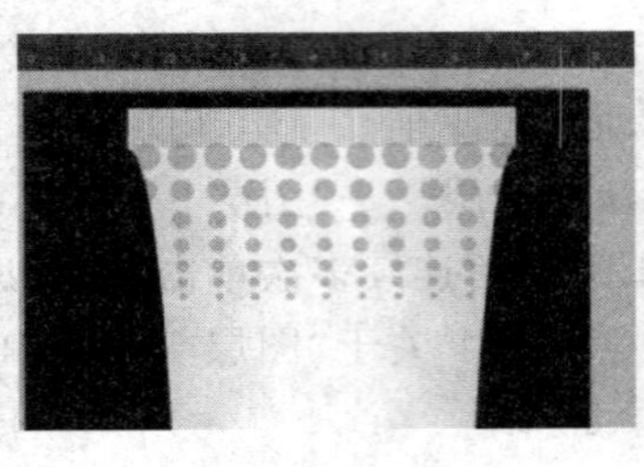

图9－93　填充像素效果图

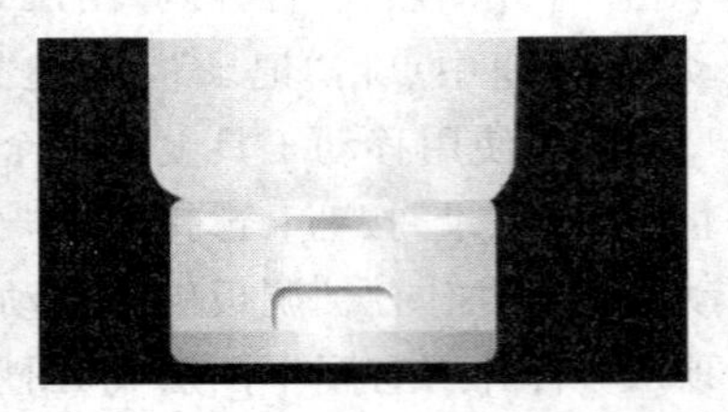

图9－94　渐变工具处理

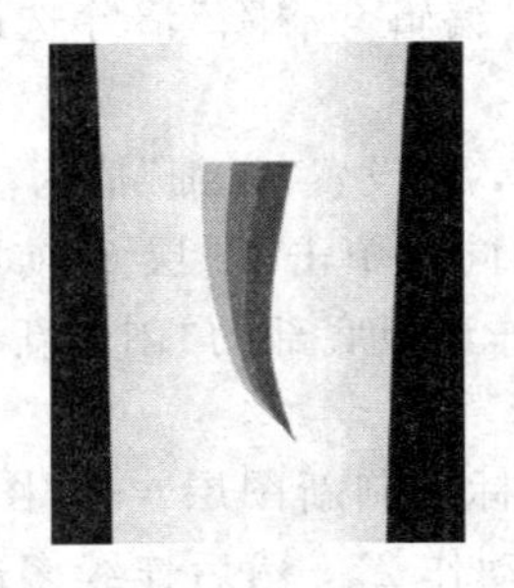

图9－95　表面修饰效果

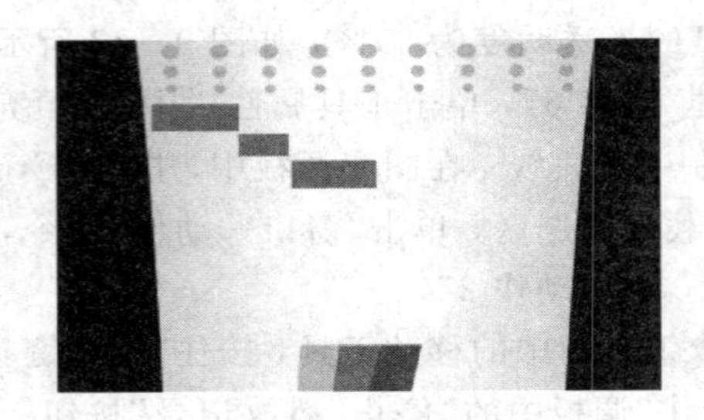

图9－96　矩形工具填充像素效果图

3. 制作文字效果

(1) 选取工具箱中的横排文字工具，在其工具属性栏中设置颜色为蓝色，其颜色值为CMYK(67，1，7，0)，然后单击工具栏中的"显示/隐藏字符和段落调板"按钮，在弹出的"字符"调板中设置各参数。

(2) 在图像编辑窗口中输入文字"如水之恋"，然后单击工具属性栏中的"提交所有当前编辑"按钮，确认输入的文字，如图9－97所示。

(3) 在工具属性栏中设置字体为"隶书"、字号为"18点"、颜色为"黑色"，如图9－98所示，然后在图像编辑窗口中的适合位置单击鼠标左键，输入文字"美白嫩肤洁面乳"。

(4) 使用工具箱中的横排文字工具，在图像编辑窗口中输入其他文字，设置好文字的字体、字号和颜色，并调整各文字的位置，最终效果如图9－99所示。

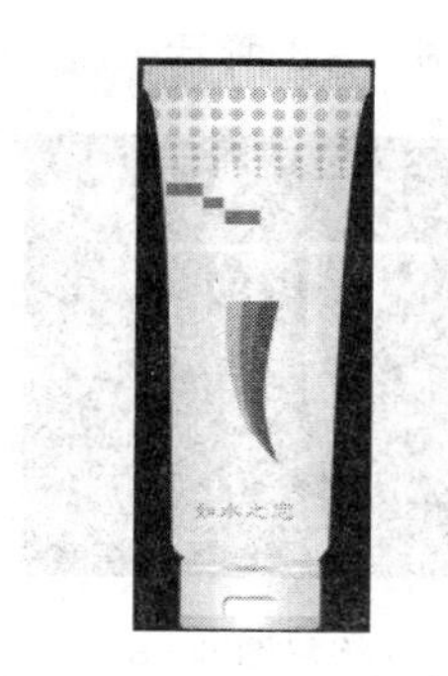

图 9-97　添加文字效果

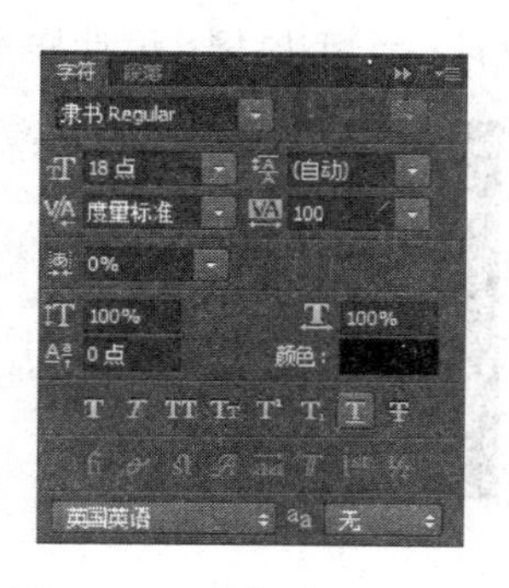

图 9-98　字体设置对话框

图 9-99　最终效果

习　　题

1. Photoshop 的特点和优势是什么？

2. Photoshop 的应用领域与主要功能特点是什么？

3. 常用的位图格式有哪些？

4. 使用通道与蒙版完成如练习图 9-1～练习图 9-3 所示三幅素材的合成，且最终效果图如练习图 9-4 所示。

练习图 9-1

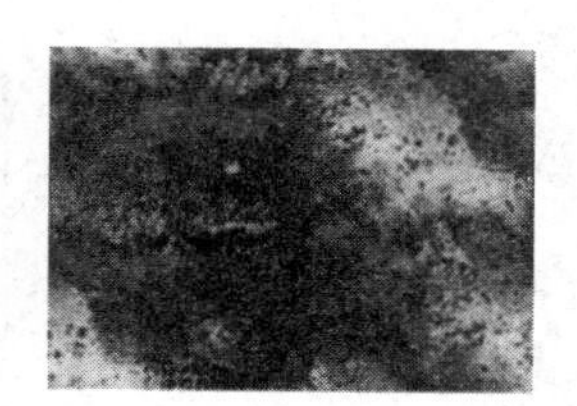

练习图 9-2

练习图 9-3

练习图 9-4

5. 练习制作“金属字”，素材如练习图 9-5 所示，最终效果如练习图 9-6 所示。

练习图 9-5

练习图 9-6

6. 使用练习图 9－7 素材设计一个手提袋，设计样本如练习图 9－8 所示。

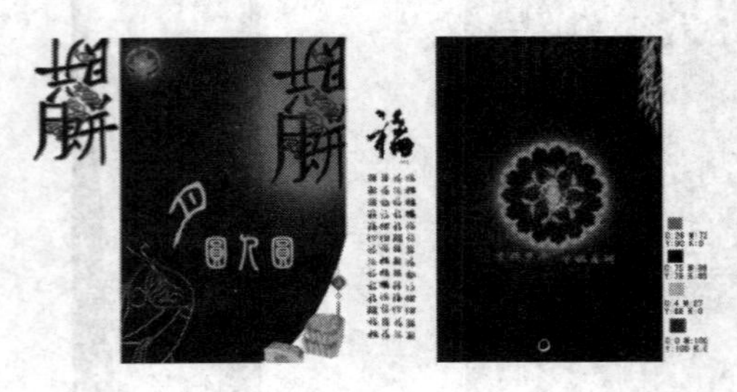

练习图 9－7

练习图 9－8